Coates · Die Segelflugzeuge und Motorsegler der Welt

A. Coates

Jane's
Die Segelflugzeuge
und Motorsegler der Welt

Motorbuch Verlag Stuttgart

Einband und Schutzumschlag: Siegfried Horn
unter Verwendung des Motivs der englischen Ausgabe.

Copyright © Andrew Coates.
Die englische Originalausgabe ist erschienen bei Jane's Publishing Company.
Macdonald and Jane's Publishing Group Limited, London
unter dem Titel ›Jane's World Sailplanes and Motor Gliders‹.

Die Übersetzung ins Deutsche besorgte
Hellmut Penner

ISBN 3-87943-763-7

1. Auflage 1981.
Copyright © by Motorbuch Verlag, Postfach 1370, 7000 Stuttgart 1.
Eine Abteilung des Buch- und Verlagshauses Paul Pietsch GmbH & Co. KG.
Sämtliche Rechte der Verbreitung in deutscher Sprache sind vorbehalten.
Satz und Druck: SV-Druck, 7302 Ostfildern 1.
Bindung: Großbuchbinderei E. Riethmüller, 7000 Stuttgart.
Printed in Germany.

Inhalt

Die gesamte Geschichte des Segelflugs ist so imposant und eindrucksvoll, daß sie allein in einem Buch nicht würdigend zusammengefaßt werden kann. Schon vor Jahrhunderten hat der Mensch davon geträumt, mit ausgebreiteten Flügeln wie ein Vogel zu fliegen, doch erst gegen Ende des vorigen Jahrhunderts führten die Flugexperimente von Otto Lilienthal in Deutschland und Octave Chanute in den USA zu erfreulichen Erlebnissen. Ihre Flüge lösten sie von der Erdschwere, auch wenn es nur Sekunden waren. Sie waren die Grundsteine für die motorisierten Flüge der Gebrüder Wright über den Sanddünen von Kitty Hawk in North Carolina. Man schrieb damals das Jahr 1902. Das Erstaunliche an den Wrightschen Konstruktionen war die Anbringung aerodynamischer Steuerhilfen, die Grundlage jeglicher heutiger Fliegerei. Führten sie die ersten Flugversuche noch ohne Motor aus, so erregten sie 1903 durch ihren ersten Motorflug weltweites Aufsehen. Durch den nun stark aufkommenden Motorflug geriet der motorlose Flug allerdings schnell in Vergessenheit.

Darmstädter Schüler fühlten sich 1909 anläßlich der Frankfurter ILA dazu animiert, die Flug-Sport-Vereinigung (FSV) Darmstadt zu gründen. Hans Gutermuth und Berthold Fischer waren ihre Initiatoren. Begeistert von der Eulerschen Flugschule in Frankfurt, wagte man sich gleich an die ersten Konstruktionen. In Ermangelung geeigneter Fluggelände spähten die damals 15jährigen Schüler Richtung Rhön. 1910 fiel dann die Entscheidung, im darauffolgenden Jahr auf die Wasserkuppe zu gehen. Die erste »Gleitflugexpedition« der Darmstädter mit ihrem achten Gleiter der FSV VIII am 13. Juli 1911 war auch zugleich die Geburtsstunde für den heiligen Berg der Segelflieger. Fast zur gleichen Zeit begannen auch die Aktivitäten des späteren »Rhönvaters« Oskar Ursinus. Ursinus, damals noch voller Tatendrang, versuchte anläßlich der Frankfurter ILA 1909 selbst das Fliegen zu lernen, was er aber bereits nach kurzer Zeit wieder aufgab, um sich als Herausgeber der Zeitschrift »Flugsport« und als hervorragender Organisator nützlich zu machen.

Der aus Dresden stammende Wolfgang Klemperer war ebenfalls ein Mann der ersten Stunde.

Der erste Weltkrieg legte seinen Schatten über Europa, so daß niemand mehr an die Weiterentwicklung der Gleitfliegerei dachte. Die Militärs hatten das Sagen. Sie machten sich die Fliegerei zunutze und verbreiteten damit Angst und Schrecken, Tod und totale Zerstörung aus der Luft. Kaum aber war man wieder mit dem Aufbau der Städte beschäftigt, sehnte man sich auch wieder nach der Fliegerei, wie man sie in der Rhön begonnen hatte. Willi Pelzner, bis vor wenigen Jahren noch in Nürnberg lebend, baute seine ersten Hängegleiter, die er mit gekonnten Flügen auf den ersten Rhönwettbewerben ab 1920 vorflog.

Hier schieden sich nun langsam die Geister. Peter Riedel, Wolfgang Klemperer, Wolf Hirth und viele andere sahen ihre Ziele darin, höher und weiter zu fliegen.

Mit dem schwarzen Teufel, einer Konstruktion der Flugwissenschaftlichen Vereinigung, führte Wolfgang Klemperer schließlich den ersten längeren Flug durch. 2 Minuten und 22 Sekunden ließen die Aachener jubeln. Die Rhön wurde nun die Heimat aller Segelflieger. Die Leistungen wurden auf den darauffolgenden Wettbewerben Jahr für Jahr verbessert. Die ersten wirklichen Segelflüge wurden durchgeführt, und die ersten Segelflugzeugfabriken entstanden, als sei es eine Selbstverständlichkeit, daß man sein Flugzeug bauen läßt. Die Flieger von damals setzten großes Vertrauen in die auf der ganzen Welt entstehenden Segelflugzeugfabriken. Ein Vertrauen, welches diese Firmen teilweise bis heute noch zu schätzen wissen.

Von entscheidender Bedeutung wurden aber schon damals die wie auch heute geltenden richtungweisenden Konstruktionen der Akademischen Fliegergruppen. Günther Groenhoff und Robert Kronfeld waren gemeinsam mit Wolf Hirth zu Idolen der deutschen Jugend geworden. Wollte man nicht inzwischen sogar ein Volk von Fliegern haben? Der zweite Weltkrieg machte allen Entwicklungen abermals ein Ende. Was den übrigen unbeteiligten Nationen aber geblieben war, war der sportliche Geist des Segelfliegens.

Es schien insofern auch nicht verwunderlich, daß mit der Wiederzulassung des Segelflugs in Deutschland die Hilfe aus dem Ausland besonders herzlich war.

Der Segelflug sollte neuen Auftrieb kriegen. Kunstharze in Verbindung mit Glasfasern versprachen eine ganz neue Ära. Neue Profile lösten die zumeist veralteten Göttinger Profile ab. Der neue Werkstoff GFK (Glas-Faser-Kunststoff) versprach spiegelblanke Oberflächen und absolut genaue Profilkonturen über die ganzen Tragflächen. Plötzlich wurden Streckenflüge von über 1000 Kilometern möglich. Der Segelflug erschloß neue Weiten. Andrew Coates sammelte in mühevoller Kleinarbeit über Jahre hinweg alle Daten und Fotos bedeutender Segelflugzeugkonstruktionen aus der ganzen Welt zusammen. Im April 1978 erschien in England zum ersten Mal sein »Jane's World Sailplanes and Motor Gliders«, dessen überarbeitete und übersetzte deutsche Ausgabe hier vorliegt. Sein Dank geht an G. Bruce-Smith, den Chefredakteur der englischen Segelflug-Zeitschrift Sailplane and Gliding, sowie an Mr. C. Wills und John Taylor, der Jane's Publishing Company, die durch »Jane's All the World's Aircraft« bekannt ist. Der Dank geht aber auch an Paul Ellis, viele Fotografen und Helfer für dieses Segelflugzeugtypenbuch.

Edmund Schneider, der das Grunau Baby in Deutschland baute und einer der Pioniere bei der Segelflugzeug-Herstellung war, wurde von der Gliding Federation of Australia eingeladen, nach dem Zweiten Weltkrieg eine Segelflugzeug-Fabrik ins Leben zu rufen. Er stellte zuerst den Kangaroo-Zweisitzer her, der im Jahre 1953 flog, gefolgt vom Grunau Baby 4, dem Kookaburra, Nymph, Kingfisher, Arrow und Boomerang.

Die Kookaburra ES 52 ist ein zweisitziges Schulflugzeug und findet bei der Mehrzahl der australischen Segelflug-Clubs Verwendung. Die Original-Kookaburra flog zuerst im Jahre 1952, und die ES 52 B im Jahre 1959. Das Modell B ist eine verbesserte Version, bei welcher die Flügelspannweite vom 11,7 m auf 14,86 m vergrößert wurde und die mit einem Bugrad anstatt einer Kufe ausgerüstet ist, um den Bodenbetrieb zu erleichtern. Das Cockpit wurde vergrößert, und eine Radbremse ist eingebaut.

Der Rumpf besteht aus Holzrahmen- und Stringern mit Sperrholzbeplankung. Die einteilige, geblasene Kabinenhaube ist nach rückwärts aufklappbar, und auf jeder Seite unter dem Flügelansatz befindet sich ein Fenster, um die Sicht zu verbessern. Bei dem dreiteiligen Flügel handelt es sich um eine herkömmliche Holzkonstruktion mit zwei Tragholmen. Das Flugzeug ist halb-kunstflugtauglich.

Typbezeichnung: ES 52 Kooka- burra	Höhe: 1,38 m	Max. Fluggewicht: 393 kg	Min. Sinken bei 72 km/h: 1,05 m/sec.
Hersteller: Schneider	Flügelfläche: 15 m^2	Max. Flächenbelastung: 26,2 kg/m^2	Max. Manövergeschwindigkeit: 151 km/h
Erstflug: Juni 1954	Profil: Göttingen 549/M-12	Max. Fluggeschwindig-	
Spannweite: 11,7 m	Streckung: 9,13	keit: 220 km/h	Beste Gleitzahl bei 81 km/h: 20
Rumpflänge: 7,9 m	Leergewicht: 220 kg	Überziehgeschwindigkeit: 67 km/h	
	Wasserballast: – kg		

Schneider Super Arrow ES 60B / Australien

Bei der Super Arrow handelt es sich um ein einsitziges Standard-Klassen Segelflugzeug, welches von Harry Schneider, dem Sohn des verstorbenen Gründers der Firma konstruiert wurde. Die Super Arrow ES 60B, welche erstmals im September 1969 flog, ist eine Entwicklung der Arrow ES 59, die von der Gliding Federation of Australia in Auftrag gegeben wurde. Die ES 60B ist mit Ausnahme des Leitwerks identisch mit der ES 60 Boomerang, die im Jahre 1964 für Wettbewerbsflüge konstruiert wurde. Die Bumerangförmige Allflug-Höhenflosse der ES 60, die bei $1/3$ der Leitwerksfläche nach oben zu angebracht war, wurde bei der ES 60B durch eine herkömmliche Höhenflosse und Höhenruder am Unterteil der Leitwerksfläche ersetzt.

Das außergewöhnliche Merkmal der Arrow ES 59 besteht darin, daß der Flügel aus einem Teil von Flügelspitze zu Flügelspitze konstruiert ist. Er besteht aus einer Preßmassen-Vorderkante mit Birkensperrholz-Beplankung bis auf 60% Flügeltiefe zurück. Schempp-Hirth Metall-Luftbremsen sind eingebaut. Der Rumpf weist eine sperrholzbeplankte Halbschalen-Konstruktion mit Glasfaser-Verkleidungen und ein nicht-einziehbares Laufrad mit Bremse auf. Das Cockpit ist ausgekleidet, und die Kabinenhaube ist seitwärts aufklappbar. Eine einstellbare Rückenlehne und Seitenruderpedale sind eingebaut.

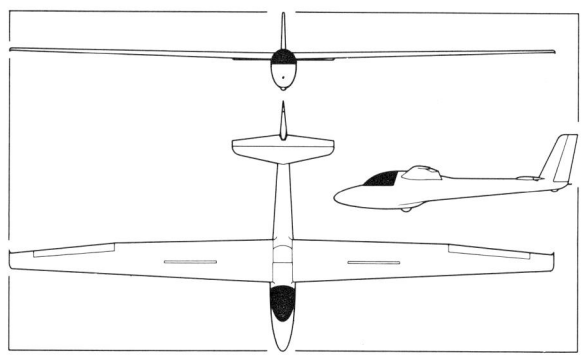

Typbezeichnung: ES 60 B Super Arrow	**Höhe:** 1,52 m	**Wasserballast:** – kg	**Überziehgeschwindigkeit:** 60 km/h
Hersteller: Schneider	**Flügelfläche:** 12,87 m^2	**Max. Fluggewicht:** 347 kg	**Min. Sinken bei 75 km/h:** 0,7 m/sec.
Erstflug: September 1969	**Profil:** Wortmann FX-61-184/60-126	**Max. Flächenbelastung:** 26,96 kg/m^2	**Max. Manövergeschwindigkeit:** 165 km/h
Spannweite: 15 m	**Streckung:** 17,5	**Max. Fluggeschwindigkeit:** 225 km/h	**Beste Gleitzahl bei 90 km/h:** 31
Rumpflänge: 7,04 m	**Leergewicht:** 221,5 kg		

Im Jahre 1972 war die von Gary Sutherland, einem Flug-zeug-Ingenieur, konstruierte MOBA-2A eine der beiden Sie-gerinnen bei einem Wettbewerb der Australian Gliding Fe-deration zur Konstruktion eines 13 m Segelflugzeugs, das in einer kleinen Werkhalle mit begrenzten Werkzeugen gebaut werden konnte. Die MOBA-2C ist eine verbesserte Version der 15 m MOBA-2B. Aufwands-Erwägungen waren nicht maßgebend bei der Konstruktion der MOBA-2C, die ein viel-seitiges und anspruchsvolles Segelflugzeug wurde.

Beim Rumpf mit einem gestreckten Vorderteil und Leitwerk-träger handelt es sich um eine Ganzmetall-Halbschalen-Konstruktion, mit einer einzigartig langen Glasfaser-Cock-pitaußenhaut, die mit der Kabinenhaube auf Rollen und Schienen nach vorwärts verschiebbar ist, um Zutritt zum Cockpit zu gewähren. Armlehnen sind vorgesehen, und der Steuerknüppel ist seitlich angebracht.

Die hochliegende dreiteilige Flügel und das T-förmige Leit-werk weisen eine Mischkonstruktion unter Verwendung von Aluminium-Kastenprofil-Tragholmen, Sperrholzrippen, Schaumstoff- und Glasfaser-Außenhäuten auf. Die Klappen sind aus Aluminium, aber die Querruder, die Höhenflosse und das Höhenruder sind aus Holz. Das Fahrwerk besteht aus einem einziehbaren Einzelrad und einem Heckrad.

Typbezeichnung: MOBA-2C	**Flügelfläche:** 9,08 m²
Hersteller: Gary Sutherland	**Profil:** Wortmann FX-67-K-150
Erstflug: Dezember 1979	**Streckung:** 24,74
Spannweite: 15 m	**Leergewicht:** 226 kg
Rumpflänge: 6,78 m	**Wasserballast:** – kg
Höhe: 1,32 m	**Max. Fluggewicht:** 331 kg

Max. Flächenbelastung:
36,5 kg/m²
Max. Fluggeschwindigkeit:
194,5 km/h
Überziehgeschwindigkeit:
78 km/h

Min. Sinken bei 83 km/h:
0,61 m/sec.
Max. Manövergeschwindigkeit:
163 km/h
Beste Gleitzahl bei 93 km/h: 37

Minuano CB-2 EEUFMG / Brasilien

Die brasilianische Segelfliegerbewegung arbeitet unter etwas schwierigeren Bedingungen, nicht allein wegen der geographischen Lage des Landes, sondern auch weil schlechte Straßen den Rücktransport beeinträchtigen. Dies in Verbindung mit der Entfernung des Landes zu den Hauptzentren der Segelflugzeugherstellung hat zur ungleichmäßigen Entwicklung dieser Sportart beigetragen. Nichtsdestoweniger hat es verschiedene einheimische Konstruktionen gegeben, darunter die Quero Quero II, die zweisitzige Neiva und die Minuano CB-2.

Die Minuano ist von Professor Claudio Barros entwickelt und vom Air Research Centre of Engeneering an der Universität Minhasis Gerais gebaut worden. Die Konstruktion begann 1971 und das Flugzeug flog erstmals am 20. Dezember 1975. Als einsitziges Hochleistungs-Segelflugzeug hat die Minuano freitragende, hochliegende Flügel mit einem Einzel-Aluminium-Tragholm. Die Beplankung besteht aus einer Sperrholz- und Glasfaser- wabenartigen Sandwich-Konstruktion. Die flachen Klappen und Querruder sind ähnlich konstruiert. Es gibt keine Luftbremsen, doch die Klappen

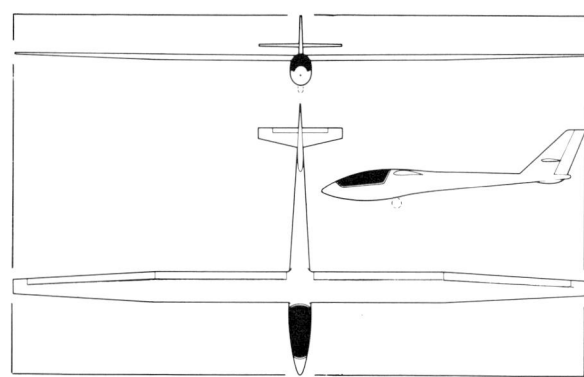

weisen eine Auslenkung bis auf 90° auf. Der Rumpf ist eine Ganzholz-Halbschalenkonstruktion. Das ungefederte Einzelrad-Fahrwerk ist von Hand einziehbar.

Typbezeichnung: CB-2 Minuano	**Flügelfläche:** 10,2 m²	**Max. Fluggewicht:** 304 kg	**Min. Sinken bei 72 km/h:**
Hersteller: EEUFMG (CEA)	**Profil:** Wortmann FX	**Max. Flächenbelastung:**	0,55 m/sec.
Erstflug: Dezember 1975	61-163/60-126	29,8 kg/m²	**Max. Manövergeschwindigkeit:**
Spannweite: 15 m	**Streckung:** 22	**Max. Fluggeschwindigkeit:**	160 km/h
Rumpflänge: 7 m	**Leergewicht:** 214 kg	260 km/h	**Beste Gleitzahl bei 90 km/h:**
Höhe: 1,43 m	**Wasserballast:** – kg	**Überziehgeschwindigkeit:** 65 km/h	38

Das bekannteste in Brasilien gebaute Segelflugzeug außerhalb seiner Heimat ist die Urupema, die 1968 an der Weltmeisterschaft in Lezno und 1970 in Marfa/Texas teilnahm, wo sie unter vierzig Konkurrenten in der Standardklasse den zweiundzwanzigsten Platz belegte.

Die Konstruktion dieses einsitzigen 15 m Hochleistungs-Segelflugzeugs begann 1964 durch eine Gruppe von Ingenieuren und Studenten am Centro Tecnico de Aeronautica (CTA) unter der Leitung von Guido Pessotti. Diese Gruppe arbeitet auch an einem Motorflugzeug und war 1956 für das 8 m Periquito 2 verantwortlich.

Dieses Segelflugzeug aus Holz- und Glasfaser mit langem Bug hat freitragende Schulterflügel mit einer Vorwärtspfeilung von 1° 22' bei ein Viertel Tiefe, die DFS-Luftbremsen aufweisen. Der Rumpf ist eine Holz- Halbschalenkonstruktion mit einem sehr niedrigen Boden-Anstellwinkel. Die herkömmlich angebrachte Heckgruppe weist eine voll-bewegliche Höhenflosse mit Gegenausgleich-Klappen auf. Wie die Flügel ist die gesamte Konstruktion aus Holz und wabenartigem Papier Sandwich. Der Pilot sitzt in leicht zurückgelehnter Position in einem langen, schlanken Cockpit, das an

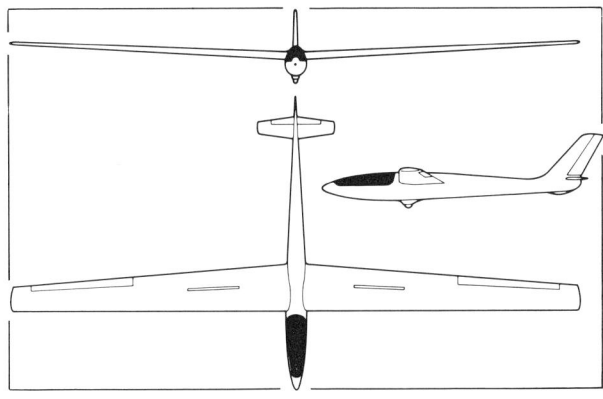

die Foka erinnert, und mit einer einteiligen, durchsichtigen, abnehmbaren Kabinenhaube abgedeckt wird. Das Cockpit enthält verstellbare Seitenruder-Pedale, eine Kopfstütze, eine Schenkelunterstützung und ein Ventilationssystem. Das Fahrwerk besteht aus einem nicht einziehbaren Rad mit Bremse.

Typbezeichnung: 6505 Urupema	Höhe: 1,52 m	Wasserballast: – kg	Überziehgeschwindigkeit: 61 km/h
Hersteller:IPD/PAR	Flügelfläche: 12 m²	Max. Fluggewicht: 310 kg	Min. Sinken bei 78 km/h: 0,66 m/sec.
Erstflug: Januar 1968	Profil: Wortmann FX-05-171/121	Max. Flächenbelastung: 25,83 kg/m²	Max. Manövergeschwindigkeit: 160 km/h
Spannweite: 15 m	Streckung: 18,8	Max. Fluggeschwindigkeit: 255 km/h	Beste Gleitzahl bei 95 km/h: 36
Rumpflänge: 7,45 m	Leergewicht: 230 kg		

Akaflieg Braunschweig Stratus SB-9 / Bundesrepublik Deutschland

Bei den deutschen Meisterschaften im Jahre 1969 führten Mitglieder der Braunschweiger Flugschule (Akaflieg Braunschweig), die eine Anzahl Hochleistungs-Segelflugzeuge gebaut haben, ein neues, einsitziges Segelflugzeug, die SB-9 Stratus ein. Berechnungen hatten ergeben, daß eine Flügelspannweite von 22 Metern und eine Flügelstreckung von 31,3 die Leistung erbringen würde, die sie benötigten. Die SB-9 wurde aus der 18 m SB-8 entwickelt und flog erstmals am 23. Januar 1969. Die Gleitzahl der 22-m-Version beträgt 48 im Vergleich zu 42 für die SB-8, und die Minimal-Sinkgeschwindigkeit ist gleichfalls von 0,52 m/sec. auf 0,45 m/sec. verbessert. Dies stellt einen 15%igen Leistungsgewinn dar, aber es mußten einige Schwierigkeiten überwunden werden: die Flügel-Geometrie, die Lastverteilung,

Querruder-Länge und die Seitenruder-Arbeitsweise schafften Probleme. Die Höchstgeschwindigkeit ist auf nur 180 km/Stunde begrenzt.

Glasfaser mit Balsaholz-Absteifung wird für den Rumpf verwendet und PVC-Schaumstoff für den Flügel, der einen Glasfaser-Holm aufweist, um die Belastungen auszuhalten. Die hinteren Flügelklappen sind HKS-Klappen und weisen eine elastische Glasfaser-Konstruktion ohne Anlenkungspunkt oder Spalt auf. Das Leitwerk ist eine Glasfaser- und Balsa-Konstruktion, wobei die Höhenflosse an der Spitze des Leitwerks montiert ist. Das Fahrwerk besteht aus einem ungefederten, einziehbaren Einzelrad mit Trommelbremse. Später wurde die Flügel-Spannweite auf 21 m verringert und die Höchstgeschwindigkeit um 20 km/h verbessert.

Typbezeichnung: SB-9 Stratus
Hersteller: Akaflieg Braunschweig
Erstflug: Januar 1969
Spannweite: 22 m
Rumpflänge: 7,5 m
Höhe: 1,4 m
Flügelfläche: 15,48 m²
Profil: Wortmann FX-62-K-153/131
Streckung: 31,3
Leergewicht: 314 kg
Wasserballast: – kg
Max. Fluggewicht: 416 kg
Max. Flächenbelastung: 27 kg/m²
Max. Fluggeschwindigkeit: 180 km/h
Überziehgeschwindigkeit: 59 km/h
Min. Sinken bei 72 km/h: 0,45 m/sec.
Max. Manövergeschwindigkeit: 180 km/h
Beste Gleitzahl bei 85 km/h: 48

Akaflieg Braunschweig Schirokko SB-10 / Bundesrepublik Deutschland

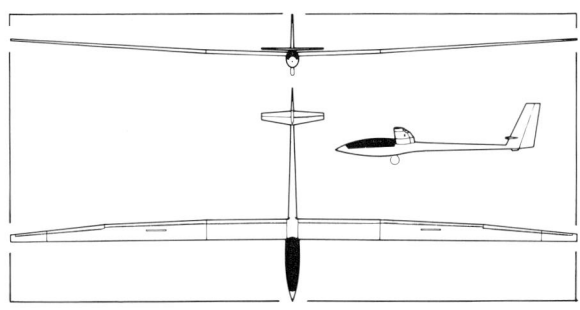

Die Technische Hochschule in Braunschweig, die eine lange Reihe interessanter Erprobungs-Segelflugzeuge entwickelt hat, begann die Konstruktion dieses einzigartigen, zweisitzigen Tandem-Hochleistungs-Segelflugzeugs im Jahre 1969. Es flog erstmals am 22. Juli 1972.

Die SB-10 weist eine Flügelstrecke von 36 auf und kann mit einem Flügel mit einer Spannweite von 26 m oder 29 m geflogen werden. Sie stellt eine Weiterentwicklung der einsitzigen SB-9 dar und verwendet die gleichen Außenflügel-Panels mit Luftbremsen, aber der Mittelabschnitt, der Rumpf und das Leitwerk sind Neukonstruktionen. Die Flügel bestehen aus fünf Teilen, der Mittelabschnitt, der aus Sperrholz, Balsaholz und Kohlefaser konstruiert ist, gewährleistet Stabilität, und die Außenpanels und Flügelspitzen sind aus Balsaholz und Glasfaser mit Schaumstoff-Füllung. Die Wölbklappen sind aus Kohlefaser mit Schaumstoff-Füllung hergestellt und können mit den Querrudern heruntergelassen werden (bei der 29-m-Version sind drei vorhanden).

Beim Rumpf handelt es sich um einen Stahlrohrrahmen, der eine Außenhaut aus Balsa/Glasfaser-Sandwich und eine Leichtlegierung hinten aufweist. Das Leitwerk ist eine nach rückwärts gepfeilte Konstruktion aus Balsa/Glasfaser Sandwich mit einer Höhenflosse mit festem Anstellwinkel. Das Fahrwerk umfaßt ein einziehbares Einzelrad mit Lufthilfe mit hydraulischer Bremse und Heckkufe.

Nach einigen Modifikationen, welche das Seitenruder-System, das Fahrwerk und die Luftbremsen umfaßten, stellte das Flugzeug einen deutschen Streckenrekord von 896 km am 16. April 1974 auf.

Typbezeichnung: SB-10 Schirokko	**Spannweite:** 29 m	**Streckung:** 36,6	**Max. Fluggeschwindigkeit:** 200 km/h
Hersteller: Akaflieg Braunschweig	**Rumpflänge:** 10,36 m	**Leergewicht:** 577 kg	**Überziehgeschwindigkeit:** 65 km/h
	Flügelfläche: 22,95 m²	**Wasserballast:** 100 kg	**Min. Sinken bei 75 km/h:** 0,41 m/sec.
Erstflug: Juli 1972	**Profil:** Wortmann FX-62-K-153/131/60-126	**Max. Fluggewicht:** 897 kg	**Max. Manövergeschwindigkeit:** 200 km/h
		Max. Flächenbelastung: 39 kg/m²	**Beste Gleitzahl bei 90 km/h:** 53

Akaflieg Braunschweig SB-11 / Bundesrepublik Deutschland

In Weiterführung ihrer Tradition, Segelflugzeuge mit Innovationen herzustellen, die für Piloten und Hersteller von Interesse sind, hat die Technische Hochschule in Braunschweig ein einsitziges 15-m-Klasse-Segelflugzeug hergestellt. Die SB-11, die beinahe vollständig aus kohleverstärkter Glasfaser hergestellt ist, weist Fowler-Klappen über die volle Spannweite auf, die den Flügelbereich um 25% erweitern können.

Die Flügel in Schulter-Anordnung, bei denen ein speziell entwickeltes Wortmann-Flügel-Profil zur Anwendung kommt, sind aus Kohlefaser Kastenprofil-Holm mit Außenhäuten aus Kohlefaser und Schaumstoff-Sandwich. Sie weisen Wölbklappen und Querruder auf, die beide an die Fowlerklappen ohne Schlitze angelenkt sind. Alle werden manuell betätigt. Die Abdichtung zwischen dem Flügel und der Klappe wird dadurch realisiert, daß die Fowler-Klappe an ihren Vorder- und Hinterkanten dicker ist, so daß sie sich bei einem vollständigen Ein- oder Ausfahren eng in ihre Ummantelungen einpaßt. Schempp-Hirth Luftbremsen arbeiten von den Oberseiten der Flügel aus. Beim Rumpf handelt es sich um eine Kohlefaser-Konstruktion in Schalen-

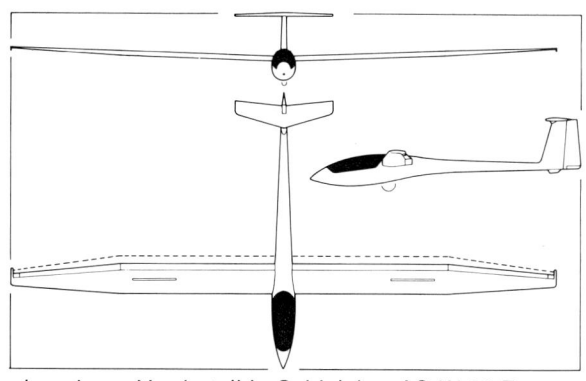

bauweise, deren Vorderteil in Schleicher AS-W 20 Formen gepreßt wurde. Beim rückseitigen Rumpf mit T-Heck werden Schempp-Hirth-Janus-Formen verwendet.

Die SB-11 tauchte international erstmals bei den Weltmeisterschaften in Châteauroux, Frankreich 1978 auf. Sie wurde siegreich von Helmut Reichmann geflogen und wies die bemerkenswerte Fähigkeit auf, sich schwache Thermik zu Nutze zu machen.

Typbezeichnung: SB-11
Hersteller: Akaflieg Braunschweig
Erstflug: Mai 1978
Spannweite: 15 m
Rumpflänge: 7,4 m

Höhe: 1,47 m
Flügelfläche: 10,56 m²
Profil: Wortmann FX-62-K-144/21-VG-1,25
Streckung: 21,3
Leergewicht: 270 kg

Wasserballast: 100 kg
Max. Fluggewicht: 470 kg
Max. Flächenbelastung: 44,5 kg/m²
Max. Fluggeschwindigkeit: 260 km/h

Überziehgeschwindigkeit: 58 km/h
Min. Sinken bei 80 km/h: 0,62 m/sec.
Max. Manövergeschwindigkeit: 180 km/h
Beste Gleitzahl bei 104 km/h: 41

Akaflieg Darmstadt Circe D-36 / Bundesrepublik Deutschland

Die Akaflieg Darmstadt begann sich 1909 mit dem Segelfliegen zu befassen. Ihre erfolgreichen Konstruktionen waren: 1922 die Edith, der Konsul, das erste 18-m-Segelflugzeug, die Darmstadt, das leichtgewichtige Windspiel und die Metall-Cirrus D-30 und nach dem Krieg die D-34.

Schon im Jahre 1954 begannen Mitglieder der Akaflieg Darmstadt die Möglichkeiten der Verwendung der neuen Kunststoffe zu erforschen, die auf den Markt zu kommen begannen, und 1961 experimentierten sie mit Glasfaser-verstärkten Harzverbundstoffen. Drei DFS-Mitglieder, Wolf Lemke, Gerhard Waibel und Klaus Holighaus begannen mit den Arbeiten an der Circe D-36 im Frühling 1963.

Die D-36 weist einen stromlinienförmigen Rumpf mit einer fest eingebauten Frontabschnitt-Kabinenhaube und einem abnehmbaren rückseitigen Abschnitt auf. Ein großes, einziehbares Laufrad ist eingebaut. Das T-Heck schaffte einen Präzedenzfall für viele Glasfaser-Segelflugzeuge. Die Flügel weisen Schempp-Hirth Luftbremsen und Wölbungsklappen auf, die zwischen ±10° arbeiten. Bei dem verwendeten Material handelt es sich um einen Balsa/Glasfaser-Verbund in Sandwichform.

Die D-36 wurde im März 1964 in Gelnhausen zu ihrem ersten Flug ausgerollt. Mit dieser neuen Konstruktion wurde der zweite Platz bei den Weltmeisterschaften in South Cerney im Jahre 1965 gewonnen, sie erregte dabei lebhaftes Interesse.

Typbezeichnung: D-36 Circe	**Flügelfläche:** 12,8 m²	**Wasserballast:** – kg	**Min. Sinken bei 83 km/h:** 0,56 m/sec.
Hersteller: Akaflieg Darmstadt	**Profil:** Wortmann	**Max. Fluggewicht:** 410 kg	
Erstflug: März 1964	FX-62-K-131/60-126	**Max. Flächenbelastung:** 32 kg/m²	**Max. Manövergeschwindigkeit:** 200 km/h
Spannweite: 17,8 m	**Streckung:** 24	**Max. Fluggeschwindigkeit:** 200 km/h	
Rumpflänge: 7,35 m	**Leergewicht:** 282 kg	**Überziehgeschwindigkeit:** 67 km/h	**Beste Gleitzahl bei 93 km/h:** 44

Akaflieg Darmstadt D-39 / Bundesrepublik Deutschland

Dieses einzigartige einsitzige Motor-Segelflugzeug, welches von der Akaflieg Darmstadt realisiert wurde, sieht genau aus wie ein Standard-Klassen-Hochleistungs-Segelflugzeug mit Ausnahme des unten angebrachten Flügels. Seine große Neuerung ist jedoch der einziehbare, zweiflügelige, starre Hoffmann-Propeller. Der Motor ist ein Limbach 1700 E mit 68 PS.

Die D-39 ist eine Anpassung der Grund-D-38-Zelle und weist die gleiche Glasfaser/Balsa Sandwich-Konstruktion mit Querrudern aus Glasfaser/Klégécel-Schaumstoff-Sandwich sowie Schempp-Hirth Luftbremsen auf den oberen Flügelseiten auf. Es sind keine Klappen vorgesehen. Sie ist mit einem manuell einziehbaren, abgefederten Einzelrad ausgerüstet, und die Unterbringung umfaßt einen Sitz mit halb-verstellbarer Rückenlehne und eine bündige Kabinenhaube, deren hinterer Teil abnehmbar ist. Der erste Flug der D-39 fand am 28. Juni 1979 statt.

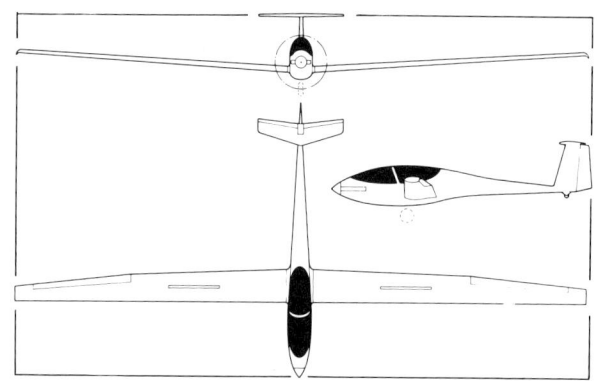

Typbezeichnung: D-39	**Flügelfläche:** 11,0 m²	**Max. Fluggewicht:** 400 kg	**Min. Sinken:** 1,0 m/sec.
Hersteller: Akaflieg Darmstadt	**Profil:** Wortmann	**Max. Flächenbelastung:**	**Beste Gleitzahl bei 105 km/h:** 36
Erstflug: Juni 1979	FX-61-184/60-126	36,3 kg/m²	**Motor:** Limbach 1700 E
Spannweite: 15 m	**Streckung:** 20,5	**Max. Fluggeschwindigkeit:**	**Startrollstrecke:** 200 m
Rumpflänge: 7,15 m	**Leergewicht:** 280 kg	250 km/h	**Steigleistung:** 240 m/min.
Höhe: 1,02 m	**Wasserballast:** – kg	**Überziehgeschwindigkeit:** 72 km/h	**Reichweite:** 500 km

Akaflieg München Mü 13 / Bundesrepublik Deutschland

Die Mü-Serie wurde aus der zweisitzigen Mü 10 Milan weiterentwickelt, die bei der Münchener Akaflieg unter der Leitung von Dipl.-Ing. Scheibe gebaut wurde. In den Jahren 1935 und 1936 wurden zwei Prototypen gebaut, die Merlin und die Atalante, welche von Kurt Schmidt gebaut wurde. Diese ging mit vielen Verbesserungen in die Serienfertigung bei den Schwarzwald-Flugzeugwerken.

Die Mü weist eine Mischkonstruktion auf, bei welcher Holz, Stahl und eine Chrom-Molybdän-Zinn-Legierung verwendet wird, und die Metall- und Holzteile mit Schuß(Dorn)-Nieten verbunden sind. Die freitragenden Holzflügel weisen Stahlrohr-Klappen und stoffbespannte Stahlrahmen-Querruder auf. Beim Rumpf handelt es sich um eine stoffbespannte Stahlrahmen-Konstruktion mit einem quadratischen Querschnitt mit einer herkömmlichen Holz-Höhenflosse und großen Fenstern, die in den Seiten des Cockpits eingebaut sind.

Von 1939 an wurden viele Änderungen durchgeführt. Luftbremsen ersetzten die Klappen. Der Rumpf wurde in der Weise geändert, daß der hintere Querschnitt dreieckig ist.

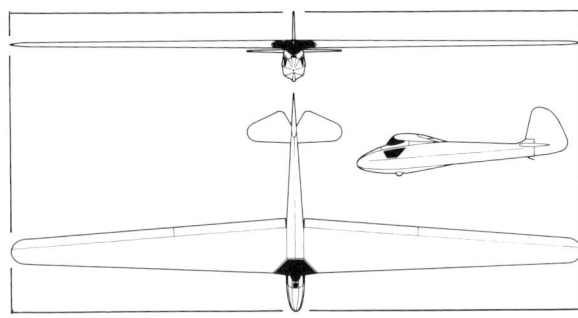

Mindestens vier verschiedene Kabinenhauben wurden verwendet.

Etwa 150 Mü 13 wurden hergestellt, und im Jahre 1943 erschien die Mü 13D-3 (siehe untenstehendes Foto), mit vergrößerter Flügel-Spannweite und Rumpflänge sowie modifizierter Leitfläche und Seitenruder. Im Mai 1939 stellte Kurt Schmidt einen neuen deutschen Zielflug-Rekord von 482 km mit einer Mü 13 Atalante auf.

Typbezeichnung: Mü 13 Atalante
Hersteller: Akaflieg München
Erstflug: 1936
Spannweite: 16 m
Rumpflänge: 6,02 m
Flügelfläche: 16,16 m^2
Profil: Mü
Streckung: 15,85
Leergewicht: 170 kg
Wasserballast: – kg
Max. Fluggewicht: 270 kg
Max. Flächenbelastung: 16,71 kg/m^2
Max. Fluggeschwindigkeit: 200 km/h
Überziehgeschwindigkeit: 50 km/h
Min. Sinken bei 55 km/h: 0,6 m/sec.
Beste Gleitzahl bei 66 km/h: 28

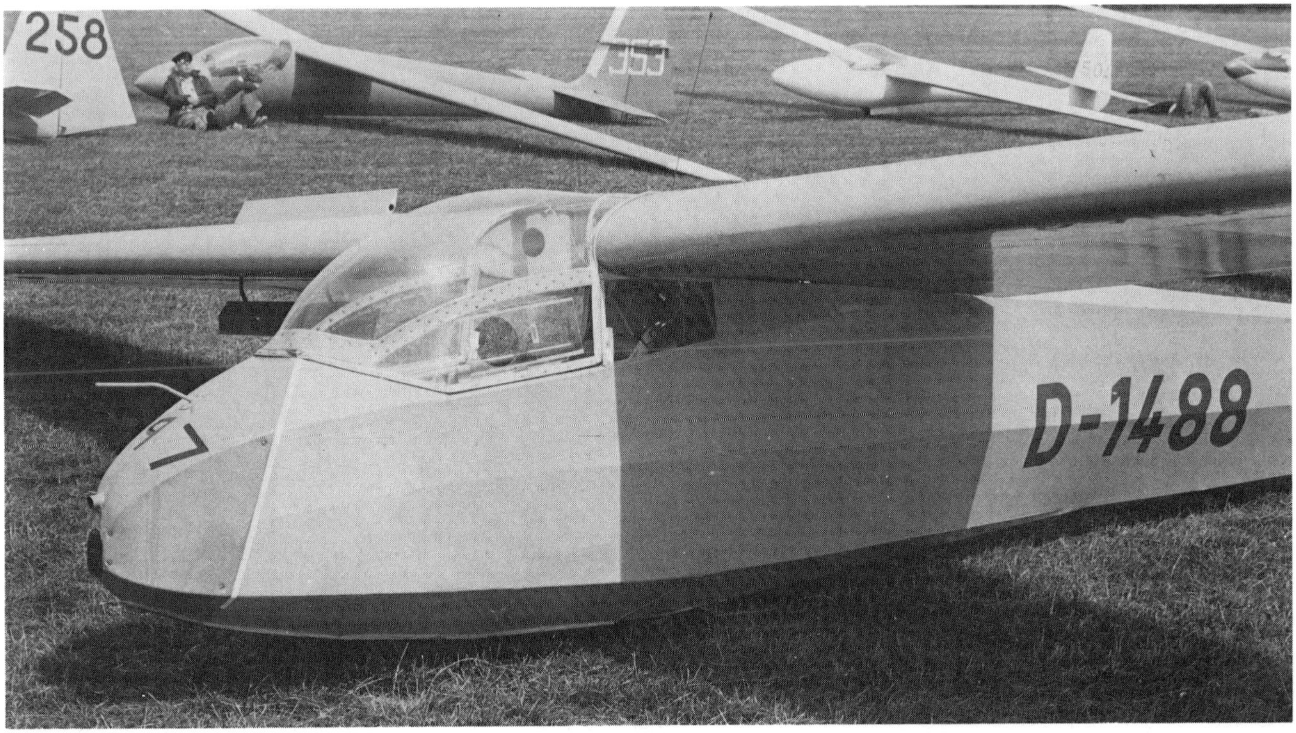

Akaflieg München Mü 27 / Bundesrepublik Deutschland

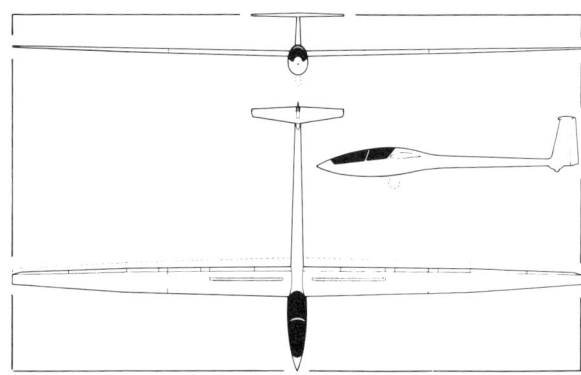

Das Interesse an Flügeln mit variabler Geometrie hat die deutschen Akafliegs an den Technischen Hochschulen angeregt, verschiedene Lösungen zu versuchen, die in Zukunft gegebenenfalls eine beträchtliche Auswirkung auf die Konstruktion von Hochleistungs-Segelflugzeugen haben werden. Stuttgart verwendet Teleskop-Flügel bei der FS-29 und München verwendet bei seiner neuesten Konstruktion, der Mü 27, Fowler-Schlitzklappen, um den Flügelbereich während des Fluges zu erhöhen und zu verringern. Bei hohen Geschwindigkeiten wird ein guter Gleitwinkel durch Zurückziehen der Klappen erzielt, während bei niedrigen Geschwindigkeiten der Flügelbereich um 36 % vergrößert werden kann, wenn die Klappen voll ausgefahren sind.

Die Mü 27 ist ein zweisitziges Tandem-Hochleistungs-Segelflugzeug. Beim Rumpf handelt es sich um eine Voll-Glasfaser Halbschalen-Konstruktion mit einer großen, glasklaren zweiteiligen, seitlich aufklappbaren Kabinenhaube, einem einziehbaren Einzelrad und einem fest eingebauten Heckrad. Das freitragende T-Heck besteht aus einem Glasfaser/Schaumstoff-Sandwich. Bis Mai 1977 war ein vollständiger Rumpf gebaut worden, und die Arbeiten wurden bei den Flügeln fortgesetzt, die aus einem Glasfaser/Conticell Sandwich mit Aluminium-Holmen und Metall-Stegen bestehen. Die Querruder sind mit den Klappen verbunden, und die Luftbremsen in einer Tiefe von 50 % arbeiten an der Oberseite.

Typbezeichnung: Mü-27	**Flügelfläche:** 17,6–23,9 m^2	**Max. Fluggewicht:** 700 Kg	**Beste Gleitzahl bei 101 km/h:** 47
Hersteller: Akaflieg München	**Profil:** Wortmann	**Max. Flächenbelastung:** 40 kg/m^2	
Erstflug: 1979	FX-67-VC-170/136	**Max. Fluggeschwindigkeit:**	
Spannweite: 22 m	**Streckung:** 20,2–27,5	280 km/h	
Rumpflänge: 10,3 m	**Leergewicht:** 480 kg	**Min. Sinken bei 60 km/h:**	
Höhe: 1,8 m	**Wasserballast:** – kg	0,56 m/sec.	

Akaflieg Stuttgart Phönix fs-24 / Bundesrepublik Deutschland

Der Phönix war das erste Segelflugzeug, das aus Glasfaser gebaut wurde. Konstruiert und gebaut von der Stuttgarter Akademischen Fliegergruppe unter der Leitung von R. Eppler und H. Nägele, wurde es ursprünglich im Jahre 1951 entwickelt. Das Ziel bestand eher darin, das Gewicht zu reduzieren als den Flügelbereich zu vergrößern. Für diesen Zweck sollte Balsaholz mit einer versteiften Außenhaut aus Papier- und Leimlagen verwendet werden, aber das Projekt wurde eingestellt. Glücklicherweise konnte die Gruppe eine Beihilfe bekommen, welche weitere Forschungen ermöglichte, und das Projekt wurde fertiggestellt.

Zu diesem Zeitpunkt kamen Glasfaser-verstärkte Polyesterharze auf den Markt. Balsaholz wurde als Füllmaterial für die Sandwich-Haut beibehalten und Glasfaser wurde als äußere Haut verwendet. Der Rumpf in Schalenbauweise ist aus zwei Teilen mit einer Sandwich-Außenhaut aus Glasfaser und Balsaholz hergestellt. Die Gewicht-tragenden Punkte und der Rand der Kabinenhaube sind mit Sperrholz verstärkt. Die Flügelbefestigung, Steuer und Fittings werden eingebaut, bevor die zwei Teile mit überlappender Glasfaser zusammengeklebt werden. Die Flügel sind in ähnlicher Weise konstruiert, Querruder, Klappen und Seitenruder werden nach dem Klebe-Prozeß herausgeschnitten.

Der Phönix flog erstmals am 27. November 1957. Das herkömmliche Heck wurde später durch ein T-Heck ersetzt, und ein einziehbares Fahrgestell wurde eingebaut. Es wurden acht Phönix-Flugzeuge gebaut, von denen alle noch fliegen.

Typbezeichung: fs-24 Phönix -T
Hersteller: Akaflieg Stuttgart
Erstflug: November 1957
Spannweite: 16 m
Rumpflänge: 6,84 m
Flügelfläche: 14,36 m²

Profil: EC 86 (-3)-914
Streckung: 17,83
Leergewicht: 164 kg
Wasserballast: – kg
Max. Fluggewicht: 265 kg
Max. Flächenbelastung: 18,5 kg/m²

Max. Fluggeschwindigkeit:
  180 km/h
Überziehgeschwindigkeit: 58 km/h
Min. Sinken bei 69 km/h: 0,51 m/sec.
Max. Manövergeschwindigkeit:
  100 km/h

Beste Gleitzahl bei 78 km/h: 40

Akaflieg Stuttgart fs-29 / Bundesrepublik Deutschland

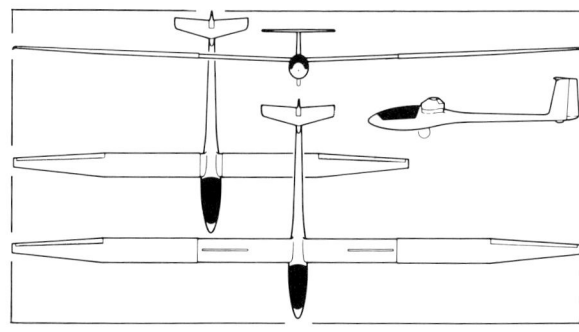

Der Traum eines Segelflugzeug-Piloten ist es, ein Flugzeug mit polymorphen Flügeln zu haben, die während des Fluges automatisch austauschbar sind. Diese Flügel würden eine große Flügelstreckung für den thermischen Flug und eine geringe Flügelstreckung (und einen kleineren Bereich) für Überlandflüge mit großer Geschwindigkeit aufweisen. Akaflieg Stuttgart versucht dieses Ideal durch Verwendung von Teleskop-Flügeln bei ihrem Segelflugzeug fs-29 mit variabler Geometrie zu realisieren. 1972 konstruiert, flog es erstmals im Juni 1975.

Die Flügel bestehen aus Außen-Teleskop-Abschnitten, die über innere, feste Abschnitte gleiten und so die Spannweite variieren. Der Innenflügel umfaßt einen Kastenholm aus einem Glasfaser/Conticell-Schaumstoff-Sandwich. Ein Ansatzholm ragt heraus, um eine Halterung für die Führungsschienen zu gewährleisten, auf denen sich die Außenpanels bewegen. Das Ausfahren und Einfahren der Außenflügel-Abschnitte wird manuell durch Gestänge realisiert. Die Außenflügel-Abschnitte bestehen aus einem Glasfaser/Schaumstoff/Kohlefaser-Sandwich. Die Flügel weisen flache Querruder mit einer ähnlichen Konstruktion auf, und

Schempp-Hirth Luftbremsen sind an den Oberseiten eingebaut und werden nur wirksam, wenn die Außenpanels ausgefahren sind.

Der Rumpf ist aus bereits erhältlichen Bauteilen konstruiert, wobei die Zelle, die Kabinenhaube, das Fahr- und Leitwerk einer Schempp-Hirth Nimbus 2 verwendet werden.

Typenbezeichnung: fs-29
Hersteller: Akaflieg Stuttgart
Erstflug: Juni 1975
Spannweite: 13,3–19 m
Rumpflänge: 7,16 m

Höhe: 1,27 m
Flügelfläche: 8,56–12,65 m²
Profil: Wortmann FX-73-170 (innen); FX-73-170/22 (außen)
Streckung: 20,67–28,54

Leergewicht: 357 kg
Wasserballast: – kg
Max. Fluggewicht: 450 kg
Max. Flächenbelastung: 52,6–35,6 kg/m²

Max. Fluggeschwindigkeit: 250 km/h
Überziehgeschwindigkeit: 72 km/h
Min. Sinken bei 74 km/h: 0,54 m/sec.
Max. Manövergeschwindigkeit: 250 km/h
Beste Gleitzahl bei 100 km/h: 44

Der Phoebus ist vom Phönix, dem ersten Voll-Glasfaser-Segelflugzeug abgeleitet. Der Phoebus ist eine Gemeinschaftskonstruktion von H. Nägele, R. Lindner und R. Eppler und wurde von Bölkow in Ottobrunn gebaut. Er flog erstmals am 4. April 1964. Die hauptsächlichen Verbesserungen in bezug auf den Phönix sind eine bessere Hochgeschwindigkeits-Leistung, vereinfachte Betätigungsvorrichtungen, eine stärkere Außenhaut, ein voll-bewegliches T-Heck und ein verbessertes Ansprechen auf Böen. Die Verwendung des voll-beweglichen Hecks ohne Klappen verringert den Luftwiderstand, das Gewicht und den Aufwand, und seine hohe Lage verhindert den Abstrom vom Flügel.

Es gibt drei Phoebus-Versionen: die Modelle A, B und C. Das Modell A, welches zuerst in der Öffentlichkeit bei den Weltmeisterschaften in South Cerney 1965 erschien, ist die Standard-Klassen 15-m-Version, die ein festes Laufrad aufweist. Das Modell B ist gleich dem Modell A, es weist jedoch ein einziehbares Rad auf und erschien zwei Jahre später. Der Phoebus C hat einen 17-m-Flügel, ein einziehbares Rad und einen Heck-Bremsfallschirm.

Bei den Weltmeisterschaften in Leszno, Polen wurde ein Phoebus C, geflogen von Göran Ax aus Schweden Zweiter und Rodolfo Hossinger aus Argentinien, der auch einen Phoebus C flog, wurde Sechster.

Die Produktion der Phoebus-Serie wurde 1970 eingestellt, nachdem 253 gebaut worden waren.

Typbezeichnung: Phöbus C
Hersteller: Bölkow
Erstflug: April 1967
Spannweite: 17 m
Rumpflänge: 6,98 m
Flügelfläche: 14,06 m²
Profil: Eppler 403
Streckung: 20,55
Leergewicht: 235 kg
Wasserballast: – kg
Max. Fluggewicht: 375 kg
Max. Flächenbelastung: 26,7 kg/m²
Max. Fluggeschwindigkeit: 200 km/h
Überziehgeschwindigkeit: 58 km/h
Min. Sinken bei 80 km/h: 0,55 m/sec.
Max. Manövergeschwindigkeit: 200 km/h
Beste Gleitzahl bei 90 km/h: 42

DFS Meise / Bundesrepublik Deutschland

Im Frühjahr 1938 beschloß das Internationale Olympische Komitee, Segelfliegen als einen olympischen Sport anzuerkennen. Die Schwierigkeit der Beurteilung von Segelflugzeugen vieler verschiedenartiger Typen mußte durch die Festlegung von Normen überwunden werden, denen das Wettbewerbs-Flugzeug entsprechen mußte. Daher schrieb die Fédération Aéronautique Internationale (FAI) einen Wettbewerb für die Konstruktion eines solchen olympischen Segelflugzeugs aus. Die Spezifikationen lauteten: Spannweite 15 m, Leergewicht 160 kg, Nutzlast 95 kg, Höchstgeschwindigkeit 200 km/Stunde, Gleichartigkeit der Baumaterialien, eingebaute Luftbremsen und weder Klappen noch einziehbares Untergestell.

Der Wettbewerb wurde im Februar 1939 in Italien durchgeführt, und die Einschreibungen umfaßten zwei aus Italien – die A13 und Pellicano, zwei aus Deutschland – die Meise und Merle Mü 17, und eine aus Polen, die Orlik. Wohlbekannte Piloten aus verschiedenen europäischen Ländern machten Testflüge mit diesen Flugzeugen. Auf die Meise, konstruiert von Hans Jacobs, fiel die endgültige Wahl. In den wenigen Monaten, bevor die Feindseligkeiten begannen, zeigten viele Nationen Interesse für dieses Segelflugzeug,

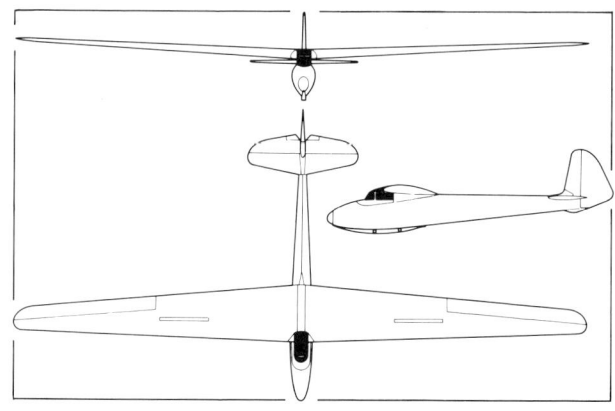

und der Deutsche Aero Club lieferte Einzelheiten der Konstruktion. Es wurden viele in anderen Ländern gebaut, manche unter anderem Namen. Es wurde in Spanien, in Frankreich als Nord 2000 produziert, in Großbritannien, wo es unter dem Namen EoN Olympia bekannt wurde und in der Tschechoslowakei, wo es die Bezeichnung Zlin-25-Sohay aufwies.

Typbezeichnung: Meise	**Flügelfläche:** 15 m²	**Max. Fluggewicht:** 255 kg	**Min. Sinken bei 59 km/h:**
Hersteller: DFS	**Profil:** Göttingen 549/676	**Max. Flächenbelastung:** 17 kg/m²	0,67 m/sec.
Erstflug: 1939	**Streckung:** 15	**Max. Fluggeschwindigkeit:**	**Beste Gleitzahl bei 69 km/h:**
Spannweite: 15 m	**Leergewicht:** 160 kg	220 km/h	25,5
Rumpflänge: 7,27 m	**Wasserballast:** – kg	**Überziehgeschwindigkeit:** 55 km/h	

Die DFS Weihe, die von Hans Jakobs 1938 konstruiert wurde, stellte sich als ein sehr populäres Segelflugzeug heraus, es wurden mehr als 350 in Deutschland, Schweden, Frankreich, Spanien und Jugoslawien gebaut. Es handelt sich um ein Flugzeug aus Holz, dabei kommt ein dünnes Tragflächenprofil zur Verwendung. Anstelle der Knickflügel des Reihers, aus dem sie entwickelt wurde, weist sie gerade Flügel zwecks niedrigerer Fertigungskosten auf. Zur Aufrüstung werden die Flügel in den Rumpf mit den Flügelspitzen am Boden eingebaut. Die Spitzen werden dann hochgehoben, und die Flügel werden in ihrer Position mit einem Bolzen arretiert.

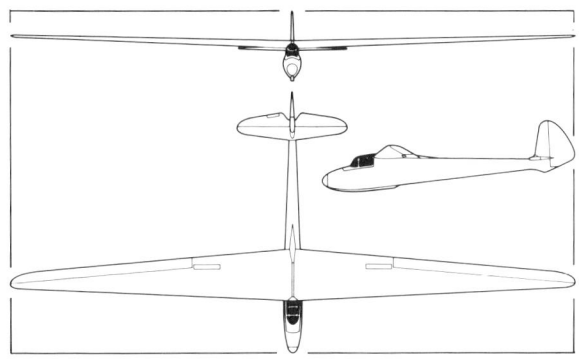

Der Rumpf ist relativ lang mit einem engen Querschnitt und, obwohl dies die Flugeigenschaften verbessert, geht es zu Lasten des Komforts für den Piloten. Die Kabinenhaube bestand aus Teilabschnitten, aber die spätere Weihe 50, die von Focke-Wulf 1950 hergestellt wurde, wies eine einteilige, stromlinienförmige Kabinenhaube auf.

Die Weihe wurde Vierte beim Rhönwettbewerb 1938. 1947 stellte Per Axel Perrson einen Welt-Höhenrekord von 8.050 m auf, und bei den Weltmeisterschaften 1948 flogen 13 der 29 Wettbewerber Weihe-Flugzeuge. Sogar 1952 und 1954 war die Weihe in der Lage, sich bei internationalen Wettbewerben zu behaupten, und zwar trotz der vielen neuen Konstruktionen, die dann erschienen. Im Jahre 1959, zwanzig Jahre nach ihrem ersten Flug, stellte sie einen Welt-Höhenrekord von 9.665 m auf.

Typbezeichnung: Weihe	Flügelfläche: 18,2 m²	Max. Fluggewicht: 325 kg	Überziehgeschwindigkeit:
Hersteller: DFS	Profil: Göttingen 549/676	Max. Flächenbelastung:	45 km/h
Erstflug: 1938	Streckung: 17,8	17,85 kg/m²	Min. Sinken bei 50 km/h:
Spannweite: 18 m	Leergewicht: 190 kg	Max. Fluggeschwindigkeit:	0,58 m/sec.
Rumpflänge: 8,3 m	Wasserballast: – kg	215 km/h	Beste Gleitzahl bei 70 km/h: 31

Glaser-Dirks DG-100 / Bundesrepublik Deutschland

Die D-38, eine Vorgängerin der DG-100, wurde bei der Aka-flieg Darmstadt konstruiert. Sie wies sogar noch bessere Leistungen und Steuereigenschaften auf als erwartet. Der Konstrukteur Wilhelm Dirks beschloß eine Serien-Version zu entwickeln. Er fand einen Förderer bei der Privat-Indu-strie und gründete mit Gerhard Glaser die Firma Glaser-Dirks Flugzeugbau.

Das einsitzige Segelflugzeug D-38 GFK (Glas-Faser-Kunst-stoff) flog im Februar 1973, und nur 15 Monate später, am 10. Mai 1974 wurde der Prototyp DG-100 zu seinem ersten Flug ausgerollt. Er stellt im Grunde das gleiche dar wie die D-38, weist aber eine bessere Ausführung auf. Der runde Bug der D-38 wurde durch einen aerodynamisch überlegenen spit-zen Bug ersetzt.

Leichterer Schaumstoff wird verwendet, um die Glasfaser-Außenhaut zu tragen, anstatt des Balsaholzes der D-38. Das Wortmann-Flügelprofil FX-61-184 ist das meist bekannte Profil ohne Klappe. Dirks hat sich gegen Klappen entschie-den, weil sie nur geringfügig die Durchschnitts-Überland-flug-Geschwindigkeit erhöhen, und dies nur an günstigen Flugtagen, und weil die leistungsstarken Schempp-Hirth-

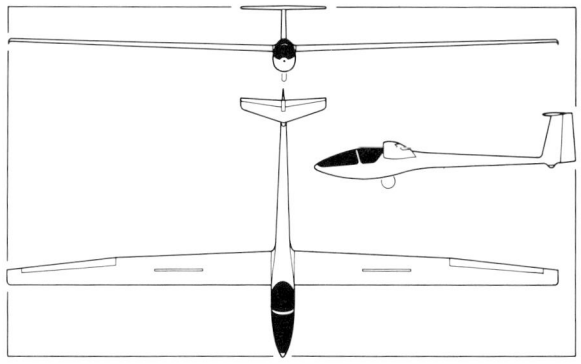

Luftbremsen an der Oberseite bei der Landung leichter zu bedienen, billiger herzustellen sind und Gewicht sparen.

Die Firma Glaser-Dirks hat auch eine Anzahl Flugzeuge DG-100G gebaut, die im allgemeinen ähnlich der DG-100 sind, ausgenommen, daß sie ein Leitwerk ähnlich der DG-200 aufweisen.

Typbezeichnung: DG-100	**Höhe:** 1,4 m	**Leergewicht:** 230 kg	**Überziehgeschwindigkeit:** 60 km/h
Hersteller: Glaser-Dirks	**Flügelfläche:** 11 m²	**Wasserballast:** 100 kg	**Min. Sinken bei 74 km/h:** 0,59 m/sec.
Erstflug: Mai 1974	**Profil:** Wortmann	**Max. Fluggewicht:** 418 kg	**Max. Manövergeschwindigkeit:**
Spannweite: 15 m	FX-61-184/60-126	**Max. Flächenbelastung:** 38 kg/m²	260 km/h
Rumpflänge: 7,0 m	**Streckung:** 20,5	**Max. Fluggeschwindigkeit:** 260 km/h	**Beste Gleitzahl bei 105 km/h:** 39,2

Glaser-Dirks DG-200 / Bundesrepublik Deutschland

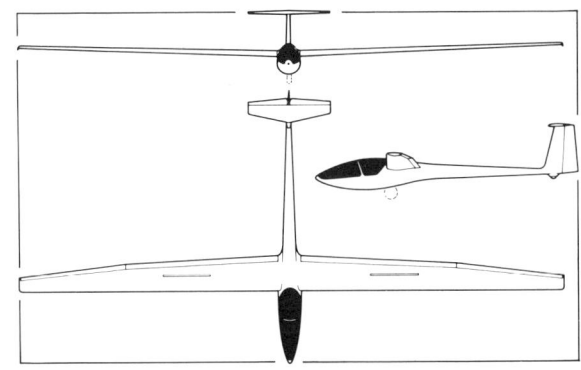

Trotz des Erfolges der DG-100 bleibt ein Bedarf für ein Segelflugzeug mit Klappen für die Internationalen Wettbewerbe der unbeschränkten 15-m-Klasse. Daher hat die Firma Glaser-Dirks die Produktion eines zweiten Modells, der DG-200, realisiert, um diesem Bedarf zu entsprechen. Die gleiche 15-m-Flügelspannweite, der lange, schlanke Rumpf und das T-Heck sind bei der DG-200 realisiert, aber es wurden Klappen hinzugefügt und der Flügelbereich wurde verringert. Der erste Flug erfolgte am 22. April 1977. Die Höhenflosse beim Prototyp DG-100 war voll-beweglich und wies eine große Anti-Servo-Klappe auf, dies wurde aber sowohl bei der DG-100 als auch der DG-200 auf eine herkömmliche feste Höhenflosse und Höhenruder abgeändert. Der Trimmer ist beim Steuerknüppel eingebaut, einem Parallelogramm-Gestänge-Typ, der einen Hochgeschwindigkeits-Flug mit dem reduzierten Risiko einer Piloten-induzierten Schwingung ermöglicht.

Der Pilot ist in halb-zurückgelehnter Stellung im schlanken Cockpit untergebracht, das eine zweiteilige Kabinenhaube aufweist, deren hinterer Teil nach oben und rückwärts aufklappbar ist. Die einstellbare Kopfstütze ist bei der Kabinendach-Drehachse befestigt. Das Fahrwerk weist ein einziehbares Hauptrad und ein fest eingebautes Heckrad auf. Maximal 120 kg Wasserballast werden mitgeführt.

1978 wurden zwei weitere Versionen entwickelt: die 17-m-DG-200-17 und die 13,1 m Acroracer, welche beide abnehmbare Flügelspitzen zur Rückwandlung in das 15-m-Klasse Segelflugzeug aufweisen.

Typbezeichnung: DG-200	**Höhe:** 1,4 m	**Leergewicht:** 230 kg	**Überziehgeschwindigkeit:** 62 km/h
Hersteller: Glaser-Dirks	**Flügelfläche:** 10 m²	**Wasserballast:** 120 kg	**Min. Sinken bei 72 km/h:** 0,55 m/sec.
Erstflug: April 1977	**Profil:** Wortmann	**Max. Fluggewicht:** 450 kg	**Max. Manövergeschwindigkeit:**
Spannweite: 15 m	FX-61-184/60-126	**Max. Flächenbelastung:** 45 kg/m²	270 km/h
Rumpflänge: 7,0 m	**Streckung:** 22,5	**Max. Fluggeschwindigkeit:** 270 km/h	**Beste Gleitzahl bei 110 km/h:** 42

Glasflügel BS 1 / Bundesrepublik Deutschland

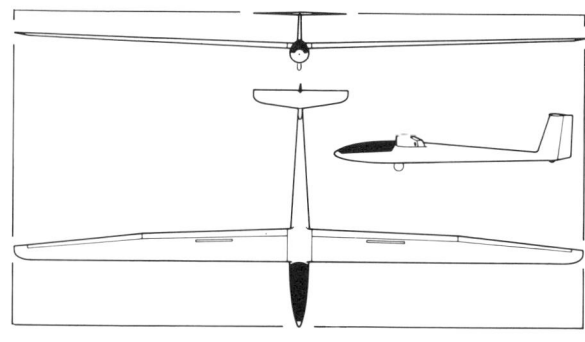

Im Jahre 1962 wurde Björn Stender, der als Student bei der Braunschweiger Akaflieg an der SB-6 arbeitete, von dem Südafrikaner Helli Lasch beauftragt, ein Hochleistungs-Segelflugzeug zu konstruieren und zu bauen. Mit 3 Helfern begann er die Arbeiten an dem Flugzeug, das die BS 1 werden sollte.

Das Segelflugzeug ist aus Glasfaser hergestellt, und um den Querschnitt des Rumpfes so klein wie möglich zu halten, nimmt der Pilot eine liegende Stellung ein. Das T-Heck weist einen Brems-Fallschirm auf, und der Flügel Wölbungsklappen. Die BS 1 wurde Ende 1962 ausgerollt. Nach vielen Testflügen brach die BS 1 den 300 km Dreiecks-Rekord im Frühjahr 1963 und begann mehrere regionale Meisterschaften. Sie wurde als ein Segelflugzeug mit einer der höchsten Leistungen zu dieser Zeit angesehen.

Leider wurde der brillante junge Konstrukteur während eines Testfluges im Oktober 1963 getötet. Glasflügel übernahm dann das Projekt, modifizierte das Segelflugzeug und produzierte es als BS 1B. Diese Version flog erstmals am 24. Mai 1966. Ein neues Rumpfprofil gewährleistet ein geräumigeres Cockpit, die Flügelspannweite ist erhöht, und

ein neues Flügelprofil wird verwendet, um die Leistung bei schwacher Thermik zu verbessern.

Achtzehn BS 1B-Flugzeuge wurden gebaut, wobei ein Flugzeug nach England für den Naturforscher und Segelflieger-Pilot, Sir Peter Scott exportiert wurde.

Typbezeichnung: BS 1 B	Höhe: 1,54 m	Wasserballast: – kg	Überziehgeschwindigkeit: 65 km/h
Hersteller: Glasflügel	Flügelfläche: 14,1 m²	Max. Fluggewicht: 460 kg	Min. Sinken bei 85 km/h: 0,55 m/sec.
Erstflug: Mai 1966	Profil: Eppler 348	Max. Flächenbelastung: 36,62 kg/m²	Max. Manövergeschwindigkeit: 250 km/h
Spannweite: 18 m	Streckung: 23		
Rumpflänge: 7,5 m	Leergewicht: 335 kg	Max. Fluggeschwindigkeit: 250 km/h	Beste Gleitzahl bei 95 km/h: 44

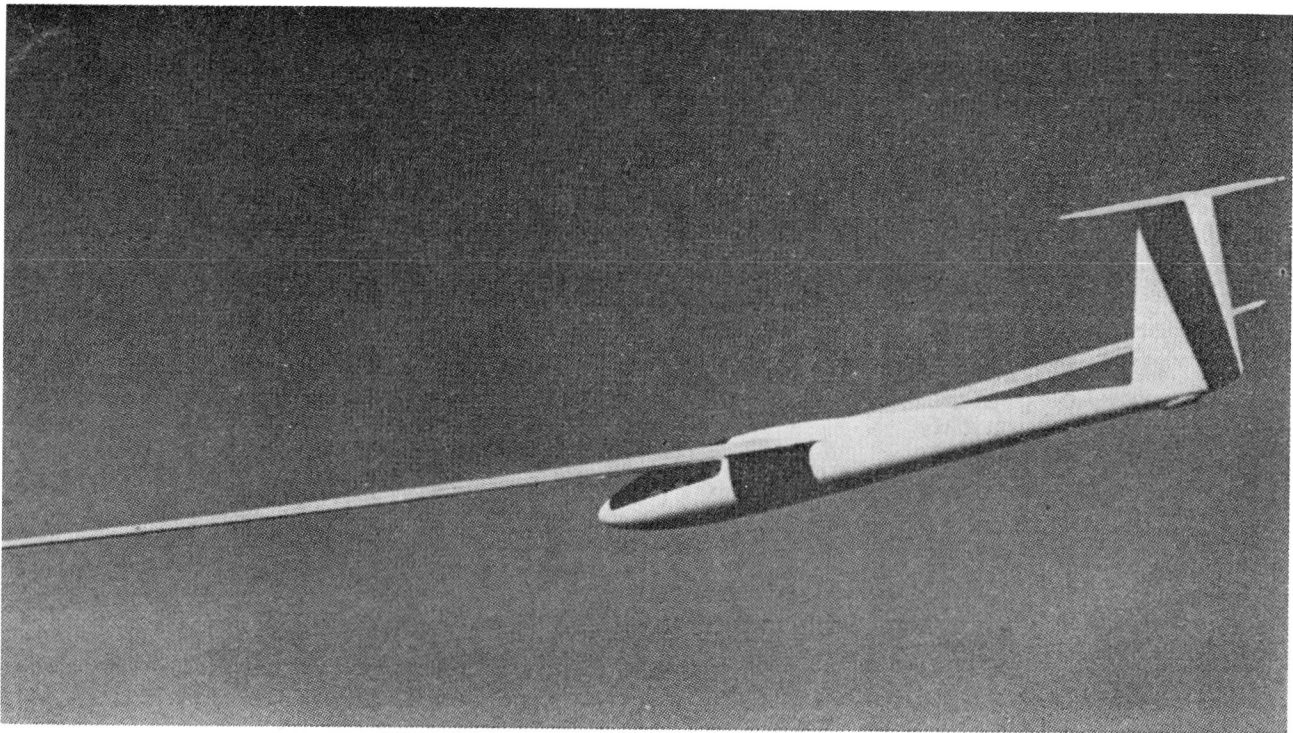

Die Libelle H 301 ist ein einsitziges Kompakt Voll-Glasfaser Segelflugzeug, welches sofort einschlug, als es eingeführt wurde. Es wurde von Eugen Hänle entwickelt, der sechs Jahre brauchte, um die H-30 mit V-Heck zu bauen und später Chef der Firma Glasflügel wurde, sowie von Dipl.-Ing. W. Hütter, der sich mit der Konstruktion vieler erfolgreicher Segelflugzeuge befaßte, einschließlich der Minimoa H-17 und H-28.

Die Libelle, die erstmals am 6. März 1964 flog, weist Wölbungsklappen und ein von Hand einziehbares Rad auf, was sie in die Offene Klasse verweist, trotz ihrer kleinen Flügelspannweite. Ihre zweiteiligen Flügel weisen eine GFK (Glasverstärkter Kunststoff) Balsa-Sandwich-Konstruktion auf mit Glasfaser-Tragholmen, die am Rumpf durch eine Nut-Gabelverbindung befestigt sind, welche von diesem Zeitpunkt an in weitem Maße von anderen Segelflugzeugherstellern übernommen wurde. Die Hütter-Luftbremsen schließen fest mit einem Federmechanismus, wodurch eine gestörte Luftströmung vermieden wird. Die Vorderkante weist einen Raum für den Wasserballast auf.

Beim Rumpf handelt es sich um eine Voll-Glasfaser-Außenhaut mit Balsa und Schaumstoff. Der Pilot sitzt in halb-zurückgelehnter Position unter einer flachen Kabinenhaube, die eine gute Vollsicht gewährleistet, und der sich ergebende kleinere Flächenbereich am Bug verringert den Frontal-Luftwiderstand.

Die Produktion der H 301 wurde 1969 zu Gunsten der Standard Libelle und Kestrel 17 eingestellt.

Typbezeichnung: Libelle 301	Flügelfläche: 9,5 m^2
Hersteller: Glasflügel	Profil: Hütter
Erstflug: März 1964	Streckung: 23,6
Spannweite: 15 m	Leergewicht: 180 kg
Rumpflänge: 6,2 m	Wasserballast: 50 kg

Max. Fluggewicht: 300 kg	Min. Sinken bei 75 km/h:
Max. Flächenbelastung: 31,25 kg/m^2	0,55 m/sec.
Max. Fluggeschwindigkeit:	Max. Manövergeschwindigkeit:
250 km/h	160 km/h
Überziehgeschwindigkeit: 65 km/h	Beste Gleitzahl bei 95 km/h: 39

Glasflügel Standard Libelle H 201 / Bundesrepublik Deutschland

Die erfolgreiche Libelle der Offenen Klasse, die so viele nationale Meisterschaften gewann und Welt-Geschwindigkeits- und Streckenrekorde brach, war der Vorläufer der populären Standard Libelle und Kestrel 17. Die Standard Libelle wurde, wie ihr Name besagt, hergestellt, um die Erfordernisse der Standard-Klasse zu erfüllen. Die hauptsächlichen Änderungen, die bei der Libelle H 301 vorgenommen wurden, um die Standard Libelle herzustellen, waren ursprünglich der Einbau eines festen Laufrades, die Vergrößerung der Höhe der Kabine und der Verzicht auf die Klappen und den Bremsfallschirm. Mit der Änderung der Standard-Klassen-Vorschriften im Jahre 1970 wurde jedoch ein einziehbares Rad vorgesehen. Wie die Libelle H 301 ist sie aus Glasfaser hergestellt, tadellos gemacht und leicht aufzurüsten. Beide Segelflugzeuge weisen viele Cockpit-Verfeinerungen, wie z. B. ein aufblasbares Kniekissen sowie eine Rückenlehne und Seitenruder-Pedale auf, die während des Fluges einstellbar sind. Ein sinnreiches Merkmal der Kabinenhaube ist ein Arretierhebel, der es ermöglicht, während des Fluges das Vorderteil um 25 mm hochzuheben, um falls erforderlich einen Ventilations-Luftstrom zu gewährleisten.

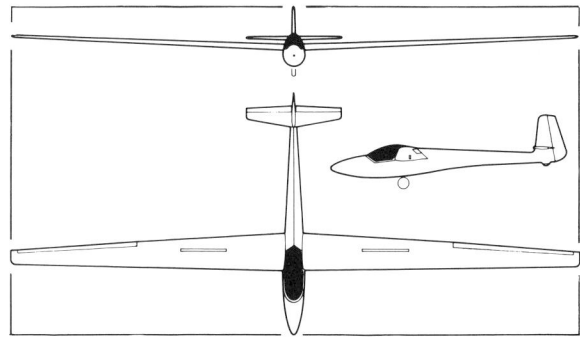

Der erste Flug erfolgte 1967, und zu dem Zeitpunkt, als die Produktion Mitte der siebziger Jahre ihr Ende fand, waren mehr als 600 Standard Libellen gebaut worden. Ein Jahr nach ihrem Jungfernflug errang die Standard Libelle den zweiten Platz bei den Weltmeisterschaften in Leszno in Polen und wurde von Axel Perrson geflogen.

Typbezeichnung: Standard Libelle 201 B	**Rumpflänge:** 6,2 m	**Streckung:** 23	**Max. Fluggeschwindigkeit:** 250 km/h
	Höhe: 1,31 m	**Leergewicht:** 185 kg	**Überziehgeschwindigkeit:** 62 km/h
Hersteller: Glasflügel	**Flügelfläche:** 9,8 m²	**Wasserballast:** 50 kg	**Min. Sinken bei 75 km/h:** 0,6 m/sec.
Erstflug: Oktober 1967	**Profil:** Wortmann FX 66-17 A	**Max. Fluggewicht:** 350 kg	**Max. Manövergeschwindigkeit:** 250 km/h
Spannweite: 15 m	11-182	**Max. Flächenbelastung:** 35,7 kg/m²	**Beste Gleitzahl bei 85 km/h:** 38

Glasflügel Club Libelle 205 / Bundesrepublik Deutschland

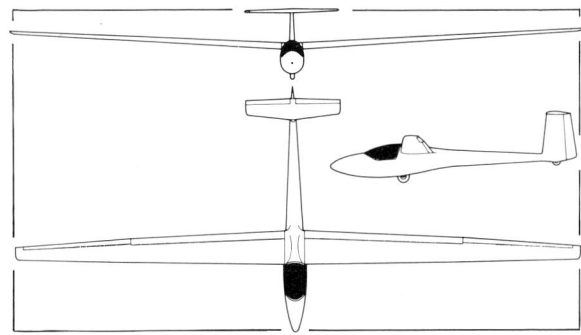

Die Standard Libelle und Libelle erwiesen sich als derart populäre Segelflugzeuge, daß die Firma Glasflügel beschloß, ein neues Modell mit den speziellen Zielen zu schaffen, Club-Schulungs-Methoden durch gute Steuerungseigenschaften, insbesondere leichte Außenlandungen für unerfahrene Piloten, zu entsprechen, eine Eignung für modernes Überlandflug-Training bis zum Diamant-Standard und eine Eignung für ein Basis-Training auf moderne Hochleistungs-Glasfaser-Segelflugzeuge in beiden Klassen zu gewährleisten.

Die Konstruktion der Club Libelle basiert auf derjenigen der Standard Libelle. Es handelt sich um ein Schulter-Flügel-Segelflugzeug, das eine Glasfaser/Kunststoff-Konstruktion aufweist. Die neuen, zweiteiligen, doppel-abgeschrägten Flügel weisen ein GFK(Glas-Faser-Kunststoff)-Schaumstoff-Profil mit Holmgurten aus Parallel-Glasfaser und Aussteifungen aus GFK-Balsa auf. Sie haben hintere Flügelklappen/Luftbremsen auf der vollen Länge vom Flügelansatz zu den Querrudern.

Beim Rumpf handelt es sich um eine Voll-GFK-Konstruktion in Schalenbauweise, es wird keine Sandwich-Konstruktion verwendet. Das Cockpit, welches geräumiger ist als das der Standard Libelle, wird von einer glasklaren, einteiligen Kabinenhaube abgeschlossen. Die Rückenlehne und die Seitenruder-Pedale sind einstellbar.

Abweichend von der Standard Libelle weist die Club Libelle ein T-Heck auf, und das Fahrwerk, welches aus einem Hauptrad mit Bremse besteht, ist nicht-einziehbar.

Typbezeichnung: 205 Club Libelle	Rumpflänge: 6,4 m	Streckung: 23	Max. Fluggeschwindigkeit: 200 km/h
Hersteller: Glasflügel	Höhe: 1,4 m	Leergewicht: 200 kg	Überziehgeschwindigkeit: 60 km/h
Erstflug: September 1973	Flügelfläche: 9,8 m^2	Wasserballast: – kg	Min. Sinken bei 67 km/h: 0,56 m/sec.
Spannweite: 15 m	Profil: Wortmann FX 66-17 A 11-182	Max. Fluggewicht: 330 kg	Max. Manövergeschwindigkeit: 200 km/h
		Max. Flächenbelastung: 33,67 kg/m^2	Beste Gleitzahl bei 90 km/h: 35

Glasflügel Hornet 206 / Bundesrepublik Deutschland

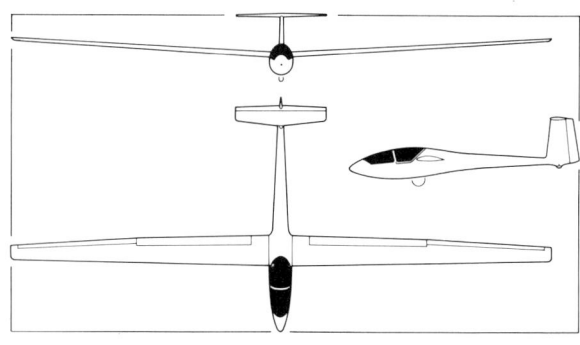

Die Hornet, ein einsitziges Hochleistungs-Segelflugzeug ist eine Entwicklung der populären Club Libelle und eine Nachfolgerin der Standard Libelle. Sie wurde entwickelt, um die neuen Standard-Klassen-Forderungen zu erfüllen, die ein einziehbares Fahrwerk und Wasser-Ballast gestatten.

Abgeleitet von der Club Libelle, ist ihre Konstruktion aus Voll-Glasfaser gleich. Die Flügel wurden von der Schulter – auf die Mittel-Einbau-Position gesenkt, und der Anstellwinkel wurde geändert, um die Leistung bei hohen Geschwindigkeiten zu verbessern. Sie wurden auch verstärkt, um die Unterbringung von Wassertanks zu ermöglichen, die insgesamt 120 Liter fassen. Die leistungsstarken Hinterkanten-Luftbremsen sind in der Länge um 0,46 m an den Flügelansätzen reduziert.

Der Bugteil ist modifiziert, um eine stromlinienförmigere, zweiteilige Kabinenhaube aufzunehmen, deren hinterer Teil sich nach oben zwecks Zugang öffnet. Das Fahrwerk besteht aus einem einziehbaren, ungefederten Einzelrad mit Bremse und einem Heckrad.

Sie wurde zuerst in Saulgau am 21. Dezember 1974 geflogen, bis zum Sommer 1979 waren 90 Hornets produziert worden.

Im gleichen Jahr wurde die Hornet C eingeführt, die Kohlefaser-Flügel aufwies, die das Leergewicht um 20 kg verringerten, wodurch die Wasser-Ballast-Kapazität auf 170 kg erhöht werden konnte. Der Glasfaser-Rumpf weist eine einteilige Moskito-Kabine auf, und die Flügelansatz-Verkleidung ist modifiziert.

Typbezeichnung: Hornet 206
Hersteller: Glasflügel
Erstflug: Dezember 1974
Spannweite: 15 m
Rumpflänge: 6,4 m

Höhe: 1,4 m
Flügelfläche: 9,8 m²
Profil: Wortmann FX-67-K-150
Streckung: 23
Leergewicht: 227 kg

Wasserballast: 120 kg
Max. Fluggewicht: 420 kg
Max. Flächenbelastung: 42,9 kg/m²
Max. Fluggeschwindigkeit: 250 km/h

Überziehgeschwindigkeit: 67 km/h
Min. Sinken bei 75 km/h: 0,6 m/sec.
Beste Gleitzahl bei 103 km/h: 38

Nach dem Erfolg der Libelle-Serie entschloß sich die Firma Glasflügel 1968 zu einer neuen Konstruktion, die Piloten zufriedenstellen würde, die ein Segelflugzeug wie die Libelle wünschten, aber mit einer größeren Flügelspannweite und einem geräumigeren Cockpit. Am 9. August 1968 wurde der Kestrel-Prototyp erstmals in Karlsruhe-Forchheim geflogen und ging 1969 in die Fertigung.

Dieses einsitzige Hochleistungs-Segelflugzeug der Offenen Klasse mit Wölbungsklappen und einem einziehbaren Laufrad wurde von dem Team Hänle-Prasser, bei Beratung durch Dr. Althaus von der Universität Stuttgart konstruiert. Das feste T-Heck ist mit drei Befestigungen arretiert, und das Höhenruder wird durch zwei Gabeln bei den rückseitigen Befestigungen betätigt. Der Glasfaser-Rumpf wies in seiner ursprünglichen Form eine kleine Strömungsablösung an der Flügelansatz-Verbindung bei geringen Geschwindigkeiten auf, aber dem wurde durch die Hinzufügung großer Auskehlungen abgeholfen, die auch bei der Kestrel 19 zur Anwendung kommen. Die zweiteiligen Glasfaser- und Balsa-Flügel weisen Wölbklappen auf, die in Verbindung mit den Querrudern von −8° bis +12° arbeiten und

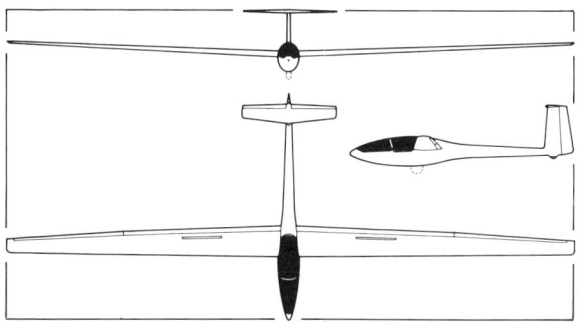

zum Landen auf +35° ausgefahren werden können. Für Nahbereichs-Landungen sind ein Bremsfallschirm am Heck und Einbau-Luftbremsen auf der Oberseite der Flügel vorgesehen.

Aus der Zeichnung ist die Original Kestrel-Konstruktion ersichtlich. Bezüglich späterer Modifikationen siehe Slingsby T 59 Kestrel 19 (Seite 154).

Typbezeichnung: 401 Kestrel 17
Hersteller: Glasflügel
Erstflug: August 1968
Spannweite: 17 m

Rumpflänge: 6,72 m
Höhe: 1,52 m
Flügelfläche: 11,6 m²
Profil: Wortmann FX 67-K-170/150
Streckung: 25

Leergewicht: 260 kg
Wasserballast: 45 kg
Max. Fluggewicht: 400 kg
Max. Flächenbelastung: 34,5 kg/m²
Max. Fluggeschwindigkeit: 250 km/h

Überziehgeschwindigkeit: 63 km/h
Min. Sinken bei 74 km/h: 0,55 m/sec.
Max. Manövergeschwindigkeit: 250 km/h
Beste Gleitzahl bei 97 km/h: 43

Glasflügel 604 / Bundesrepublik Deutschland

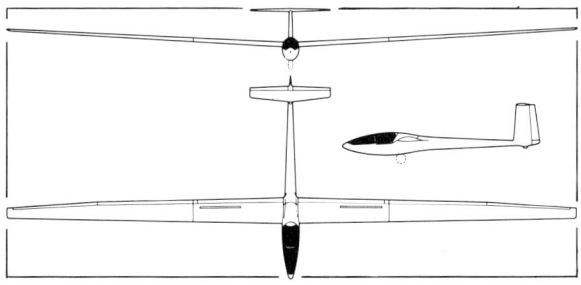

Bei Glasflügel 604 handelt es sich um eine einsitzige 22-Meter-Version der Kestrel 17. Sie wurde mit großem Erfolg bei Wettbewerben geflogen und hat mehrere Welt- und nationale Rekorde aufgestellt, u. a. den Damen-Geschwindigkeitsrekord, der von Adele Orsi aus Italien auf einem Dreieck von 100 km aufgestellt wurde mit einem Durchschnitt von 120,153 km/h. Es wurden nur 10 Stück der 604 produziert. Ursprünglich als Studie für ein projektiertes zweisitziges Hochleistungs-Segelflugzeug konstruiert, dauerte die Konstruktion der Glasflügel 604 nur vier Monate vom Januar bis April 1970. Das Flugzeug wurde für die Weltmeisterschaften 1970 in Marfa, Texas eingeführt, wo es Sechstes wurde. Bei den Weltmeisterschaften 1974 in Australien errang es den zweiten Platz.

Die Glasflügel 604 ist im Aussehen und in der Konstruktion der Kestrel 17 ähnlich. Die 604 weist jedoch einen dreiteiligen Flügel auf, wobei der Mittelabschnitt das Rumpfoberteil enthält, und die Außenpanels dem Mittelabschnitt mit Hilfe der Hütter-Hänle-Methode angefügt sind. Die Schwierigkeiten bei der Kurssteuerung, welche sich bei einem Flugzeug mit großer Spannweite ergeben, wurde durch eine Vergrößerung der Rumpflänge von 1,65 m überwunden. Die neue, klappbare Kabinenhaube weist einen geringeren Sichtbereich als diejenige der Kestrel 17 auf und ist nach oben und rückwärts aufklappbar. Das Fahrwerk besteht aus einem von Hand einziehbaren Einzelrad mit Bremse und festem Heckrad.

Typbezeichnung: 604	**Höhe:** 1,67 m	**Leergewicht:** 440 kg	**Überziehgeschwindigkeit:** 64 km/h
Hersteller: Glasflügel	**Flügelfläche:** 16,23 m^2	**Wasserballast:** 100 kg	**Min. Sinken bei 72 km/h:** 0,5 m/sec.
Erstflug: April 1970	**Profil:** Wortmann	**Max. Fluggewicht:** 650 kg	**Max. Manövergeschwindigkeit:**
Spannweite: 22 m	FX-67-K-170/150	**Max. Flächenbelastung:** 40 kg/m^2	250 km/h
Rumpflänge: 7,6 m	**Streckung:** 29, 8	**Max. Fluggeschwindigkeit:** 250 km/h	**Beste Gleitzahl bei 98 km/h:** 49

Glasflügel Mosquito 303 / Bundesrepublik Deutschland

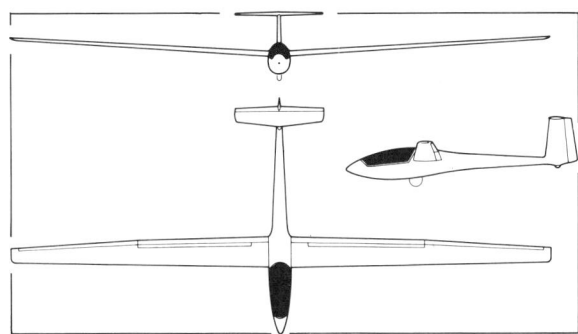

Die Mosquito war das erste Segelflugzeug, das unter dem neuen Namen Holighaus und Hillenbrand produziert wurde. Nach dem Tod von Ing. Eugen Hänle am 21. September 1975, dem Direktor der Firma Glasflügel, gingen Klaus Holighaus von Schempp-Hirth und Hillenbrand von Glasflügel eine Partnerschaft ein, aus der sich die größte Segelflugzeug-Produktionskapazität der Welt ergab.
Entwickelt aus dem Standard-Klassen Hornet, ist die Mosquito ein Segelflugzeug der unbeschränkten 15 m Klasse. Ein interessantes Merkmal ist der neue Typ der Luftbremsen/Klappen-Kombination, der gemeinsam von Holighaus und Hänle entwickelt wurde. Diese Klappen sind eine Kombination von gewöhnlichen hinteren Flügelklappen und Hinterkanten-Drehungs-Bremsklappen. Der normale Klappenhebel betätigt die hintere Flügelklappe und senkt die Querruder ab. Es ist ein zweiter Hebel für die Bremsen-Klappe vorhanden, dessen Effekt darin besteht, die Bremsen-Klappe teilweise auf der Oberseite des Flügels zu öffnen. Wenn der Hebel zurückgeschoben wird, öffnet sich die Bremsen-Klappe weiter, während sich gleichzeitig die hintere Flügelklappe weiter nach unten bewegt. Bei einer normalen Landung arbeitet die Bremsen-Klappe, wenn sie vollständig ausgefahren ist, wie ein Bremsfallschirm, kann aber jederzeit geöffnet oder geschlossen werden wie eine Schempp-Hirth Luftbremse, und zwar ohne ein Überziehen des Flugzeugs.

Typbezeichnung: 303 Mosquito
Hersteller: Glasflügel
Erstflug: Februar 1976
Spannweite: 15 m
Rumpflänge: 6,39 m
Höhe:1,4 m
Flügelfläche: 9,86 m^2
Profil: Wortmann FX-67-K-150
Streckung: 23
Leergewicht: 235 kg
Wasserballast: 120 kg
Max. Fluggewicht: 450 kg
Max. Flächenbelastung: 46 kg/m^2
Max. Fluggeschwindigkeit: 250 km/h
Überziehgeschwindigkeit: 66 km/h
Min. Sinken bei 66 km/h: 0,57 m/sec.
Max. Manövergeschwindigkeit: 250 km/h
Beste Gleitzahl bei 110 km/h: 42

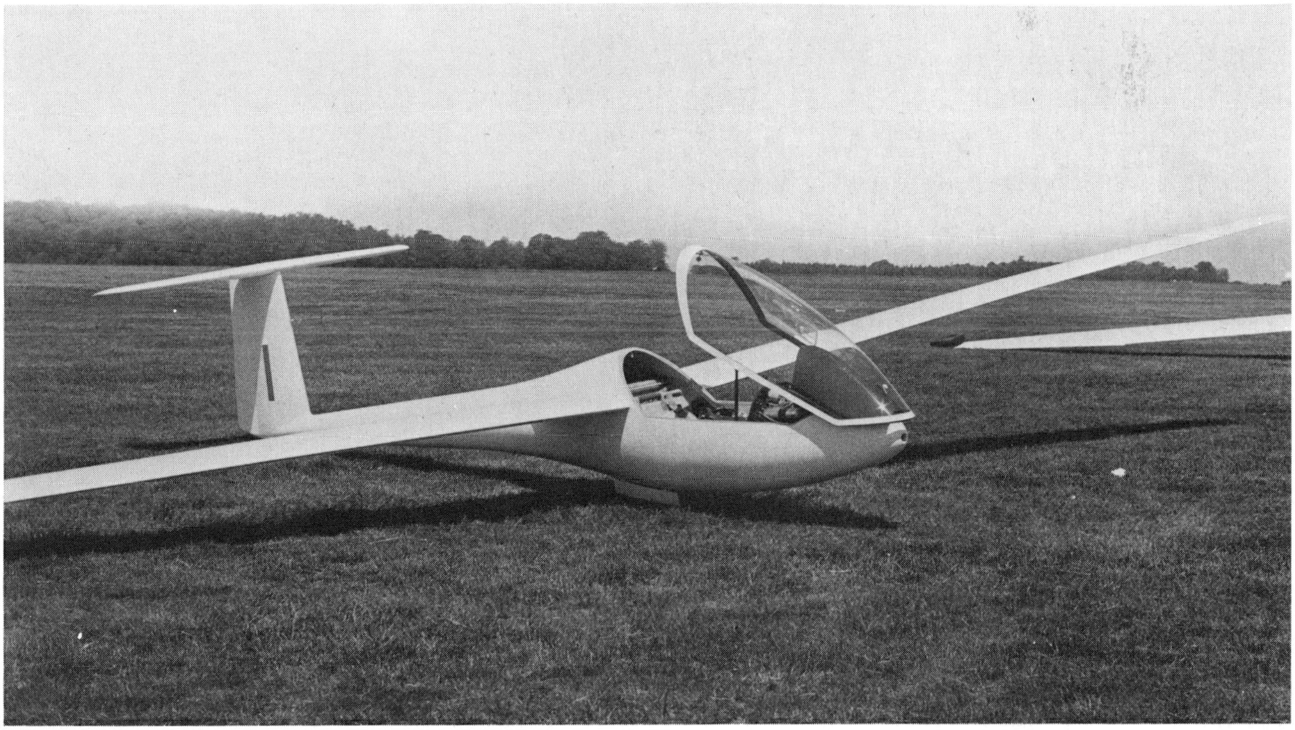

Grob-G 102 Astir CS 77 / Bundesrepublik Deutschland

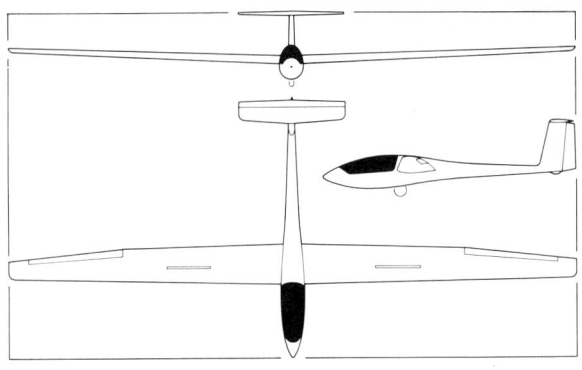

Der Astir CS (Club Standard) ist ein einsitziges Hochleistungs-15-Meter-Segelflugzeug, welches von Burkhart Grob hergestellt wird. Der Astir CS ist sowohl für Clubs als auch für private Eigentümer konstruiert, die ein leicht zu fliegendes Glasfaser-Flugzeug mit einem großen, geräumigen Cockpit benötigen.

Der große Geschwindigkeitsbereich dieses Flugzeuges ist eines seiner bemerkenswerten Merkmale und hat zu Verbesserungen der Leistungen bei geringen Geschwindigkeiten geführt.

Die Konstruktion der Astir (Foto siehe unten) begann im März 1974. Der Prototyp flog erstmals am 19. Dezember 1974, sie ging im Juli 1975 in die Fertigung. Sie weist eine Voll-Glasfaser-Konstruktion mit einem langen Rumpf und einem T-Heck auf. Sie enthält ein gefedertes einziehbares Laufrad. Der Wasserballast wird in den Flügeln ohne Klappen mitgeführt, wobei sich das Ablaßventil im Rumpf befindet. Die Aufrüstung wird durchgeführt, ohne daß irgendwelche separate ausbaubare Teile erforderlich sind, weil die Flügel und die Höhenflosse durch ein sinnvolles System von Schnappverschluß-Anschlußteilen befestigt sind.

Nachdem 534 produziert worden waren, ging die derzeitige Version, die CS 17 mit einem neuen, schlankeren und längeren Rumpf im Frühling 1977 in die Fertigung, gefolgt von der Club Astir mit festem Fahrwerk, im Sommer 1977.

Typbezeichnung: G-102 Astir CS 77	Rumpflänge: 6,69 m	Leergewicht: 270 kg	Überziehgeschwindigkeit: 60 km/h
Hersteller: Burkhart Grob	Höhe: 1,4 m	Wasserballast: 100 kg	Min. Sinken bei 75 km/h: 0,6 m/sec.
Erstflug: Dezember 1974	Flügelfläche: 12,4 m^2	Max. Fluggewicht: 450 kg	Max. Manövergeschwindigkeit: 250 km/h
Spannweite: 15 m	Profil: Eppler E 603	Max. Flächenbelastung: 36,3 kg/m^2	
	Streckung: 18,2	Max. Fluggeschwindigkeit: 250 km/h	Beste Gleitzahl bei 105 km/h: 38

Grob Twin Astir G-103 / Bundesrepublik Deutschland

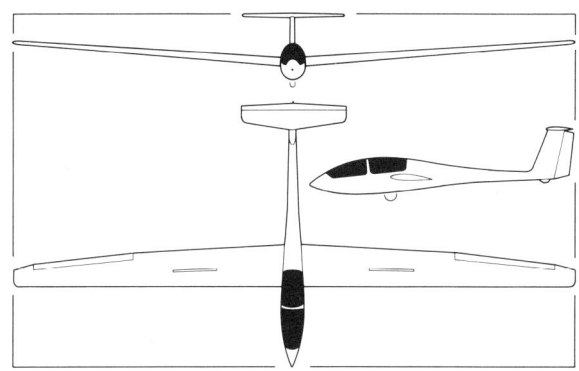

Der Twin Astir ist die doppelsitzige Version der Astir CS und weist die gleiche Konstruktion auf. Die Konstruktion und Prototyp-Konstruktion begann im September 1974 bzw. im März 1976. Der Prototyp flog erstmals am 31. Dezember 1976.
Grob beschloß, daß anders als viele Zweisitzer, die ein festes Fahrwerk aufweisen, der Twin Astir ein einziehbares Laufrad bekommen sollte. Hieraus ergeben sich Probleme, weil der Rücksitz, der sich beim Schwerpunkt befindet, den verfügbaren Platz einnimmt. Folglich mußte eine neue Methode für das Einziehen des Rades in einen kleineren Raum erfunden werden. Das Rad dreht sich 90° seitwärts, wodurch das Untergestell horizontal unter dem Rücksitz zum Anliegen gebracht wird.
Gleich der Astir CS, weist der Twin Astir eine Glasfaser-Konstruktion mit T-Heck auf. Die zwei Sitze weisen eine Tandem-Anordnung mit doppelten Steuern unter zwei einzelnen Kabinenhauben auf. Der Twin Astir wird mit oder ohne Wasserballast und Grundinstrumente im vorderen Cockpit verkauft. Bis Ende 1978 wurden insgesamt 225 Twin Astirs geliefert.

Typbezeichnung: G-103 Twin Astir
Hersteller: Burkhart Grob
Erstflug: Dezember 1976
Spannweite: 17,5 m
Rumpflänge: 8,1 m
Höhe: 1,6 m
Flügelfläche: 17,9 m^2
Profil: Eppler E 603
Streckung: 17,1
Leergewicht: 390 kg
Wasserballast: 90 kg
Max. Fluggewicht: 620 kg
Max. Flächenbelastung: 34,6 kg/m^2
Max. Fluggeschwindigkeit: 250 km/h
Überziehgeschwindigkeit: 74 km/h
Min. Sinken bei 75 km/h: 0,62 m/sec.
Max. Manövergeschwindigkeit: 200 km/h
Beste Gleitzahl bei 110 km/h: 38

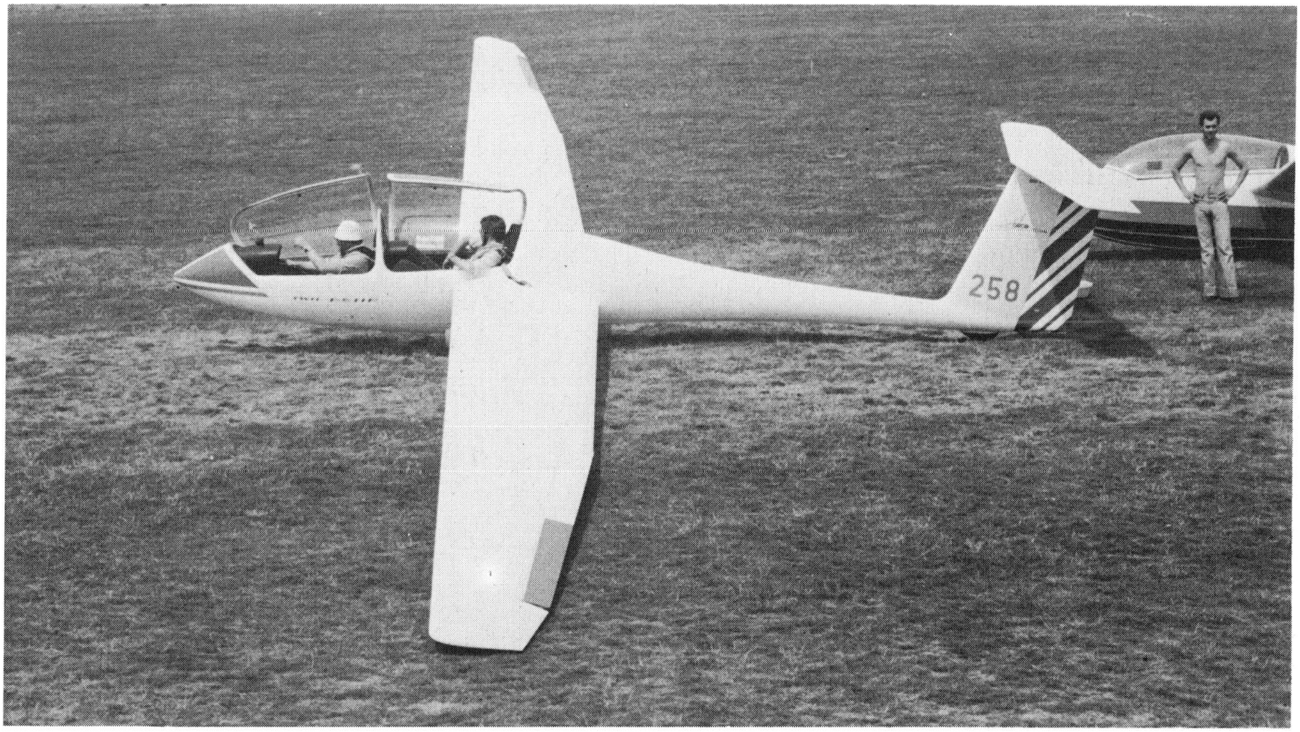

Grob Speed Astir II / Bundesrepublik Deutschland

Nach dreijähriger Entwicklung brachte Grob den einsitzigen Hochleistungs 15 m Speed Astir II der Unbeschränkten Klasse im Sommer 1978 heraus. Viele technische Innovationen waren realisiert worden. Ein neuer, schlanker Laminarströmungs-Rumpf mit ovalem Querschnitt weist eine Kohlefaser-Verstärkung in Bereichen mit hoher Beanspruchung auf. Das Cockpit wurde um 15 cm im Oktober 1979 verlängert, um großgewachsene Piloten unterzubringen. Es weist eine zweiteilige Kabinenhaube auf, deren rückseitiger Teil nach hinten aufklappbar ist. Das Leitwerk ist das gleiche wie bei der Astir CS, jedoch mit einer kürzeren Leitwerksflosse und Seitenruder. Die neue Höhenflosse weist einen abgedichteten Höhenrudergelenkrand auf.

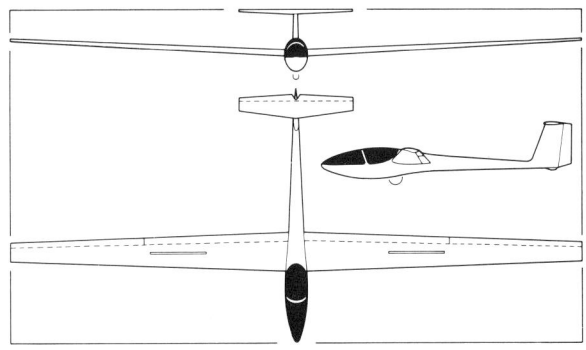

Der Trend, Kohlefaser für eine zusätzliche Festigkeit und Gewichtersparnis zu verwenden, macht sich auch bei den Flügel-Tragholmen bemerkbar. Ein interessantes Merkmal sind die schlitzlosen Klappen und Querruder. Diese Klappen dehnen sich halbwegs längs der Hinterkante aus, und die Querruder gehen unter Verwendung des gleichen Auslenkungs-Systems bis zu den Flügelspitzen. Sie werden an der unteren Flügelseite angelenkt, und zwar unter Verwendung von Führungsschienen und Rollen und können den Flügelbereich leicht erhöhen. Bei der Oberseite werden «Elastic»-Bänder verwendet, die eine permanente Abdichtung zwischen Klappe und Flügel gewährleisten.

Typbezeichnung: Speed Astir II
Hersteller: Burkhart Grob
Erstflug: April 1978
Spannweite: 15 m
Rumpflänge: 6,6 m

Höhe: 1,27 m
Flügelfläche: 11,5 m^2
Profil: Eppler E 660
Streckung: 19,6
Leergewicht: 250 kg

Wasserballast: 180 kg
Max. Fluggewicht: 515 kg
Max. Flächenbelastung: 45 kg/m^2
Max. Fluggeschwindigkeit:
 270 km/h

Überziehgeschwindigkeit:
 64 km/h
Min. Sinken bei 75 km/h:
 0,57 m/sec.
Beste Gleitzahl bei 120 km/h: 41,5

Im Jahre 1977 brachten Dipl.-Ing. Manfred Strauber und seine Mitarbeiter, die den Standard-Klassen Mistral konstruiert und gebaut hatten, der erstmals 1975 flog, den Mistral C heraus, um den neuen F.A.I.-Clubvorschriften zu entsprechen. Um internationale Wettbewerbe für einen größeren Teilnehmerkreis zu öffnen, sollte diese neue Club-Klasse, die 1975 beschlossen wurde, gewisse vorgeschriebene Begrenzungen aufweisen, u. a. die Flügel-Spannweite, festeingebautes Fahrwerk und weder Wölbungsklappen noch Wasserballast. Der Mistral, ein robuster Segler mit guten Flugeigenschaften ist auch für den Einsatz mit Piloten aller Klassen vom ersten Alleinflug an bis zur Teilnahme an Wettbewerben geeignet.

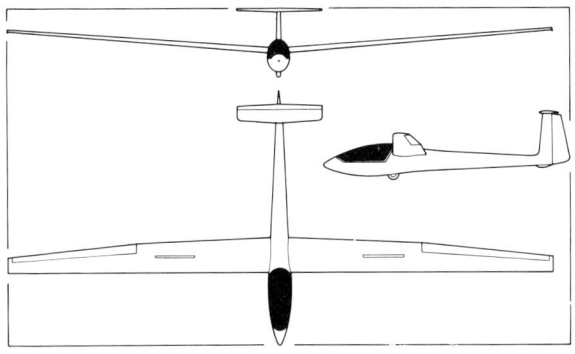

Der Glasfaser-Rumpf des Mistral C weist ein genügend großes Cockpit auf, um Piloten aller Größen unterzubringen. Eine einteilige Kabinenhaube, welche nach der Seite aufklappbar ist, gewährleistet eine gute Vollsicht. Die Seitenruder-Pedale sind einstellbar. Ein Schlepphaken befindet sich beim Schwerpunkt, und ein Bug-Schlepphaken für einen Flugzeugschleppstart ist wahlfrei.

Die freitragenden Schulterflügel und das T-Heck weisen eine Glasfaser- und Conticell-Sandwich-Konstruktion auf.

Die Flügel haben große Querruder und weisen wirksame Luftbremsen an den Oberseiten auf. Das T-Heck hat ein Höhenleitwerk mit festem Anstellwinkel mit Feder-Trimm-Höhenruder. Das Fahrwerk weist ein großes Einzelrad mit Bremse und eine Heckkufe auf.

Unter 33 Wettbewerbern gewann der Mistral C den dritten Platz beim ersten Internationalen Club-Klassen-Wettbewerb 1979 in Schweden.

Typbezeichnung: Mistral C	**Höhe:** 1,45 m
Hersteller: I.S.F.	**Flügelfläche:** 10,9 m²
Erstflug: 1977	**Profil:** Wortmann FX-61-163
Spannweite: 15 m	**Streckung:** 20,7
Rumpflänge: 6,73 m	**Leergewicht:** 230 kg

Wasserballast: – kg	**Überziehgeschwindigkeit:** 62 km/h
Max. Fluggewicht: 250 kg	**Min. Sinken bei 65 km/h:** 0,6 m/sec.
Max. Flächenbelastung: 35 kg/m²	**Beste Gleitzahl bei 90 km/h:** 35
Max. Fluggeschwindigkeit: 250 km/h	

Kortenbach & Rauh Kora 1 / Bundesrepublik Deutschland

Die Kora 1 ist ein zweisitziger, Doppelleitwerkträger Motorsegler mit nebeneinanderliegenden Sitzen, der von den Herren Schultes, Seidel und Putz konstruiert und von Kortenbach & Rauh/Bundesrepublik Deutschland gebaut wurde. Sein Triebwerk ist ein 68 PS luftgekühlter Limbach SL 1700 EC1-Motor, der eine zweiflügelige Hoffmann-Verstellungs-Luftschraube mit variabler Steigung ansteuert, die hinter dem Cockpit eingebaut ist.

Die freitragenden hochliegenden Flügel weisen eine Ganzholz-Konstruktion auf mit Schempp-Hirth Luftbremsen an den Oberseiten. Das Fahrgestell besteht aus zwei Haupträdern, die sich auf dünnen, stahlgefederten Beinen befinden, die aus der Rumpf-Gondel ausgekragt sind und einem nach vorne einziehbaren Bugrad. Beim ersten Prototypen wurden die Haupträder in die Doppelleitwerkträger eingezogen. Nebeneinanderliegende Sitze für zwei Personen befinden sich in einem geräumigen Cockpit mit 120 cm Breite, unter einer vollständig transparenten Kabinenhaube, die sich seitwärts nach Steuerbord öffnet.

Der erste Prototyp flog im Herbst 1972 und bestätigte, daß die Konstruktion einwandfrei war, aber die Hersteller be-

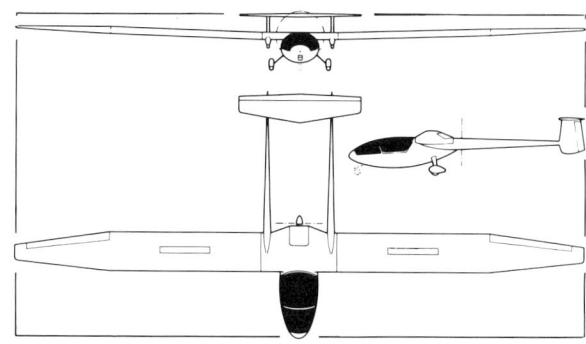

schlossen, daß eine vereinfachtere Version mit einer gewissen Gewichtsersparnis für das Produktionsmodell erforderlich sei, und daher wurde ein zweiter Prototyp, die Kora 1-V2 gebaut, sie flog erstmals am 9. April 1976.

Typbezeichnung: Kora 1	**Höhe:** 1,85 m	**Wasserballast:** – kg	**Min. Sinken bei 95 km/h:** 0,85 m/sec.
Hersteller: Kortenbach & Rauh	**Flügelfläche:** 19,44 m^2	**Max. Fluggewicht:** 750 kg	**Beste Gleitzahl bei 100 km/h:** 30
Erstflug: April 1976	**Profil:** Wortmann FX-66-S-196/161	**Max. Flächenbelastung:** 38,58 kg/m^2	**Motor:** Limbach SL 1700 ECI
Spannweite: 18 m	**Streckung:** 16,65	**Max. Fluggeschwindigkeit:** 205 km/h	48,5 kW (65 PS)
Rumpflänge: 7,4 m	**Leergewicht:** 510 kg	**Überziehgeschwindigkeit:** 65 km/h	**Steigleistung:** 180 m/min.

Die LCF 2 ist ein einsitziges Schulterflügel-Segelflugzeug, das aus gemischten Werkstoffen hergestellt ist. Es ist ein vielseitiges Flugzeug, das für Schulungs-, Leistungs- und Kunstflüge geeignet ist. Es wurde im Laufe der Jahre 1970 und 1971 in Friedrichshafen als Nachfolger der LO 100 durch eine Gruppe von Enthusiasten unter der Leitung von Ing. Görgl und G. Kramper in ca. 4000 Arbeitsstunden gebaut. Es flog erstmals am 22. März 1975. Anläßlich des 25jährigen Jubiläums des Friedrichshafener Aero-Clubs wurde es Kobold getauft. Beim 1975er Meeting der Oscar-Ursinus Vereinigung (der Deutschen EAA) wurde ihm der erste Preis zuerkannt.

Beim Rumpf mit Oval-Querschnitt handelt es sich um einen Stahlrohrrahmen mit einer Glasfaser-Außenhaut, die den Bugteil umfaßt und mit Stoffbespannung an der Rückseite. Das geräumige Cockpit wird von einer einteiligen Einbau-Kabinenhaube abgedeckt, und dieses Segelflugzeug weist ein festes Laufrad auf. Das herkömmliche Heck ist eine Conticell/Sperrholz-Konstruktion. Die einholmigen Flügel sind sperrholzbeplankt und weisen Schempp-Hirth-Luftbremsen auf den Oberseiten auf.

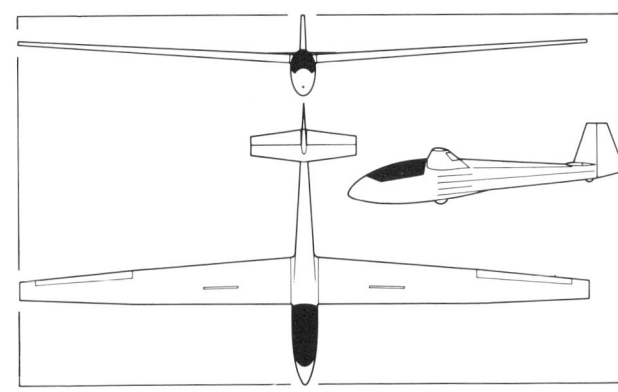

Die LCF 2 ist für Amateur-Konstrukteure geeignet oder ist fertig zusammengebaut erhältlich.

Typbezeichnung: LCF 2	Rumpflänge: 6,35 m	Leergewicht: 190 kg	Überziehgeschwindigkeit: 62 km/h
Hersteller: Luftsportverein Friedrichshafen	Höhe: 0,9 m	Wasserballast: – kg	Min. Sinken bei 68 km/h: 0,7 m/sec.
	Flügelfläche: 10 m²	Max. Fluggewicht: 300 kg	Max. Manövergeschwindigkeit: 250 km/h
Erstflug: März 1975	Profil: Wortmann FX-60-126	Max. Flächenbelastung: 30 kg/m²	
Spannweite: 13 m	Streckung: 16,9	Max. Fluggeschwindigkeit: 250 km/h	Beste Gleitzahl bei 68 km/h: 30,5

Rhein-Flugzeugbau Sirius 2 / Bundesrepublik Deutschland

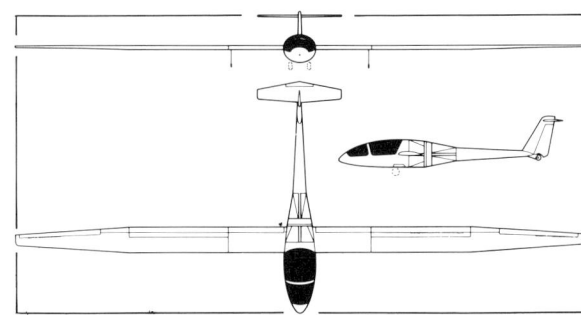

Die Sirius 1 wurde entwickelt, um die Wirksamkeit des Düsenfächers (der Mantelschraube) als Antriebsmittel für Motorsegler zu erforschen. Sie wurde aus dem VFW FK-3 Ganzmetall-Segelflugzeug entwickelt und wurde zuerst durch einen Nelson 48 PS Zweitaktmotor angetrieben, dann durch zwei Yamaha-Motorrad-Motoren, und schließlich wurden zwei 20 PS Fichtel & Sachs Wankel-Motoren gewählt.

Die Sirius 2 ist die zweisitzige Version der Sirius 1. Die Firma Rhein-Flugzeugbau, als Hersteller, hat sich in diesem Fall mit Caproni in Italien geeinigt, die Flügel, das Leitwerk und das Fahrwerk der Calif A-21 zu verwenden.

Dieser zweisitzige Motorsegler mit Zweistrom-Motor und nebeneinanderliegenden Sitzen wird von zwei 30 PS Wankel-Drehkolbenmotoren angetrieben, die einen Düsenfächer (eine Mantelschraube) ansteuern, der im Rumpf genau hinter der Flügel-Hinterkante gelagert ist. Ein Motor ist vor den Fächer (der Mantelschraube) und der andere dahinter eingebaut. Die Fächerverkleidung weist einen ringförmigen Vorflügel-Einlaß rund um die Flügelvorderkante auf, um den Luftstrom am Kanal zu halten und um Klappen anzusaugen, die von diesem Einlaß abstehen, wenn das Triebwerk nicht arbeitet, um die Gleitleistung aufrechtzuerhalten.

Typbezeichnung: Sirius 2	Flügelfläche: 16,1 m^2	Max. Fluggewicht: 690 kg	Min. Sinken: 0,6 m/sec.
Hersteller: Rhein Flugzeugbau	Profil: Wortmann	Max. Flächenbelastung:	Beste Gleitzahl: 38
Erstflug: Januar 1972	FX-67-K-170/60-126	43,4 kg/m^2	Motor: 2×Wankel
Spannweite: 20,38 m	Streckung: 25,8	Max. Fluggeschwindigkeit:	Startrollstrecke: 200 m
Rumpflänge: 8, 04 m	Leergewicht: 510 kg	270 km/h	Steigleistung: 120 m/min.
Höhe: 1,8 m	Wasserballast: – kg	Überziehgeschwindigkeit: 72 km/h	Reichweite: 270 km

Rolladen-Schneider LS1 / Bundesrepublik Deutschland

Eine ausgezeichnete deutsche Segelflugzeug-Konstruktion war Ende der sechziger Jahre die LS1-Serie von Dipl.-Ing. Wolf Lemke und gebaut von Walter Schneider. Zwei Prototypen flogen bei den Deutschen Meisterschaften 1968 und errangen die ersten zwei Plätze bei 44 Wettbewerbern und wurden so zum deutschen Spitzen-Standard-Klassen-Segelflugzeug jener Zeit.

Die Konstruktion ist aus Glasfaser und PVC-Schaumstoff. Die 15-m-Flügel des Prototyps waren mit Hinterkantendrehklappen ausgerüstet, die aus einem nach oben klappbaren Teil der Hinterkante innenbords der Querruder bestanden. Dieser war in der Nähe seiner Mittel-Flügelsehne klappbar angebracht, so daß sich die Vorderkante der Luftbremse nach unten bewegte, während sich die Hinterkante nach oben bewegte. Es wurde jedoch festgestellt, daß sie nur bei gewissen Geschwindigkeiten effektiv waren, daher wiesen die Fertigungsmodelle herkömmliche Schempp-Hirth-Luftbremsen auf.

Die LS1 wurde in mehreren Versionen hergestellt: die LS1-c mit voll-beweglicher Höhenflosse und die LS1-d mit Wasserballast, von denen mehr als 200 gebaut wurden. Die LS1-f weist ein neu-konstruiertes Seitenruder (mit gleichem Bereich gemäß früheren Versionen) und eine feste Höhenflosse mit Höhenruder auf. Das feste Fahrgestell hat einem einziehbaren Fahrwerk Platz gemacht. Andere Verbesserungen umfassen Gummi-Stoßdämpfer für das Laufrad und Modifikationen bezüglich der Schleppseil-Freigabe und des Cockpit-Innenraums.

Typbezeichnung: LS 1-f
Hersteller: Rolladen Schneider
Erstflug: 1972
Spannweite: 15 m
Rumpflänge: 6,7 m
Höhe: 1,2 m
Flügelfläche: 9,75 m^2
Profil: Wortmann FX 66-S-196
Streckung: 23
Leergewicht: 200 kg
Wasserballast: 90 kg
Max. Fluggewicht: 390 kg
Max. Flächenbelastung: 40 kg/m^2
Max. Fluggeschwindigkeit: 220 km/h
Überziehgeschwindigkeit: 70 km/h
Min. Sinken bei 70 km/h: 0,65 m/sec.
Max. Manövergeschwindigkeit: 220 km/h
Beste Gleitzahl bei 90 km/h: 38

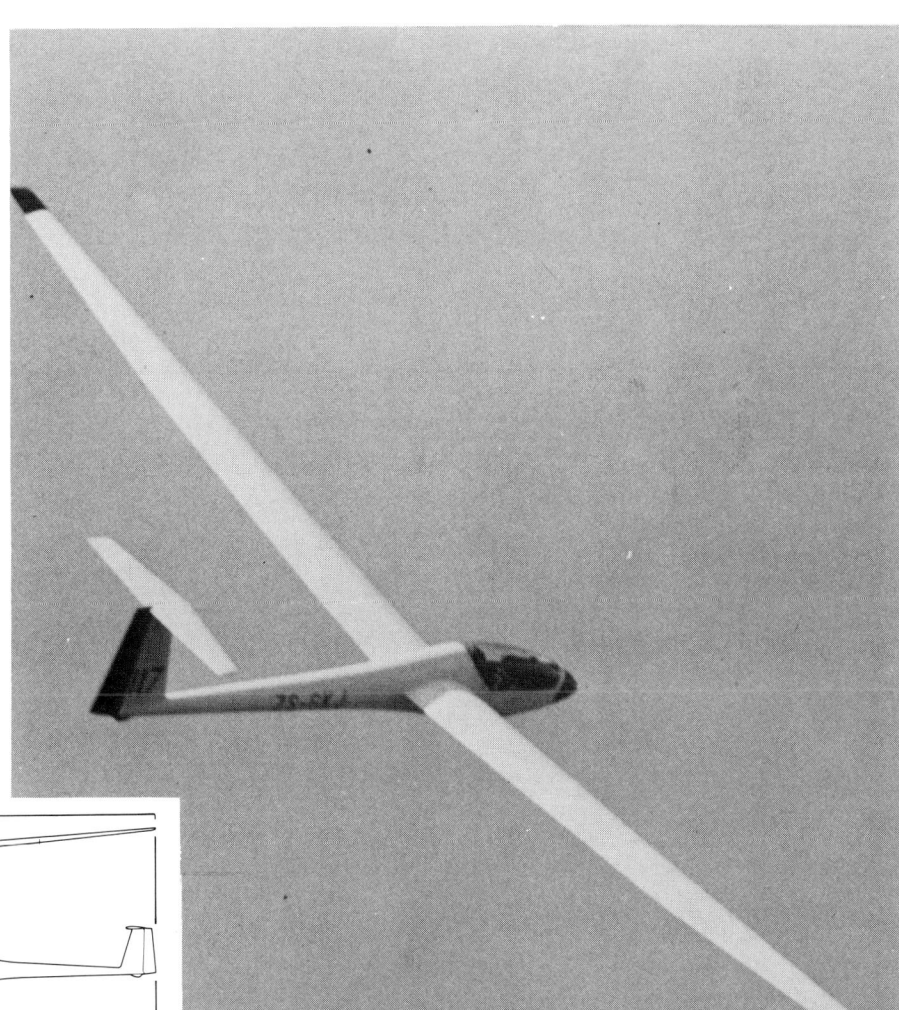

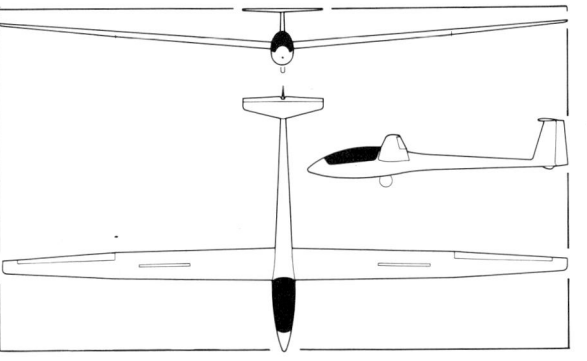

Rolladen Schneider LS3 A / Bundesrepublik Deutschland

Die bei Wettbewerben sieggewohnte Konstruktion der LS1, von der man sagen kann, daß es sich um eines der Glasfaser-Segelflugzeuge der zweiten Generation handelt, ist beinahe 10 Jahre alt. Die LS2, welche die Weltmeisterschaften im Jahre 1974 gewann, ging niemals in die Serienfertigung. Daraufhin konstruierten Wolf Lemke und Walter Schneider die LS3, die von Rolladen-Schneider gebaut wurde. Die Konstruktion und der Bau der LS3 begann 1975. Das Flugzeug flog erstmals am 4. Februar 1976 in Egelsbach, Deutschland. Dieses einsitzige 15-m-Hochleistungs-Segelflugzeug weist freitragende in der Mitte eingebaute Flügel mit einer Glasfaser/Schaumstoff-Sandwich-Konstruktion auf. Einteilige Differential-Querruder waren auf der gesamten Länge der Hinterkante vorgesehen, wurden aber 1979 durch herkömmliche Klappen und Querruder ersetzt. Die Luftbremsen arbeiten auf den Flügel-Oberseiten. Es sind Tanks für 120 kg Wasserballast eingebaut.

Der Rumpf, ähnlich dem der LS1-f weist eine eingebaute, einteilige, klappbare Kabinenhaube und ein T-Heck mit fester Höhenflosse mit Höhenruder auf. Das Fahrwerk besteht aus einem Einzelrad mit Gummistoßdämpfer, der sich

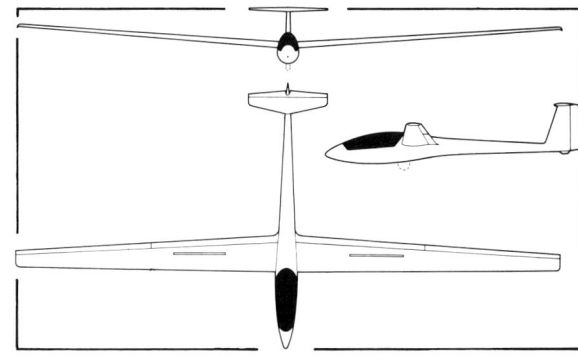

25 mm vor dem Schwerpunkt befindet. Eine Innovation ist der Mechanismus, der automatisch die Öffnung der Luftbremsen bei unkorrekter Klappen-Einstellung verhindert. Diese Verbesserungen haben eine geringere Sinkgeschwindigkeit bei hohen Geschwindigkeiten als bei der LS1-f ergeben.

Die LS3 A-17 ist eine 17-m-Version mit abnehmbaren Flügelspitzen zur Umwandlung in ein 15-m-Segelflugzeug.

Typbezeichnung: LS3 A	**Höhe:** 1,2 m	**Wasserballast:** 120 kg	**Min. Sinken bei 70 km/h:** 0,55 m/sec.
Hersteller: Rolladen Schneider	**Flügelfläche:** 10,2 m^2	**Max. Fluggewicht:** 470 kg	
Erstflug: Februar 1976	**Profil:** Wortmann	**Max. Flächenbelastung:** 46 kg/m^2	**Max. Manövergeschwindigkeit:** 250 km/h
Spannweite: 15 m	**Streckung:** 22	**Max. Fluggeschwindigkeit:** 250 km/h	
Rumpflänge: 6,8 m	**Leergewicht:** 246 kg	**Überziehgeschwindigkeit:** 65 km/h	**Beste Gleitzahl bei 110 km/h:** 40

Scheibe Bergfalke 4 / Bundesrepublik Deutschland

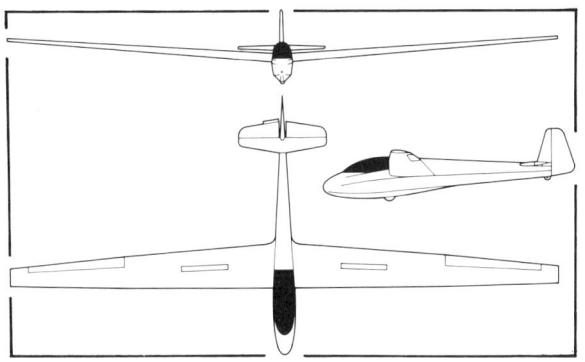

Der Bergfalke 4 ist ein zweisitziges Hochleistungs-Segelflugzeug, das von Egon Scheibe konstruiert wurde und eine Entwicklung des Bergfalke Mü 13E von 1951 und seiner verbesserten Versionen Bergfalke 2 und 3 darstellt. Die Konstruktion des Prototyps begann Anfang 1969. Der erste Flug erfolgte einige Monate später. Wegen seiner ausgezeichneten Leistungen kann der Bergfalke 4 sowohl für Wettbewerbs- als auch für Schulungsflüge verwendet werden. Die niedrige Sinkgeschwindigkeit ermöglicht es bei relativ schwacher Thermik zu fliegen. Eine große Bedeutung wurde der Erleichterung und Beschleunigung der Aufrüstung zugemessen. Die zweiteiligen Flügel weisen eine Holzkonstruktion mit einem lamellierten Einzel-Kastenholm auf, der an der Rumpf-Mittellinie mit einem Vertikalstift zusammengefügt ist. Die Flügel-Vorderkante ist mit Birkensperrholz beplankt, mit Stoffbespannung hinter dem Hauptholm. Große Schempp-Hirth Luftbremsen sind eingebaut.

Beim Rumpf handelt es sich um eine Stahlrohrkonstruktion mit einem Glasfaser-Bugteil. Der Rest ist stoffbespannt. Das Fahrwerk besteht aus einem großen, nicht einziehbaren Einzelrad, das mit einer Bremse ausgerüstet ist. Die Höhen-

flosse ist aus Holz mit einer Flettner Trimm-Klappe beim Höhenruder und ist mit drei Zapfen angebracht und mit einer Mutter gesichert.

Im Jahre 1976 wurden zwei Versionen des Bergfalke 4 für den Sechsten Deutschen Motorsegler-Wettbewerb gemeldet, die Doppel-Motor-Version und die Version mit einziehbarem Motor, die später einen 300 km Dreieck-Rekord aufstellte.

Typbezeichnung: Bergfalke 4	Höhe: 1,5 m	Wasserballast: – kg	Min. Sinken bei 75 km/h:
Hersteller: Scheibe	Flügelfläche: 17,5 m²	Max. Fluggewicht: 505 kg	0,68 m/sec.
Erstflug: 1969	Profil: Wortmann S02/S02/1	Max. Flächenbelastung: 29,4 kg/m²	Max. Manövergeschwindigkeit:
Spannweite: 17,2 m	Streckung: 16,9	Max. Fluggeschwindigkeit: 200 km/h	170 km/h
Rumpflänge: 8 m	Leergewicht: 300 kg	Überziehgeschwindigkeit: 65 km/h	Beste Gleitzahl bei 85 km/h: 34

Scheibe SF-25C und C–S Falke 79 / Bundesrepublik Deutschland

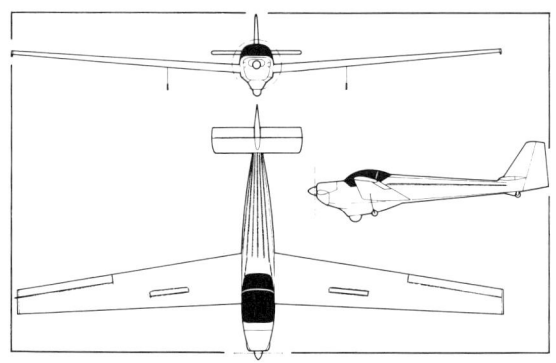

Der Scheibe SF-25C ist eine verbesserte Version des zwei- sitzigen Motorseglers SF-25B mit nebeneinanderliegenden Sitzen, dem er konstruktionsmäßig ähnlich ist. Der Haupt- unterschied liegt in der Verwendung eines leistungsfähige- ren Motors, der eine verbesserte Leistung gewährleistet. Bis August 1979 wurden insgesamt 285 SF-25C Falke-Flug- zeuge von Scheibe gebaut, während 50 weitere von Sporta- via gebaut wurden. Laufende Modelle, bekannt als die Falke «79», weisen eine Anzahl von Konstruktions-Verbesserun- gen auf. Diese umfassen eine Kabinenhaube mit Dom, ver- größerte Leitwerksfläche und kleineres Seitenruder mit ver- größerter Auslenkung, einen Vorder-Rumpfüberzug aus lamellierter Glasfaser, mehrere Motor- und Auspuff-Modifi- kationen und wahlweise auch ein Doppelrad-Hauptfahr- werk mit Stromlinien-Radverkleidungen.

Die zweiteiligen Holzflügel sind vorwärts gepfeilt und sind in der Mitte mit zwei Bolzen befestigt. Störklappen befinden sich an den Oberseiten. Ein wahlfreies Zusammenklappen der Flügel ist möglich. Das Triebwerk ist ein 44,7 kW (60 PS) Limbach SL 1700 EA modifizierter Volkswagen-Motor, der eine zweiflügelige Luftschraube ansteuert. Ein elektrischer Starter ist eingebaut. Die Kraftstoff-Kapazität beträgt wahl- weise 45 Liter oder 55 Liter.

Der Falke SF-25C wird in Großbritannien von Vickers- Slingsby in Lizenz unter der Bezeichnung T.61 gebaut. Eine Version, die als Venture T. Mk 2 (T.61E) bekannt ist, befindet sich für das Air Training Corps in Produktion.

Typbezeichnung: SF-25-C-S Falke '79	**Flügelfläche:** 18,2 m²
Hersteller: Scheibe	**Profil:** Mü (Scheibe)
Erstflug: 1976	**Streckung:** 13,8
Spannweite: 15,25 m	**Leergewicht:** 375 kg
Rumpflänge: 7,55 m	**Wasserballast:** – kg
	Max. Fluggewicht: 610 kg

Max. Flächenbelastung: 33,5 kg/m²	**Beste Gleitzahl bei 70 km/h:** 24
Max. Fluggeschwindigkeit: 180 km/h	**Motor:** Limbach SL 1700 EA, 44,7 kW (60 PS)
Überziehgeschwindigkeit: 65 km/h	**Startrollstrecke:** 180 m
Min. Sinken bei 75 km/h: 1,0 m/sec.	**Steigleistung:** 138 m/min.
	Reichweite: 600 km

Scheibe Super Falke SF-25E / Bundesrepublik Deutschland

Die Motorsegler Scheibe Falke-Serie hat sich als eine der populärsten in dieser Klasse von Flugzeugen erwiesen. Bis Ende 1969 sind etwa 360 Falke-Flugzeuge der Typen A, B und C von Scheibe, 90 B und C Modelle in Lizenz von Sportavia-Pützer und 30 von Slingsby gebaut worden. Bei den ersten Deutschen Motorsegler-Meisterschaften im Juni 1970 auf Burg Feuerstein, waren drei Falke SF-25B unter den ersten fünf.

Der Super-Falke SF-25E, der erstmals im Juni 1974 flog, errang den ersten Platz in der modernen Zweisitzer-Klasse bei dem Ersten Internationalen Motorsegler-Wettbewerb. Es handelt sich um eine Entwicklung des SF-25C, und er weist einen Flügel auf, dessen Spannweite um 2,7 m vergrößert wurde, eine verstellbare Luftschraube und eine einstellbare Motor-Kühlungs-Luftklappe.

Beim Rumpf handelt es sich um eine stoffbespannte, geschweißte Stahlrohr-Konstruktion mit einem breiteren Querschnitt nach dem Flügel als beim SF-25C, um den Luftstrom beim Flügelansatz zu verbessern, und mit einer größeren Verkleidung für das Haupt-Laufrad. Dieses Rad ist

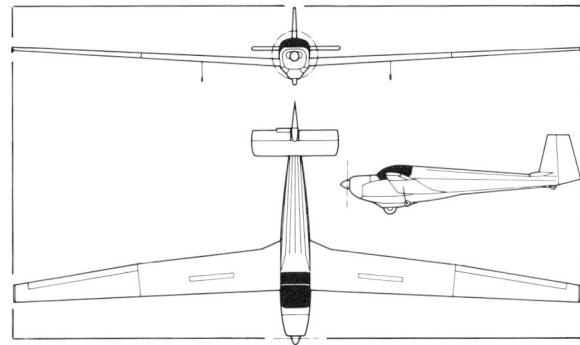

Torsions-gummigefedert, und zwei Auslegeräder auf Nylon-Beinen sind bei den Innen-Panels des Flügels montiert, so daß die Außenpanels für die Unterbringung zusammengeklappt werden können.

Typbezeichnung: SF-25 E Super Falke	Flügelfläche: 17,4 m²	Max. Flächenbelastung: 35 kg/m²	Beste Gleitzahl bei 85 km/h: 30
Hersteller: Scheibe	Profil: Mü (Scheibe)	Max. Fluggeschwindigkeit: 180 km/h	Motor: Limbach SL 1700, 48,5 kW (65 PS)
Erstflug: 1974	Streckung: 17,8	Überziehgeschwindigkeit: 70 km/h	Startrollstrecke: 150–200 m
Spannweite: 18 m	Leergewicht: 410 kg	Min. Sinken bei 75 km/h: 0,85 m/sec.	Steigleistung: 144 m/min.
Rumpflänge: 7,6 m	Wasserballast: – kg		Reichweite: 600 km
	Max. Fluggewicht: 630 kg		

Scheibe Tandem-Falke SF-28A / Bundesrepublik Deutschland

Egon Scheibe, der eine mehr als vierzigjährige Erfahrung in der Konstruktion von Segelflugzeugen hat, stellt derzeit den zweisitzigen Tandem-Motorsegler SF-28A her, der am Deutschen Motorsegler-Wettbewerb 1977 teilnahm.

Ein ausgeprägtes Merkmal des Flugzeugs ist die Anordnung des Cockpits über den Flügeln, wobei der vordere Pilot in einer Linie mit der Flügel-Vorderkante und der hintere Pilot über dem Hauptholm sitzt. Er wurde aus dem Bergfalke und Falke entwickelt und wird als Alternative zum SF-25C und SF25-E angeboten, die beide nebeneinanderliegende Sitze aufweisen.

Beim Rumpf handelt es sich um eine stoffbespannte Stahlrohr-Konstruktion mit einem herkömmlichen hölzernen Heck und einer großen einteiligen Perspex-Kabinenhaube. Das Fahrwerk umfaßt ein nicht-einziehbares Hauptrad, Ausleger-Räder, die in der Flügelmitte auf Nylon-Beinen angebracht sind, und ein Heckrad, welches mit der Seitensteuerung zwecks Manövrierfähigkeit am Boden verbunden ist. Die Einzelholm-Flügel weisen eine Holz- und Stoffkonstruktion auf und haben auf der Oberseite Störklappen.

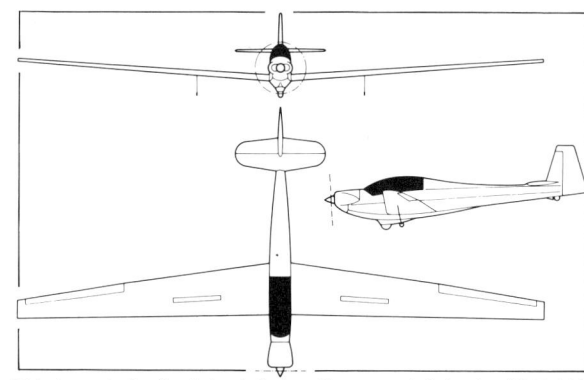

Das Triebwerk befindet sich im Bug und ist ein 48,5 kW (65 PS) Limbach SL 1700 EA modifizierter Volkswagenmotor, der eine verstellbare, zweiflügelige Luftschraube ansteuert.

Der Tandem-Falke weist sehr gute Segelflugleistungen auf und stellte, geflogen von Peter Ross, 1976 die beiden englischen Rekorde für Motorsegler auf.

Typbezeichnung: SF-28 Tandem Falke	**Höhe:** 1,55 m	**Max. Fluggewicht:** 590 kg	**Beste Gleitzahl bei 95 km/h:** 27
Hersteller: Scheibe	**Flügelfläche:** 18,35 m²	**Max. Flächenbelastung:** 32,2 kg/m²	**Motor:** Limbach SL 1700 EAI, 48,5 kW (65 PS)
Erstflug: Mai 1971	**Profil:** Göttingen 533	**Max. Fluggeschwindigkeit:** 190 km/h	**Startrollstrecke:** 180 m
Spannweite: 16,3 m	**Streckung:** 14,5	**Überziehgeschwindigkeit:** 62 km/h	**Steigleistung:** 126 m/min.
Rumpflänge: 8,1 m	**Leergewicht:** 400 kg	**Min. Sinken bei 70 km/h:** 0,9 m/sec.	**Reichweite:** 500 km
	Wasserballast: – kg		

Scheibe Club-Spatz SF-30 / Bundesrepublik Deutschland

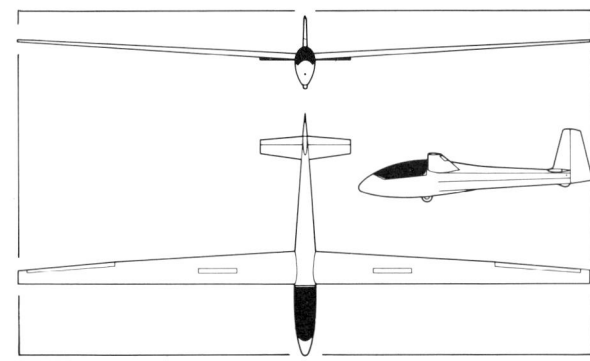

Der SF-30 ist eines aus der großen Serie von Scheibe-Segelflugzeugen und Motorseglern. Er ist ein Standard-Klassensegelflugzeug, das gebaut wurde, um der Deutschen Club Klasse zu entsprechen, die in dem Bemühen geschaffen wurde, einfache, robuste, einfach auszurüstende Segler für die Verwendung durch unerfahrene Piloten zu liefern. Die Konstruktion begann 1973, der Prototyp flog erstmals am 20. Mai 1974.

Entwickelt aus der SF-27, weist er einen charakteristischen geschweißten Scheibe-Stahlrohr-Rumpf auf, der größtenteils stoffbespannt ist. Der vordere Rumpf ist mit Glasfaser überzogen und weist ein großes komfortables Cockpit mit einstellbaren Sitz und Seitenruderpedalen auf. Eine gute Sicht wird durch eine seitwärts aufklappbare, geblasene Plexiglas-Kabinenhaube gewährleistet.

Die Flügel und die Leitwerkflächen sind aus einer Verbund-Glasfaser-Konstruktion, insoweit als die Außenflächen der Flügel vollständig aus Glasfaser, abgesteift durch Plastik-Schaumstoff, sind. Die einzige Konzession in bezug auf Billigkeit besteht in der Verwendung von Störklappen anstelle von Luftbremsen. Die Störklappen sind wirksam beim Landeanflug, sind aber für den Wolkenflug ungeeignet. Der SF-30 weist nicht das Allflug-Heck des SF-27 auf, aber die Höhenruder sind gedämpft. Die Trimmung wird mit Hilfe einer einstellbaren Feder realisiert. Das Fahrwerk besteht aus einem nicht-einziehbaren, ungefederten Einzelrad mit Bremse und einer gefederten Heck-Kufe.

Typbezeichnung: SF-30 Club Spatz
Hersteller: Scheibe
Erstflug: Mai 1974
Spannweite: 15 m

Rumpflänge: 6,1 m
Flügelfläche: 9,3 m²
Profil: Wortmann
Streckung: 24
Leergewicht: 185 kg

Wasserballast: – kg
Max. Fluggewicht: 295 kg
Max. Flächenbelastung: 31,7 kg/m²
Max. Fluggeschwindigkeit: 211 km/h

Überziehgeschwindigkeit: 65 km/h
Min. Sinken bei 75 km/h: 0,59 m/sec.
Beste Gleitzahl bei 91 km/h: 37

Scheibe SF-32 / Bundesrepublik Deutschland

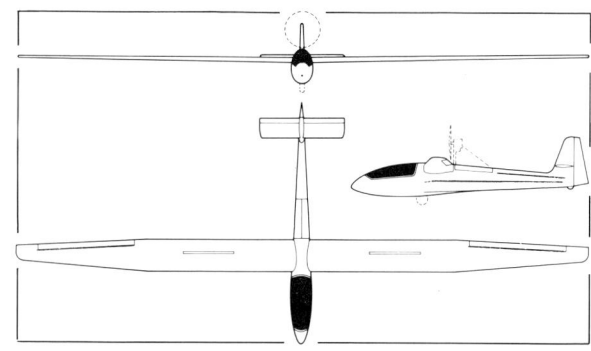

Die SF-32 ist die Nachfolgerin der SF-27M, welche bei der Einsitzer-Klasse bei den Deutschen Motorgleiter-Wettbewerben in den Jahren 1970 und 1971 siegreich war. Konstruiert im Jahre 1967, ist die SF-27M in bezug auf die Konstruktion ähnlich der SF-27, jedoch mit einem intern verstärkten Flügel und Steuerflächen und einem modifizierten Rumpf-Mittelteil. Der manuell betätigte Hebel, der den einziehbaren Motor anhebt und herunterläßt, wurde bei der SF-32 durch einen elektrischen Mechanismus ersetzt.

Der Rumpf der SF-32 besteht aus einer geschweißten Stahlrohr-Konstruktion, wobei der Bugteil mit einer gepreßten Glasfaser-Außenhaut bis zurück zur Flügelhinterkante überzogen ist. Der Rest ist stoffbespannt. Die Flügel, welche aus zwei Teilen hergestellt sind, sind im wesentlichen diejenigen der Neukom Elfe 17. Der Hauptholm ist aus Aluminium-Legierung und der Überzug besteht aus einer 6 mm Außenhaut aus einer Glasfaser und Sperrholz/Schaumstoff-Sandwich-Konstruktion. Bei den Oberseiten sind Schempp-Hirth-Luftbremsen eingebaut. Das Universal Höhenleitwerk weist eine verzahnte Anti-Ausgleichs-Klappe auf, die ebenfalls durch den Trimmer betätigt wird.

Beim Triebwerk handelt es sich um einen 30 kW (40 PS) Rotax 642 Flach-Doppel-Zweitakt-Motor, der eine zweiflügelige Luftschraube aus Holz ansteuert. Der Motor ist auf ein Tragrohr montiert und wird elektrisch in den Rumpf hinter der Flügelhinterkante unter die Einbautüren eingezogen.

Typbezeichnung: SF-32	Flügelfläche: 13,3 m²	Max. Fluggewicht: 450 kg	Beste Gleitzahl bei 90 km/h: 37
Hersteller: Scheibe	Profil: Wortmann	Max. Flächenbelastung: 33,8 kg/m²	Motor: Rotax 642 2 Takt, 30 kW
Erstflug: Mai 1975	FX-61-163/60-126	Max. Fluggeschwindigkeit:	(40 PS)
Spannweite: 17 m	Streckung: 21,73	220 km/h	Startrollstrecke: 200 m
Rumpflänge: 7 m	Leergewicht: 340 kg	Überziehgeschwindigkeit: 68 km/h	Steigleistung: 120 m/min.
Höhe: 1,25 m	Wasserballast: – kg	Min. Sinken bei 80 km/h: 0,65 m/sec.	Reichweite: 300 km

Der einsitzige SF-33, der 1977 neu herauskam, wurde von Scheibe als Schulungs-Motorsegler konstruiert, um eine Lücke in ihrem Bereich zwischen der Zweisitzer SF-25 Serie und dem Hochleistungs-Einsitzer SF-32 auszufüllen. Er weist eine herkömmliche Leichtflugzeug-Konfiguration mit breitem Bug und einem Cockpit auf, das über dem Flügel liegt, und von einer großen seitlich-aufklappbaren, geblasenen Kabinenhaube abgedeckt wird, das eine ausgezeichnete Rundsicht gewährleistet.

Der SF-33 ist speziell für eine leichte Handhabung konstruiert. Die Hersteller haben bei ihm die Notwendigkeit berücksichtigt, von Anfängern benutzt zu werden, um ihre Schulung bis zu einem hohen Sachverständigkeits-Standard fortzusetzen. Die zweiteiligen Flügel sind aus Holz mit Sperrholz-Vorderkanten und hölzernen Querrudern konstruiert. Beim Rumpf handelt es sich um einen robusten Stahlrohr-Rahmen, der mit Sperrholz beplankt und stoffbespannt ist, mit einem herkömmlichen Leitwerk. Das Fahrwerk besteht aus einem festeingebauten Hauptrad, einem steuerbaren Heckrad, welches durch die Seitenruder-Pedale kontrolliert wird und zwei abnehmbaren Auslegerrä-

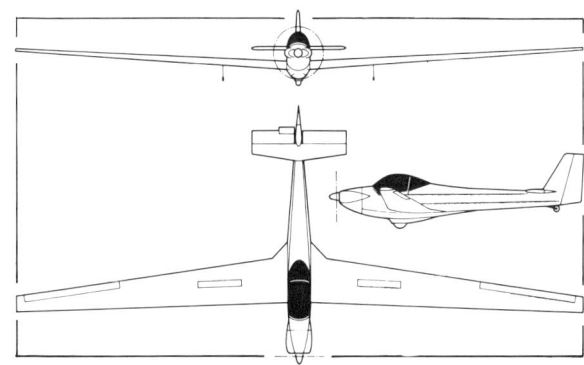

dern, welche es dem Piloten ermöglichen, unabhängig von einer Startmannschaft zu operieren. Von der Gleitleistung wird behauptet, daß sie vergleichbar mit derjenigen der Ka8 ist.

Beim Triebwerk handelt es sich um den Viertakt BMW 900 Kubikzentimeter Motorrad-Motor. Mit etwa 26 kW (35 PS) steuert er eine Hoffmann-Luftschraube mit verstellbarer Steigung an.

Typbezeichnung: SF-33
Hersteller: Scheibe
Erstflug: 1977
Spannweite: 15 m
Rumpflänge: 6,75 m

Flügelfläche: 12,5 m^2
Profil: Scheibe
Streckung: 18
Leergewicht: 300 kg
Wasserballast: – kg

Max. Fluggewicht: 410 kg
Max. Flächenbelastung: 32 kg/m^2
Max. Fluggeschwindigkeit: 170 km/h
Überziehgeschwindigkeit: 67 km/h
Min. Sinken bei 80 km/h: 0,85 m/sec.

Beste Gleitzahl: 28
Motor: BMW 900 ccm, 26 kW (35 PS)
Startrollstrecke: 150–200 m
Steigleistung: 150 m/min.
Reichweite: 300 km.

Scheibe SF-H34 / Bundesrepublik Deutschland

Der Scheibe SF-H34 ist ein zweisitziger Segler in Minimal-größe, welcher die Erfordernisse für Anfangs-, fortgeschrittene Schulungs- und Überlandflüge erfüllt. Konstruiert von Dipl.-Ing. Hoffmann, war der SF-34 Scheibe's erster Vorstoß zur Voll-Glasfaser Konstruktion mit Merkmalen, die ihn für eine lange und zweckentsprechende Lebensdauer als Club-Schulmaschine prädestinieren. Der Prototyp flog erstmals im Oktober 1978. Die Serienmaschine erschien im Spätsommer 1979 auf dem Markt.

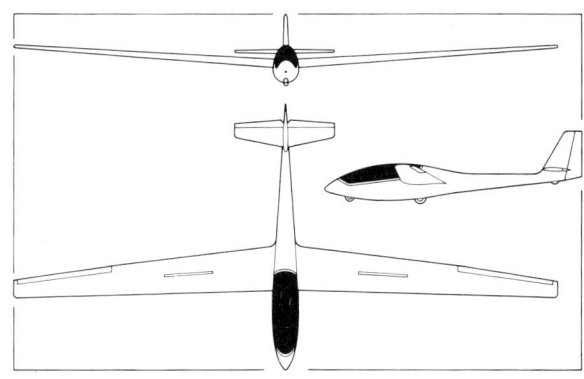

Der Glasfaser-Rumpf weist ein herkömmliches Leitwerk und eine große, einteilige Kabinenhaube auf, die nach der Seite aufklappbar ist, und sowohl für den Schüler als auch für den Lehrer eine ausgezeichnete Rundsicht gewährleistet. Das Cockpit weist Sitze mit halb-verstellbarer Rückenlehne mit doppeltem Steuer in Tandem-Anordnung auf. Die Rückenlehnen und die Seitenruder-Pedale sind während des Fluges einstellbar. Schlepphaken sind für Flugzeugschlepp und für Windenstart vorgesehen. Der zweiteilige, freitragende Mitteldecker-Flügel weist eine Einholm-Glasfaser-Konstruktion auf. Bei der Serienversion ist die Flügel-Vorderkante rechtwinklig zum Rumpf angeordnet. Die

Luftbremsen sind bei den Flügel-Oberseiten eingebaut. Eine leichte Handhabung am Boden wird gewährleistet, weil das hintere der zwei Tandemräder direkt unter dem Schwerpunkt des Flugzeugs liegt.

Typbezeichnung: SF-H34	Höhe: 1,45 m	Leergewicht: 290 kg	Überziehgeschwindigkeit: 65 km/h
Hersteller: Scheibe	Flügelfläche: 14,8 m^2	Wasserballast: – kg	Min. Sinken bei 75 km/h: 0,7 m/sec.
Erstflug: Oktober 1978	Profil: Wortmann FX	Max. Fluggewicht: 490 kg	Max. Manövergeschwindigkeit:
Spannweite: 15,8 m	61-184/FX60–126	Max. Flächenbelastung: 33,2 kg/m^2	160 km/h
Rumpflänge: 7,5 m	Streckung: 17	Max. Fluggeschwindigkeit: 250 km/h	Beste Gleitzahl bei 95 km/h: 35

1935 gründeten zwei führende deutsche Segelfliegerpiloten, Wolf Hirth und Martin Schempp die Sportflugzeug-Firma Schempp-Hirth in Göppingen. Sie konstruierten die Göppingen 3, die sie Minimoa (Miniatur Moazagotl) nannten und entwickelten sie aus der 20 Meter Moazagotl. Sie wurde von Dipl.-Ing. Wolfgang Hütter und Wolf Hirth gebaut. Die erste Minimoa wies freitragende Schulter-Knickflügel auf. Drei Jahre wurden auf ihre Entwicklung verwandt, und bis 1938 wurde die Minimoa 3B mit den Flügeln auf Mittellage neu angeordnet, reduziertem Gewicht und einem modifizierten Tragflächen-Profil produziert. Von Juli 1935 bis 1939 bauten Schempp-Hirth 110 Flugzeuge, wovon dreizehn nach Frankreich, Großbritannien, USA, Argentinien, Südafrika und Japan exportiert wurden. Mehrere fliegen noch heute.

Die Minimoa besteht aus Holz und Bespannungsstoff. Ihre Knickflügel weisen Luftbremsen und große Querruder auf, die sich von der Biegung bis zu den Flügelspitzen erstrecken und aus den Hinterkanten herausragend dem Segelflugzeug seine charakteristische Form geben. Das Cockpit, für seine Zeit sehr geräumig, wird von einer einteiligen Kabinenhaube (Mitte der Dreißiger Jahre eine Rarität) abgedeckt, die seitwärts aufklappbar ist. Das versenkte Laufrad verleiht dem Rumpf eine gewisse Stromlinienform. Die Minimoa stellte viele nationale Rekorde auf und hielt eine Zeitlang den Welt-Höhenrekord von 6687 m.

Typbezeichnung: Minimoa	Flügelfläche: 19 m^2	Max. Fluggewicht: 350 kg	Überziehgeschwindigkeit: 60 km/h
Hersteller: Schempp-Hirth	Profil: Göttingen 681	Max. Flächenbelastung:	Min. Sinken bei 63 km/h:
Erstflug: 1935	Streckung: 15,2	18,42 kg/m^2	0,65 m/sec.
Spannweite: 17 m	Leergewicht: 216 kg	Max. Fluggeschwindigkeit:	Beste Gleitzahl bei 85 km/h:
Rumpflänge: 7 m	Wasserballast: – kg	220 km/h	26

Schempp-Hirth SHK / Bundesrepublik Deutschland

Die SHK ist ein Hochleistungs-Segelflugzeug der Offenen Klasse, das im Jahre 1965 die absolute Entwicklung des Holz-Segelflugzeugs darstellte. Sie gewann mehrere Welt- und Nationale Meisterschaften, bis sie durch das moderne Glasfaser-Flugzeug übertroffen wurde. Sie wurde von der Austria SH unter Mitwirkung der Akaflieg Darmstadt konstruiert.

Das herausragendste Merkmal der SHK ist ihr sehr großes V-Heck, welches 50% größer als das der Standard Austria ist. Die Flügelspannweite ist auch auf 17 m vergrößert. Der längere Rumpf ermöglicht ein komfortableres Cockpit, das einen Sitz aufweist, der während des Fluges leicht einstellbar ist sowie einstellbare Seitenruder-Pedale.

Beim Mittelteil des Rumpfes handelt es sich um eine Sperrholz-Konstruktion in Schalenbauweise mit interner Holzversteifung, welche das einziehbare Laufrad und die Hauptflügel-Befestigungen aufweist. Die zweiteiligen Flügel haben Hauptholme aus Birkenschichtholz, Sperrholz-beplankt und Stoffbespannt. Glasfaser wird für den Bug, den Cockpit-Teil und den Heck-Konus verwendet. Schempp-Hirth-Luftbremsen sind eingebaut. Später wurde ein Heck-

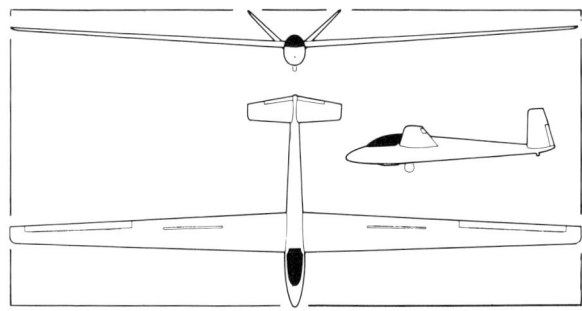

Bremsfallschirm hinzugefügt. Das Leitwerk besteht aus zwei voll-beweglichen Massenausgleichs-Höhenflossen mit Trimm-Klappen.

Typbezeichnung: SHK	**Flügelfläche:** 14,7 m²	**Max. Fluggewicht:** 370 kg	**Min. Sinken bei 70 km/h:** 0,6 m/sec.
Hersteller: Schempp Hirth	**Profil:** Eppler 266	**Max. Flächenbelastung:** 25,2 kg/m²	
Erstflug: 1965	**Streckung:** 20,2	**Max. Fluggeschwindigkeit:** 200 km/h	**Max. Manövergeschwindigkeit:** 140 km/h
Spannweite: 17 m	**Leergewicht:** 260 kg		
Rumpflänge: 6,3 m	**Wasserballast:** – kg	**Überziehgeschwindigkeit:** 63 km/h	**Beste Gleitzahl bei 90 km/h:** 38

Schempp-Hirth Cirrus / Bundesrepublik Deutschland

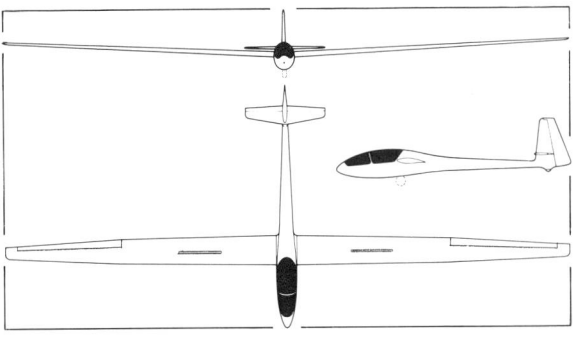

Nachdem zweiunddreißig Jahre lang Segelflugzeuge gebaut wurden, bei denen die beanspruchten Bereiche ganz aus Holz waren, gab das erste Schempp-Hirthsche Glasfaser-Segelflugzeug, der Cirrus, im Jahre 1967 sein Debut. Er wurde von Dipl-Ing. Klaus Holighaus konstruiert, der auch die Testflüge durchführte.

Der Cirrus-Prototyp wies ein voll-bewegliches V-Leitwerk auf, aber ein herkömmliches Leitwerk mit einer Höhenflosse, die halbwegs an der Leitfläche montiert war, wurde für alle Produktionsmodelle gewählt. Die Trimmung erfolgt durch Federvorspannung beim Höhenruder-System. Die freitragenden Flügel weisen ein dickes Wortmann-Profil auf und haben unmodernerweise keine Klappen. Die Sinkgeschwindigkeit wird von Schempp-Hirth-Aluminium-Luftbremsen kontrolliert, die sowohl an den unteren als auch an den oberen Flügelseiten arbeiten, sowie durch Verwendung des Heckbremsfallschirms. Der robuste, klappenlose Flügel spart Gewicht und weist gute Strömungsabriß-Charakteristiken im Vergleich mit einem dünneren Profil mit gleicher Spannweite und Flügelstreckung (Seitenverhältnis) mit Klappen-Ausrüstung auf.

Es handelt sich hauptsächlich um eine Glasfaser/Schaumstoff-Sandwich-Konstruktion, aber mit einer geschweißten Stahlrohr-Konstruktion beim Mittelabschnitt des Rumpfes, bei der die Flügel, Fahrwerks-Befestigungen und auch das Flugsteuerungs-System befestigt sind.

Die Produktion des Cirrus wurde zugunsten des Nimbus 2 Ende 1971 aufgegeben, die Fertigung wurde aber von VTC in Jugoslawien fortgeführt.

Typbezeichnung: Cirrus
Hersteller: Schempp-Hirth
Erstflug: Januar 1967
Spannweite: 17,74 m
Rumpflänge: 7,2 m

Höhe: 1,56 m
Flügelfläche: 12,6 m^2
Profil: Wortmann FX-66-196/161
Streckung: 25
Leergewicht: 260 kg

Wasserballast: 98 kg
Max. Fluggewicht: 460 kg
Max. Flächenbelastung: 36,5 kg/m^2
Max. Fluggeschwindigkeit: 220 km/h
Überziehgeschwindigkeit: 62 km/h

Min. Sinken bei 73 km/h:
0,5 m/sec.
Max. Manövergeschwindigkeit:
220 km/h
Beste Gleitzahl bei 85 km/h: 44

Schempp-Hirth Standard-Cirrus / Bundesrepublik Deutschland

Der von Dipl.-Ing. Klaus Holighaus konstruierte Standard-Cirrus flog erstmals im März 1969. Es ist eine Hochleistungs-15-Meter-Version des Cirrus, der aber im Aussehen nichts mit ihm gemein. Er weist einen neuen Rumpf mit einem T-Leitwerk und ein geräumiges Cockpit, abgeschlossen mit einer einteiligen, klappbaren Kabinenhaube auf. Der Flügel hat ein neues Wortmann-Tragflächenprofil, aber wie der Cirrus keine Klappen, und die Flügelstreckung ist von 25 auf 22,5 verringert worden, wodurch eine gute Steiggeschwindigkeit, selbst mit schwergewichtigen Piloten gewährleistet wird.

Die großen Schempp-Hirth Glasfaser-Luftbremsen arbeiten nur auf der Flügel-Oberseite, wodurch das Risiko einer Beschädigung bei Außenlandungen verringert und die Flügel-Unterseite aerodynamisch sauber gehalten wird. Der Standard-Cirrus weist außergewöhnlich gutmütige und angenehme Handhabungs-Charakteristiken auf und hat nationale Wettbewerbe auf der ganzen Welt gewonnen.

Im Jahre 1975 wurde der Standard-Cirrus mit der Bezeichnung «75» verbessert, und zwar durch Vergrößerung der Verkleidungen bei den Flügelansätzen, durch Vergrößerung des Luftbremsen-Bereichs, durch Modifizierung des Bugs, so daß er ähnlich dem der Nimbus 2 ist, durch Ausstattung mit einem neuen, leicht aufzurüstenden Höhenflossen-Fitting und durch eine Neuanordnung der Ablaßventile der Flügel-Wassertanks bei einem Punkt hinter dem Laufrad.

Typbezeichnung: Standard Cirrus 75
Hersteller: Schempp-Hirth
Erstflug: Anfang 1975
Spannweite: 15 m
Rumpflänge: 6,35 m
Höhe: 1,32 m
Flügelfläche: 10 m²
Profil: Wortmann FX S-02-196 modif.
Streckung: 22,5
Leergewicht: 215 kg
Wasserballast: 80 kg
Max. Fluggewicht: 390 kg
Max. Flächenbelastung: 39 kg/m²
Max. Fluggeschwindigkeit: 220 km/h
Überziehgeschwindigkeit: 62 km/h
Min. Sinken bei 75 km/h: 0,6 m/sec.
Max. Manövergeschwindigkeit: 220 km/h
Beste Gleitzahl bei 90 km/h: 38,5

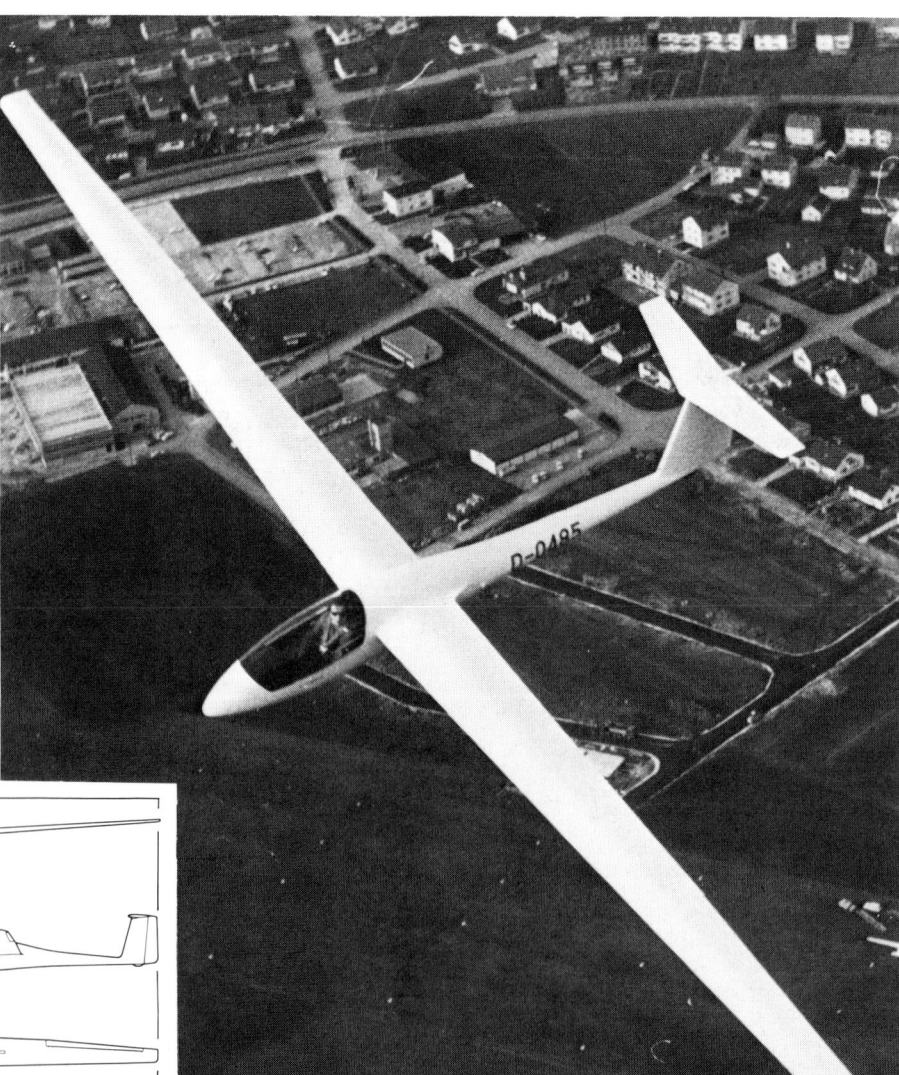

Schempp-Hirth Nimbus 2C / Bundesrepublik Deutschland

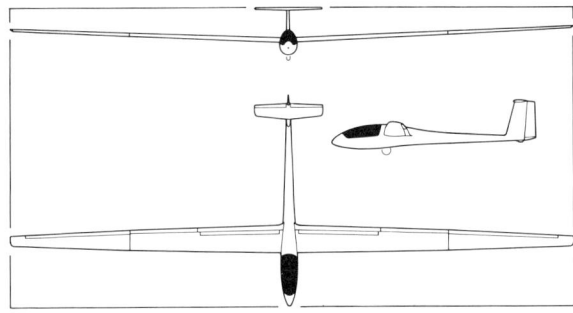

Das einsitzige Original Nimbus Segelflugzeug wurde von Klaus Holighaus in seiner Freizeit mit Hilfe seiner Arbeitgeber Schempp-Hirth gebaut. Es weist einen dreiteiligen Flügel von 22 m Spannweite und eine Flügelstreckung (ein Aspektverhältnis) von 30,6 auf. Der Rumpf ist der eines Offenen Cirrus Typs. Er flog erstmals im Januar 1969 und gewann im folgenden Jahr die Weltmeisterschaft in Marfa/USA, geflogen von dem Amerikaner Georg Moffat.

Der Nimbus 2 (Foto), welcher derzeit zwei Weltrekorde hält und zweimal die Weltmeisterschaften gewonnen hat, ist die Serienversion und flog erstmals im April 1971. Er unterscheidet sich vom Original-Nimbus in verschiedener Beziehung. Die Flügelspannweite wurde auf 20,3 m verringert, und der Rumpf weist einen Standard-Cirrus-Typ mit T-Leitwerk auf. Die Flügelkonstruktion ist versteift, um das Biegen zu eliminieren, welches beim Original Nimbus-Flügel festgestellt wurde und weist vier Teile auf, um das Aufrüsten und Schleppen zu erleichtern.

Die Nimbus B und C wurden im Jahre 1977 und 1978 entwickelt. Der B hat eine feste Höhenflosse mit Ruder. Der C weist neue Bremsklappen anstelle der Oberseiten-Luftbremsen auf und ist entweder aus Glasfaser oder aus Kohlefaser erhältlich, wobei die letztere das Leergewicht um 35 kg verringert.

Zusammen mit der AS-W 17 und dem Jantar 2 wird der Nimbus 2 allgemein als das Höchstleistungs-Serien-Segelflugzeug angesehen, das heutzutage fliegt.

Typbezeichnung: Nimbus 2 C (Carbon-Version)	Rumpflänge: 7,33 m	Leergewicht: 315 kg	Überziehgeschwindigkeit: 60 km/h
Hersteller: Schempp-Hirth	Höhe: 1,45 m	Wasserballast: 250 kg	Min. Sinken bei 80 km/h: 0,47 m/sec.
Erstflug: August 1978	Flügelfläche: 14,4 m^2	Max. Fluggewicht: 650 kg	Max. Manövergeschwindigkeit: 270 km/h
Spannweite: 20,3 m	Profil: Wortmann FX 67-K-170	Max. Flächenbelastung: 45 kg/m^2	Beste Gleitzahl bei 105 km/h: 49
	Streckung: 28,6	Max. Fluggeschwindigkeit: 270 km/h	

Schempp-Hirth Nimbus 2M (Motor Nimbus) / Bundesrep. Deutschland

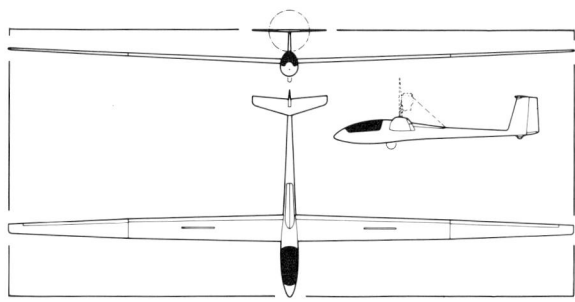

Der Motorsegler, welcher das größte Interesse beim Ersten Internationalen Motorsegler Wettbewerb auf Burg Feuerstein/Bundesrepublik Deutschland erregte, war der Schempp-Hirth Nimbus 2M mit seinem vollständig einziehbaren 37,3 kW (50 PS) Hirth-Motor, der unter der Leitung von Klaus Holighaus entwickelt wurde. Der Zweizylinder-Zweitakt-Motor war ursprünglich als Triebwerk für ein Motorschlitten-Rennen in Kanada hergestellt worden.

Die Bedeutung dieses Segelflugzeugs beruht wie diejenige des 15-Meter-Motor-Cirrus (Foto) auf der Tatsache, daß jetzt Spitzenklassen-Segelflugzeuge als selbst-startende Flugzeuge zur Verfügung stehen. In jedem Fall ist das Gewicht des Motors geringer als das des mitgeführten Wasserballasts. Das Anheben und Herunterlassen des Motors wird elektrisch durchgeführt, wobei der Motor und das Zahnstangengetriebe einer Bosch-Wagen-Sonnendach-Installation verwendet werden.

Beim Motor-Nimbus handelt es sich um ein selbststartendes Mitteldecker-Segelflugzeug mit einer Glasfaser-Konstruktion, das vierteilige Flügel, Klappen, Luftbremsen, ein ein-ziehbares Fahrwerk, ein T-Leitwerk und einen Motor aufweist, der oberhalb der Flügel montiert ist und nach hinten unter den Einbautüren in den Rumpf eingezogen werden kann. Es führt 40 kg Treibstoff in seinen Flügel-Tanks mit und benötigt eine Rollstrecke von 350 m zum Start mit dem Motor.

Typbezeichnung: Nimbus 2 M	Flügelfläche: 14,4 m²	Max. Flächenbelastung: 40,28 kg/m²	Beste Gleitzahl bei 100 km/h: 47
Hersteller: Schempp-Hirth	Profil: Wortmann FX 67-K-170	Max. Fluggeschwindigkeit: 250 km/h	Motor: Hirth O.28, 37,3 kW (50 PS)
Erstflug: Juni 1974	Streckung: 28,6	Überziehgeschwindigkeit: 70 km/h	Startrollstrecke: 350 m
Spannweite: 20,3 m	Leergewicht: 440 kg	Min. Sinken bei 85 km/h: 0,54 m/sec.	Steigleistung:120 m/min.
Rumpflänge: 7,33 m	Wasserballast: – kg		Reichweite: 500 km
Höhe: 1,45 m	Max. Fluggewicht: 580 kg		

![D-KOLN]

Schempp-Hirth Mini-Nimbus C SH-7 / Bundesrepublik Deutschland

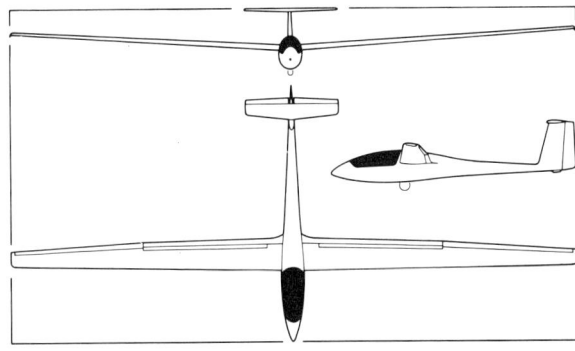

Eines der erfolgreichsten modernen Segelflugzeuge ist der Standard-Cirrus, eine Entwicklung des Cirrus. Schempp-Hirth haben, in einem ähnlichen Produktions-Schema eine 15-Meter-Version des Nimbus 2 mit der Bezeichnung Mini-Nimbus SH-7 entwickelt. Konstruiert von Klaus Holighaus, ist der Mini Nimbus ein 15-Meter-Segelflugzeug der Unbeschränkten Klasse mit allen Merkmalen eines Nimbus 2 der Offenen Klasse, einschließlich der Wölbungsklappen und des Wasserballasts.

Der schlanke Glasfaser-Rumpf des Mini-Nimbus mit einem spitzen Bug ähnlich dem des Nimbus 2, weist eine einteilige, bündige Kabinenhaube mit einer längs-gebogenen Unterkante zwecks erhöhter Festigkeit auf. Die Mitteldecker-Flügel weisen Wölbungsklappen und sehr effektive Glasfaser-Luftbremsen auf. Die Klappen, welche Flügelansatz-Verkleidungen haben, werden durch einen Knopf im Cockpit betätigt, der 5 Positionen von −7° bis +10° umfaßt und die Klappen zur Landung ausfährt, wobei sich die Luftbremsen von der oberen Flügelseite aus öffnen.

Der Trimmhebel befindet sich im gleichen Schlitz wie der Klappenhebel und ist so angeordnet, daß, wenn der letztere bewegt wird, um die Klappen auszufahren, er die Höhenflosse betätigt und ein automatisches Klappen/Trimm-System ergibt.

Der Mini-Nimbus B weist eine feste Höhenflosse und ein Höhenruder auf. Der Typ C wird entweder in Glasfaser oder mit Kohlefaser-Flügeln geliefert.

Typbezeichnung: Mini Nimbus C	Flügelfläche: 9,86 m²	Max. Fluggewicht: 500 kg	Min. Sinken bei 78 km/h:
Hersteller: Schempp-Hirth	Profil: Wortmann FX-67-K-150	Max. Flächenbelastung: 51 kg/m²	0,53 m/sec.
Erstflug: September 1978	Streckung: 23	Max. Fluggeschwindigkeit: 250 km/h	Max. Manövergeschwindigkeit:
Spannweite: 15 m	Leergewicht: 215 kg	Überziehgeschwindigkeit:	250 km/h
Rumpflänge: 6,41 m	Wasserballast: 190 kg	61 km/h	Beste Gleitzahl bei 106 km/h: 42

Schempp-Hirth Janus / Bundesrepublik Deutschland

Obwohl einsitzige Glasfaser-Segelflugzeuge mit Klappen und Heck-Bremsfallschirm sich nunmehr seit einigen Jahren gut eingeführt haben, sind einige Versuche gemacht worden, dieses Material und diese Konstruktion für die Realisierung von Zweisitzern zu verwenden. Der Janus könnte daher sehr wohl der Vorbote eines neuen Segelflugzeug-Typs sein, der gegebenenfalls die Anleitungs-Techniken in der Zukunft ändern könnte. Klaus Holighaus begann mit der Konstruktion des Janus im Jahre 1969, und der Prototyp flog erstmals im Frühjahr 1974. Die Produktion begann 1975, und bis Februar 1977 waren 40 geliefert worden. Der Glasfaser-Rumpf in Schalenbauweise ist gleich wie derjenige des Nimbus 2, aber der Cockpit-Teil ist neu. Er weist zwei Sitze in Tandem-Anordnung unter einer klappbaren, einteiligen Kabinenhaube auf. Das Laufrad ist nicht einziehbar und ist mit einer Trommelbremse ausgerüstet. Es ist ein kleines Bugrad vorhanden. Doppelsteuer erlauben die Verwendung des Janus zur Schulung. Er ist besonders zur Überlandflug-Instruktion geeignet, weil er die Forderungen für ein Hochleistungs-Flugzeug erfüllt, das Klappen und einen Heck-Bremsfallschirm aufweist. Eine Glasfaser/Schaumstoff-

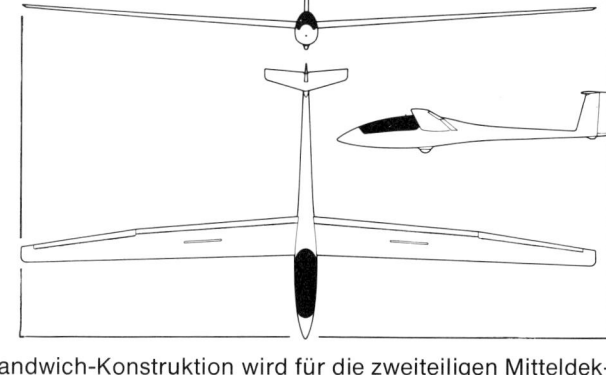

Sandwich-Konstruktion wird für die zweiteiligen Mitteldecker-Flügel verwendet, die 2° vorwärts an der Vorderkante gepfeilt sind. Die Wölbungsklappen arbeiten zwischen +12° und −7°. Schempp-Hirth Luftbremsen sind nur bei den Oberseiten eingebaut.
Bei der 1978er Version des Janus wurde eine Höhenflosse mit festem Anstellwinkel gewählt, welche die Höhenflosse der früheren Modelle ersetzte.

Typbezeichnung: Janus
Hersteller: Schempp-Hirth
Erstflug: Mai 1974
Spannweite: 18,2 m
Rumpflänge: 8,62 m

Höhe: 1,45 m
Flügelfläche: 16,6 m^2
Profil: Wortmann FX-67-K-170/15
Streckung: 20
Leergewicht: 370 kg

Wasserballast: – kg
Max. Fluggewicht: 620 kg
Max. Flächenbelastung: 37,4 kg/m^2
Max. Fluggeschwindigkeit: 220 km/h
Überziehgeschwindigkeit: 67 km/h

Min. Sinken bei 75 km/h: 0,61 m/sec.
Max. Manövergeschwindigkeit: 220 km/h
Beste Gleitzahl bei 95 km/h: 39

Beeinflußt von der Konstruktion der 19-m-Fafnir, beraten von Alexander Lippisch und unterstützt von Dipl-Ing. Fritz Kramer, konstruierte der junge Heini Dittmar in den Jahren 1931–32 den Condor. Er arbeitete daran in seiner Freizeit und baute dieses Gleitflugzeug in der Werkstatt auf der Wasserkuppe. Er nahm damit am Rhönwettbewerb 1932 teil, den er gewann. Es erregte allgemein Interesse und ging später in die Serien-Fertigung.

Der Condor 1 wies hochliegende Knickflügel mit verstärkten Vorderkanten, abgespannt mit V-Versteifungen auf. Der Condor 2 wurde 1935 unter Verwendung eines neuen Tragflächen-Profils entwickelt, dessen äußerer Teil dünner war, wodurch der Gleitwinkel und die Sinkgeschwindigkeit bei höheren Geschwindigkeiten verbessert wurden. Dieses Segelflugzeug stellte einen neuen Strecken-Weltrekord von 504,2 km im Jahre 1935 auf und war zu dieser Zeit das populärste Segelflugzeug in Deutschland.

Im Februar 1934 führte eine Segelflugzeug-Expedition nach Südafrika zur Aufstellung eines neuen Höhen-Weltrekords durch Dittmar von 4350 m, der bis dahin auf 2560 m stand. Der von Schleicher in Poppenhausen gebaute Condor 3 kam 1938 heraus. Er wies einen längeren, schlankeren Rumpf auf. Die freitragenden Flügel wurden verstärkt, und es wurden DFS-Luftbremsen eingebaut. Nach dem Zweiten Weltkrieg entwickelte Dittmar den zweisitzigen Tandem-Condor 4, der im wesentlichen das gleiche Layout wie der Condor 3 aufwies. Er flog erstmals im Jahre 1953.

Typbezeichnung: Condor 3	**Flügelfläche:** 16,2 m^2	**Max. Fluggewicht:** 325 kg	**Überziehgeschwindigkeit:**
Hersteller: Schleicher	**Profil:** Göttingen 532	**Max. Flächenbelastung:**	50 km/h
Erstflug: 1938	**Streckung:** 15	20,06 kg/m^2	**Min. Sinken:** 0,6 m/sec.
Spannweite: 17,24 m	**Leergewicht:** 230 kg	**Max. Fluggeschwindigkeit:**	**Beste Gleitzahl:** 28
Rumpflänge: 7,6 m	**Wasserballast:** – kg	180 km/h	

Schleicher Rhönadler / Bundesrepublik Deutschland

Als der Rhönadler erstmals im Jahre 1932 erschien, begannen die Segelflugzeug-Piloten gerade die Thermik zu benutzen, um Überlandflüge zu machen und sahen sich nach einem Segelflugzeug mit guten Leistungen unter diesen Bedingungen um. Zu jenem Zeitpunkt war zum Kriterium eines erfolgreichen Fluges geworden, wie groß die zurückgelegte Strecke war, anstatt wie lange das Flugzeug in der Luft bleiben konnte. Der Rhönadler war die erste, bedeutende Konstruktion von Hans Jacobs, der weithin bekannt durch sein Buch «Werkstattpraxis für den Bau von Segel- und Gleitflugzeugen» wurde.

In seiner Konstruktion macht sich beim Rhönadler der Einfluß der Fafnir bemerkbar, aber der erstere ist mehr vereinfacht, weil er gerade, zweiteilige freitragende Flügel aufweist, die sich zu den Spitzen hin verjüngen sowie große Querruder. Das herkömmliche Leitwerk umfaßt ein großes Seitenruder und eine voll-bewegliche Höhenflosse. Der breite Rumpfquerschnitt ermöglicht ein geräumigeres Cockpit als dies früher die Norm war.

Der Rhönadler wurde von Schleicher in Poppenhausen gebaut und wurde erstmals beim Rhönwettbewerb im Jahre

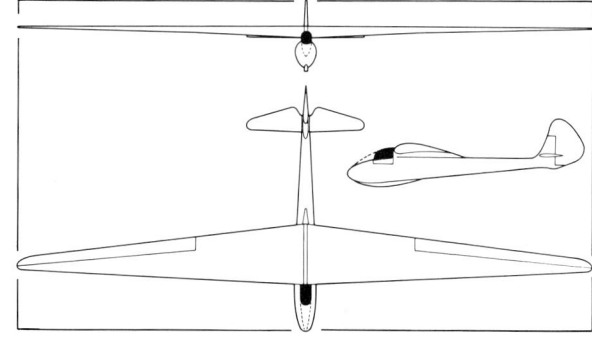

1932 geflogen. Es zeigte sich, daß er sehr gute Flugeigenschaften aufwies, und es wurden mit ihm in den nächsten fünf Jahren zahlreiche Überlandflüge durchgeführt. Dieses Segelflugzeug begründete den Ruf von Hans Jacobs als erfolgreicher Konstrukteur.

Typbezeichnung: Rhönadler
Hersteller: Schleicher
Erstflug: 1932
Spannweite: 17,4 m
Rumpflänge: 7,2 m

Flügelfläche: 18 m^2
Profil: Göttingen 652
Streckung: 16, 8
Leergewicht: 170 kg
Wasserballast: – kg

Max. Fluggewicht: 250 kg
Max. Flächenbelastung: 13,89 kg/m^2
Max. Fluggeschwindigkeit: 130 km/h

Überziehgeschwindigkeit: 50 km/h
Min. Sinken: 0,75 m/sec.
Beste Gleitzahl: 20

Ein Jahr nachdem der erfolgreiche Rhönadler im Jahre 1933 auftauchte, konstruierte Hans Jacobs den Rhönbussard für den Segelflugzeug-Hersteller Schleicher. Dieses Segelflugzeug weist wie sein großer Bruder, der Rhönadler, zweiteilige, freitragende Flügel auf, die am Oberteil des Rumpfes befestigt sind und einen Vorderkanten-Torsionskasten aufweisen. Er weist große Querruder auf, die durch Gestänge betätigt werden. Wie beim Rhönadler, sind die Flügel durch zwei konische Bolzen befestigt, wodurch die Aufrüstung vergleichsweise schnell und leicht erfolgen kann. Der starke Rumpf mit Oval-Querschnitt weist ein kurzes Cockpit mit Windschutzscheibe auf. Das Fahrwerk umfaßt eine Haupt- und eine Heck-Kufe.

Dieses kleine Segelflugzeug wurde zu seiner Zeit als Hochleistungs-Flugzeug angesehen, und die Piloten machten mit ihm Flüge von 200 bis 300 km. Heute wird der Rhönbussard, wie viele Segelflugzeuge der dreißiger Jahre von Organisationen wie dem Vintage Glider Club (Oldtimer-Segelflugzeug-Club) geschätzt, der im Juni 1973 im Vereinigten Königreich von Christopher Wills und Dr. A. E. Slater gegründet wurde. Mitglieder dieses Clubs haben viele alte Gleit-

flugzeuge geborgen, wiederhergestellt und geflogen, und von mindestens zwei Rhönbussards ist bekannt, daß sie heute noch in Großbritannien fliegen.

Typbezeichnung: Rhönbussard	**Flügelfläche:** 14,1 m²	**Max. Fluggewicht:** 245 kg	**Überziehgeschwindigkeit:** 50 km/h
Hersteller: Schleicher	**Profil:** Göttingen 535	**Max. Flächenbelastung:** 17,4 kg/m²	**Min. Sinken:** 0,75 m/sec.
Erstflug: 1933	**Streckung:** 14,5	**Max. Fluggeschwindigkeit:** 130 km/h	**Beste Gleitzahl:** 20
Spannweite: 14,3 m	**Leergewicht:** 150 kg		
Rumpflänge: 5,8 m	**Wasserballast:** – kg		

Schleicher Ka 6CR / Bundesrepublik Deutschland

Die erfolgreiche Ka 6-Serie, konstruiert von Rudolf Kaiser und entwickelt von Rudolf Hesse, wurde produziert, als die Ära der aus Sperrholz hergestellten Segelflugzeuge zu Ende ging. Die Ka 6, die erstmals im November 1956 flog, wies eine Flügel-Spannweite von nur 14 m auf. 1956, als die Vorschriften, welche für die Standard-Klasse maßgebend waren, veröffentlicht wurden, wurde die Flügelspannweite auf 15 m erhöht, und ein Laufrad ersetzte die Kufe. Diese Segelflugzeuge erhielten die Bezeichnung Ka 6B bzw. Ka 6BR. Bei den Weltmeisterschaften in Leszno/Polen erhielt Rudolf Kaiser den Preis für die beste Standard-Klassen Segelflugzeug-Konstruktion. Eine Ka 6 siegte in der Offenen Klasse und wurde dritte in der Standard-Klasse. Sie siegte in der Standard-Klasse bei den Weltmeisterschaften sowohl 1960 als auch 1963 unter der Führung von Heinz Huth aus der Bundesrepublik Deutschland.

Nach einer Modifikation des Flügelansatzes wurde die Ka 6C geschaffen und mit Laufrad die Ka 6CR. Die Konstruktion besteht aus Sperrholz und Stoffbespannung, und die leicht vorwärts gepfeilten einholmigen Flügel weisen Schempp-Hirth Luftbremsen auf.

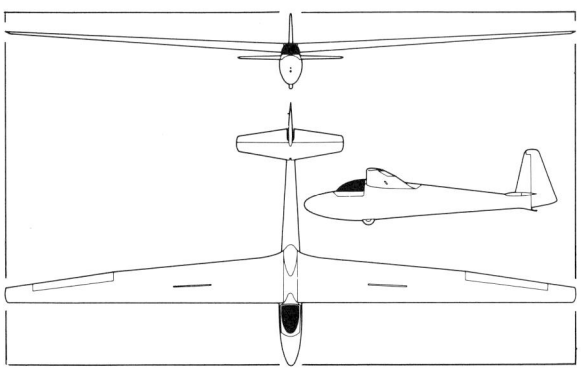

Leichtes Aufrüsten, eine hohe Leistung und ein angemessener Preis machten die Ka 6CR zu einem sehr populären Segelflugzeug, und als die Produktion 1968 ihr Ende fand, waren mehr als 1400 gebaut und viele in alle Teile der Welt exportiert worden.

Typbezeichnung: Ka 6CR	**Flügelfläche: 12,4 m²**
Hersteller: Schleicher	**Profil: NACA 63618/63615**
Erstflug: November 1956	**Streckung: 18,1**
Spannweite: 15 m	**Leergewicht: 190 kg**
Rumpflänge: 6,66 m	**Wasserballast: – kg**

Max. Fluggewicht: 300 kg	**Min. Sinken bei 68 km/h:**
Max. Flächenbelastung: 24,2 kg/m²	**0,69 m/sec.**
Max. Fluggeschwindigkeit:	**Max. Manövergeschwindigkeit:**
200 km/h	**140 km/h**
Überziehgeschwindigkeit: 62 km/h	**Beste Gleitzahl bei 68 km/h: 29**

Schleicher Ka 6E / Bundesrepublik Deutschland

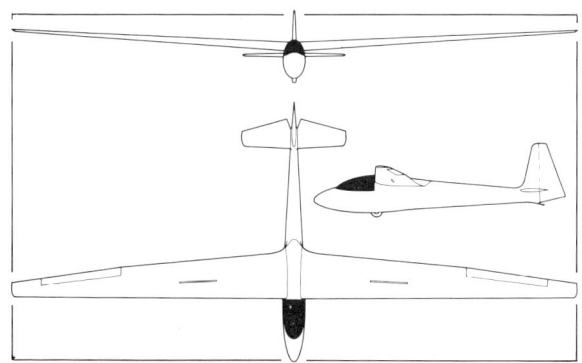

Die Ka 6E, die gleichzeitig mit der Ka 6CR etwa drei Jahre lang produziert wurde, hat sich als eines der populärsten Standard-Klassen Segelflugzeuge erwiesen und hat zahlreiche nationale Meisterschaften zu ihren Gunsten entschieden. Es handelt sich um eine Entwicklung sowohl aus der Ka 6CR als auch aus der Ka 10. Die letztere war eine modifizierte Ka 6CR mit einer voll-beweglichen Höhenflosse, die etwa ein Drittel nach oben zur Leitfläche hin angeordnet ist. Trotzdem erreichte diese Version niemals die volle Produktion, obwohl eine an den Weltmeisterschaften 1965 in South Cerney teilnahm.

Der Ka 6E-Flügel ist im wesentlichen derselbe wie derjenige der Ka 6CR, weist aber ein modifiziertes Vorderkantenprofil auf. Schempp-Hirth-Luftbremsen sind eingebaut. Die Höhenflosse ist die gleiche wie bei der Ka 10, da sie voll-beweglich ist und keine Klappen aufweist. Stabilität und Trimmung werden durch einen einzigen Hebel gewährleistet, der die Federspannung beim Steuerknüppel regelt. Der Rumpf aus Holz in Halbschalen-Bauweise hat ein anderes Profil als derjenige der Ka 6CR, da der Querschnitt um 10% reduziert ist. Das Cockpit wurde durch Verlängerung der Kabinenhaube und des Bugs vergrößert, während die Kabinenhaube selbst um drei Zoll abgesenkt wurde. Der Flügel ist niedriger am Rumpf montiert, und diese Verbesserungen haben eine bessere Penetration nach sich gezogen.

Typbezeichnung: Ka 6 E	**Höhe:** 1,6 m	**Leergewicht:** 190 kg	**Überziehgeschwindigkeit:** 59 km/h
Hersteller: Schleicher	**Flügelfläche:** 12,4 m^2	**Wasserballast:** – kg	**Min. Sinken bei 70 km/h:** 0,65 m/sec.
Erstflug: Frühjahr 1965	**Profil:** NACA 63618/63615/Jou-	**Max. Fluggewicht:** 300 kg	**Max. Manövergeschwindigkeit:**
Spannweite: 15 m	kowsky 12%	**Max. Flächenbelastung:** 24,2 kg/m^2	100 km/h
Rumpflänge: 6,66 m	**Streckung:** 18,1	**Max. Fluggeschwindigkeit:** 200 km/h	**Beste Gleitzahl bei 80 km/h:** 34

Schleicher Ka 7 / Bundesrepublik Deutschland

Rudolf Kaiser, der Konstrukteur der Ka 7, realisierte einen Kindheitstraum, als er, als junger Mann, sein erstes Gleitflugzeug, die 10-Meter-Ka 1 baute, und sie später flog, um sein Silber «C» Abzeichen zu gewinnen. 1952 ging er zu Alexander Schleicher in Poppenhausen und konstruierte die zweisitzige Ka 2 aus Holz und ihre Entwicklung, die Ka 2B, die in Deutschland ein sehr populäres Schulungsflugzeug wurde.

Das Ziel der Ka 7-Konstruktion bestand darin, ein zweisitziges Segelflugzeug zu konstruieren, das nicht nur eine Grundschulung vermitteln, sondern die Piloten in die Lage versetzen würde, ihre Schulung ohne eine Unterbrechung fortzusetzen, um die Hochleistungs-Segelflugzeuge jener Zeit zu fliegen.

Bei der Ka 7 handelt es sich um ein zweisitziges Flugzeug in Tandem-Anordnung mit freitragenden, hochliegenden nach vorne gepfeilten Einzelholm-Holzflügeln, die einen sperrholzbeplankten Vorderkanten-Torsionskasten und Schempp-Hirth Luftbremsen aufweisen, die oberhalb und unterhalb jedes Flügels eingebaut sind. Der Rumpf besteht aus einem stoffbespannten Stahlrohrrahmen, ähnlich dem der Ka 4.

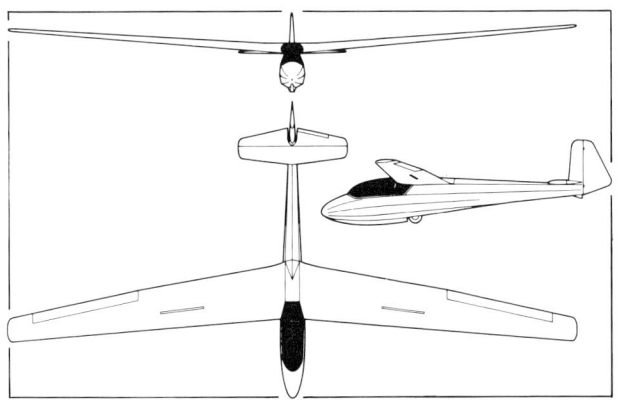

Die Ka 2B hat in Deutschland 1959 Höhenrekorde aufgestellt, und die Ka 7 verbesserte zweimal Deutsche Streckenrekorde und stellte mehr als zehn Jahre nach ihrem ersten Auftreten einen neuen deutschen Zielflug-Rekord für zweisitzige Segelflugzeuge auf. Die Ka 7 war stets ein populäres Club-Segelflugzeug und fliegt bei verschiedenen Clubs noch heute.

Typbezeichnung: Ka 7	Flügelfläche: 17,5 m²
Hersteller: Schleicher	Profil: Göttingen 535/549
Erstflug: 1959	Streckung: 14,6
Spannweite: 16 m	Leergewicht: 280 kg
Rumpflänge: 8,1 m	Wasserballast: – kg

Max. Fluggewicht: 480 kg	Min. Sinken bei 70 km/h:
Max. Flächenbelastung: 27,43 kg/m²	0,85 m/sec.
Max. Fluggeschwindigkeit: 200 km/h	Max. Manövergeschwindigkeit:
Überziehgeschwindigkeit:	130 km/h
60 km/h	Beste Gleitzahl bei 80 km/h: 26

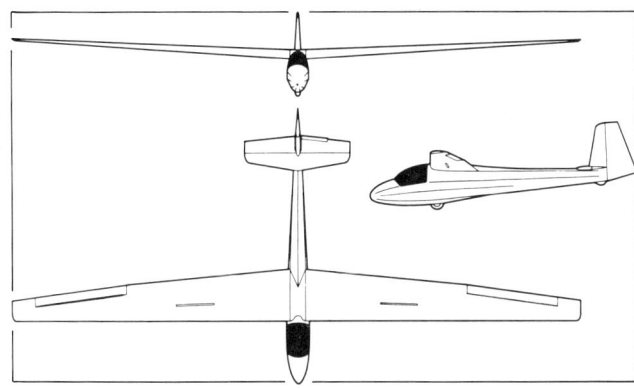

Konstruiert von Rudolf Kaiser, ist die Ka 8B eine einsitzige Schulungsversion des Ka 7-Zweisitzers. Sie ist von der Ka 6 abgeleitet, aber die Konstruktion ist ähnlich derjenigen der Ka 7 und ist für einen Bau durch Amateure geeignet. Sie weist gute Flugeigenschaften auf und ist bei schwacher Thermik brauchbar, wodurch sie für einen Clubeinsatz ideal ist.

Die Ka 8 ist robust, sie weist eine geschweißte Stahlrohr-Rumpfkonstruktion mit stoffbespannten Fichtenholmen und einen Glasfaser-Bugkonus auf. Ein festes Laufrad mit Bremse ist eingebaut, mit einer Kufe am Bug und einem Stahlsporn am Heck. Die Flügel weisen eine Einzelholm-Konstruktion mit Sperrholz D-Vorderkante auf und sind hinter dem Holm stoffbespannt. Die Schempp-Hirth Luftbremsen sind sowohl an den oberen als auch an den unteren Flügelseiten eingebaut. Das Leitwerk ist aus sperrholzbeplanktem Holz, und die Steuerflächen sind stoffbespannt. Da der Prototyp erstmals 1957 flog, gab es drei Versionen der Kabinenhaube, die Original-Modelle waren mit einer sehr kleinen Kabinenhaube ausgerüstet, das zweite wies Fenster an den Seiten des Cockpits auf, um mehr Licht zu gewährleisten, und die dritte bei der Ka 8B ist größer.

Mehr als 1100 Ka 8-Flugzeuge aller Versionen sind gebaut worden.

Typbezeichnung: Ka 8 B	Flügelfläche: 14,15 m^2	Max. Flächenbelastung: 21,9 kg/m^2	Min. Sinken bei 60 km/h: 0,65 m/sec.
Hersteller: Schleicher:	Profil: Göttingen 533/532	Max. Fluggeschwindigkeit: 200 km/h	Max. Manövergeschwindigkeit: 130 km/h
Erstflug: November 1957	Streckung: 15,9	Überziehgeschwindigkeit: 54 km/h	Beste Gleitzahl bei 73 km/h: 27
Spannweite: 15 m	Leergewicht: 190 kg		
Rumpflänge: 7 m	Wasserballast: – kg		
Höhe: 1,57 m	Max. Fluggewicht: 310 kg		

Schleicher AS-W 12 / Bundesrepublik Deutschland

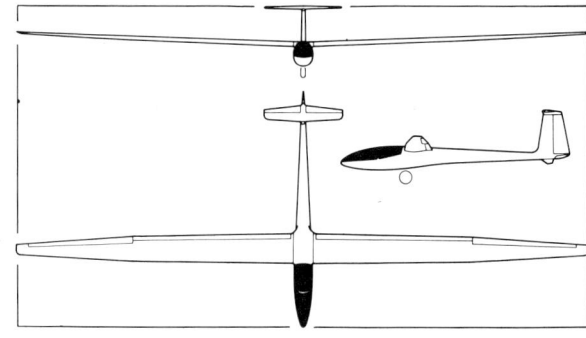

Die Schleicher AS-W 12 ist die Produktions-Version der berühmten Circe D-36 der Akaflieg Darmstadt, welche die Deutschen Meisterschaften 1964 gewann. Konstruiert von Gerhard Waibel, wird sie allgemein als eines der Höchstleistungs-Serien-Segelflugzeuge der Welt angesehen. Der Prototyp wurde erstmals am 31. Dezember 1965 von Edgar Krämer, ihrem Erbauer, geflogen, und seitdem haben Piloten viele bedeutsame Flüge damit durchgeführt.

Konstruiert aus Glasfaser/Balsa Sandwich, weist sie lange dünne Flügel auf, Wölbungsklappen auf voller Spannweite, die mit Querrudern gekoppelt sind, einen langen, schlanken Rumpf, Sitz mit voll-verstellbarer Rückenlehne, ein großes einziehbares Laufrad und ein T-Heck. Sie kann einem bei der Handhabung bange machen, weil sie sich lediglich auf einen nicht-abwerfbaren Heckfallschirm für die Gleitpfadkontrolle bei der Landung verläßt und daher eine Herausforderung für ehrgeizige, wettbewerbsbegeisterte Piloten darstellt. Im Jahre 1969 stellte W. Scott aus USA einen neuen Welt-Zielflug-Rekord von 966 km auf, und 1970 gesellte sich H. W. Grosse aus der Bundesrepublik Deutschland zu der kleinen Gruppe von Piloten, welche 1000-km-Flüge durchführen konnten, und einige Wochen später war er der Zweite bei den Weltmeisterschaften in Texas, wo fünf der ersten neun Gewinner in der Offenen Klasse aus USA, Frankreich, der Bundesrepublik Deutschland und dem Vereinigten Königreich die AS-W 12 flogen. Im Jahre 1972 stellte Grosse einen Strecken-Weltrekord mit 1460 km auf, der bis Ende 1977 bestand.

Typbezeichnung: AS-W 12
Hersteller: Schleicher
Erstflug: Dezember 1965
Spannweite: 18,3 m
Rumpflänge: 7,35 m

Flügelfläche: 13 m²
Profil: Wortmann FX 62-K-131 modif.
Streckung: 25,8
Leergewicht: 295 kg

Wasserballast: – kg
Max. Fluggewicht: 430 kg
Max. Flächenbelastung: 32 kg/m²
Max. Fluggeschwindigkeit: 200 km/h

Überziehgeschwindigkeit: 65 km/h
Min. Sinken bei 72 km/h: 0,49 m/sec.
Max. Manövergeschwindigkeit: 100 km/h
Beste Gleitzahl bei 95 km/h: 47

Im Jahre 1965 setzte Rudolf Kaiser die Entwicklung der zweisitzigen Ka 2 und Ka 7 fort und entwickelte durch Einbeziehung vieler Verbesserungen die AS-K 13. Sie wurde von Schleicher aus gemischten Werkstoffen, u. a. Metall, Holz und Glasfaser gebaut. Die vorwärts gepfeilten Einzelholm-Flügel, bei welchen die Grund-Konstruktionsprinzipien der Ka 7-Konstruktion beibehalten wurde, wurden von der oberen – in die Mittelposition gebracht, wodurch sich Platz für eine große, geblasene, seitlich aufklappbare Kabinenhaube ergab, und eine gute Rundsicht für beide Piloten möglich wurde. Der Sitzkomfort ist verbessert durch die Verwendung von Glasfaser, und ein gefedertes Laufrad ist für ein weicheres Aufsetzen eingebaut.

Der stoffbespannte Stahlrohr-Rahmen-Rumpf ist an seiner Oberseite mit einer Sperrholz-Außenhaut ausgekleidet, und der Bug ist aus Glasfaser. Die Flügel sind aus stoffbespanntem Sperrholz und weisen eine 6° Vorwärtspfeilung auf und sind 5° dihedral. Schempp-Hirth Luftbremsen aus Metall sind eingebaut, und die Querruder sind aus diagonal-angeordnetem stoffbespanntem Sperrholz. Eine Flettner-Trimmklappe ist beim Höhenruder eingebaut.

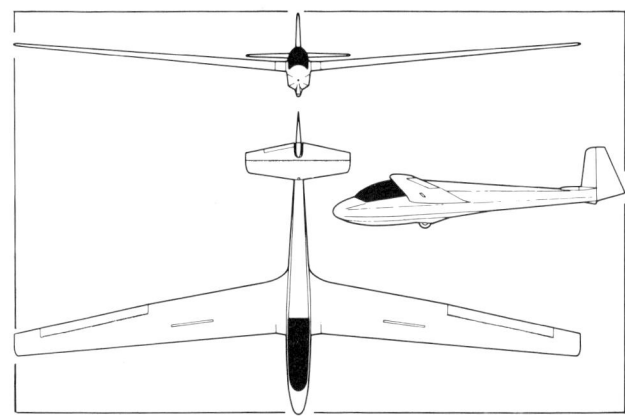

Gestänge werden für Querruder- und Höhenruder-Steuer mit Kabeln für das Seitenruder verwendet.

Der Prototyp flog erstmals im Juli 1966, und etwa 750 wurden bis heute fertiggestellt, wobei die Produktion aber noch weiterging.

Typbezeichnung: AS-K 13
Hersteller: Schleicher
Erstflug: Juli 1966
Spannweite: 16 m
Rumpflänge: 8,18 m

Höhe: 1,6 m
Flügelfläche: 17,5 m^2
Profil: Göttingen 535/549
Streckung: 14,6
Leergewicht: 290 kg

Wasserballast: – kg
Max. Fluggewicht: 480 kg
Max. Flächenbelastung: 27,4 kg/m^2
Max. Fluggeschwindigkeit: 200 km/h

Überziehgeschwindigkeit: 61 km/h
Min. Sinken bei 64 km/h: 0,81 m/sec.
Max. Manövergeschwindigkeit: 140 km/h
Beste Gleitzahl bei 90 km/h: 28

Schleicher AS-K 14 / Bundesrepublik Deutschland

Um eine Verwechslung mit der wohlbekannten AS-W 12 zu vermeiden, die Schleicher ebenfalls gebaut hat, wurde der Motorsegler Ka-12 in AS-K 14 umbenannt. Es handelt sich um einen einsitzigen Motorsegler mit einem Ka-6E-Rumpf, bei dem die Flügel neu angeordnet wurden, indem der Flügelansatz abgesenkt wurde, unter Hinzufügung eines großen, einziehbaren Laufrades, welches so konstruiert war, das es für die Luftschraube einen angemessenen Bodenabstand gewährleistete.

Der Prototyp flog erstmals am 25. April 1967.

Bei dem freitragenden Flügel handelt es sich um eine Einholm-Holz- und Stoff-Konstruktion, die sperrholzbeplankte Querruder und Störklappen an den Oberseiten aufweist. Das Cockpit ist durch eine einteilige Plexiglas-Kabinenhaube abgedeckt, welche eine ausgezeichnete Sicht ermöglicht und nach Steuerbord aufklappbar ist. Der Rumpf weist eine herkömmliche Holz- und Sperrholz-Halbschalen-Konstruktion auf. Der 26 PS Vierzylinder, Zweitakt Hirth-Motor, der manuell gestartet wird, steuert eine zweiflügelige, verstellbare Hoffmann-Luftschraube an und ist in herkömmlicher Weise im Bug angeordnet.

Beim Ersten Deutschen Motorsegler Wettbewerb, der 1970

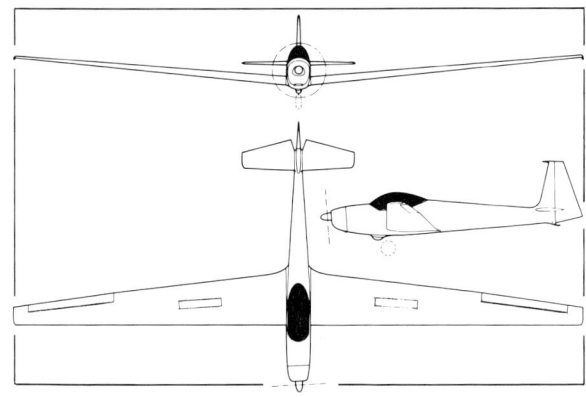

durchgeführt wurde, errang die AS-K 14 zweite, dritte und vierte Plätze, und sechs Jahre später beim Sechsten Deutschen Motorsegler Wettbewerb, errang die immer noch populäre AS-K 14 zweite und dritte Plätze.

Eine AS-K 14 wurde mit einem Versuchs-Turbostrahltriebwerk mit 90 kg Schub ausgerüstet. Die Abgase werden durch die Flügel geleitet und durch Schlitze an den Flügelspitzen herausgeführt.

Typbezeichnung: AS-K 14	Höhe: 1,6 m	Wasserballast: – kg	Min. Sinken bei 72 km/h: 0,75 m/sec.
Hersteller: Schleicher	Flügelfläche: 12,68 m^2	Max. Fluggewicht: 360 kg	Beste Gleitzahl bei 83 km/h: 28
Erstflug: April 1967	Profil: NACA 63-618/615	Max. Flächenbelastung: 28,6 kg/m^2	Motor: Hirth F10 K19 2-Takt, 19,4, kW (26 PS)
Spannweite: 14,3 m	Streckung: 16,8	Max. Fluggeschwindigkeit: 200 km/h	Startrollstrecke: 120 m
Rumpflänge: 6,6 m	Leergewicht: 245 kg	Überziehgeschwindigkeit: 62 km/h	Steigleistung: 150 m/min.

Im Sommer 1968 brachte Schleicher in Poppenhausen die Hochleistungs-Einsitzer-Standard-Klassen AS-W 15 heraus. Das W in der Typenbezeichnung ist eine Anerkennung für den jungen Konstrukteur, Dipl.-Ing. Gerhard Waibel, der früher die Circe D-36 bei Akaflieg Darmstadt und die AS-W 12 konstruiert hatte.

Die AS-W 15 ist aus Glasfaser und weist eine herkömmliche, schöne Stromlinienform auf. Die Flügel und der Rumpf sind aus einer Glasfaser/Schaumstoff Sandwich-Konstruktion. Eine einfache Aufrüstung ist durch die Verwendung von Nut- und Gabelverbindungen für die Flügel möglich, die mit zwei Bolzen befestigt sind. Als die AS-W 15 zuerst auftauchte, wies sie ein festes Rad und eine Verkleidung auf, die in ein einziehbares Fahrwerk für Wettbewerbe der Offenen Klasse verwandelt werden konnten, aber nach der Lockerung dieser Forderung gehörte das einziehbare Rad zur Standard-Ausrüstung. Das Cockpit ist groß mit halbverstellbarem Sitz und Seitenruder-Pedalen, die während des Fluges eingestellt werden können. Die Schempp-Hirth Luftbremsen weisen einen Federverschluß auf, um die Stromlinienform beizubehalten.

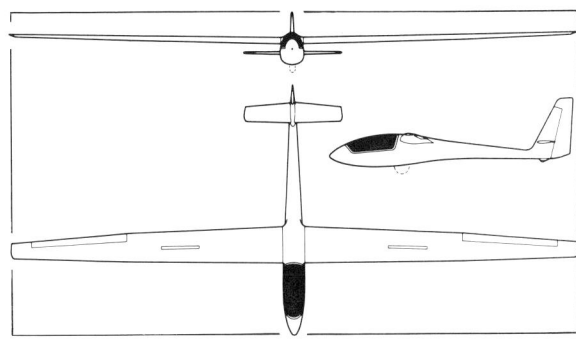

Eine Anzahl von Verbesserungen sind bei der AS-W 15B realisiert worden. Sie umfassen ein größeres Laufrad, einen verstärkten Kiel, ein längeres Cockpit, ein größeres Seitenruder und ein erhöhtes Gesamtfluggewicht.

Die Lager im Flügel wurden durch Kugellager ersetzt, und zwei 40-Liter-Wasser-Tanks sind wahlweise Extras.

Typbezeichnung: AS-W 15
Hersteller: Schleicher
Erstflug: April 1968
Spannweite: 15 m
Rumpflänge: 6,48 m

Höhe: 1,45 m
Flügelfläche: 11 m^2
Profil: Wortmann
    FX-61-163/FX-60-126
Streckung: 20,45

Leergewicht: 230 kg
Wasserballast: 90 kg
Max. Fluggewicht: 408 kg
Max. Flächenbelastung: 37,1 kg/m^2
Max. Fluggeschwindigkeit: 220 km/h

Überziehgeschwindigkeit: 63 km/h
Min. Sinken bei 73 km/h: 0,59 m/sec.
Max. Manövergeschwindigkeit:
  220 km/h
Beste Gleitzahl bei 90 km/h: 38

Schleicher AS-K 16 / Bundesrepublik Deutschland

Die AS-K 16, ein zweisitziger Motorsegler, ist ein großes Flugzeug, das mehr wie ein herkömmliches Leichtflugzeug als wie ein Motorsegler aussieht. Mit ihren nebeneinander-liegenden Plätzen und doppeltem Steuer ist sie für eine Verwendung als Schulungs-Segelflugzeug geeignet.

Die Konstruktion begann im Jahre 1970, und der Prototyp flog erstmals am 2. Februar 1971. In der Öffentlichkeit erschien sie zum ersten Mal beim Zweiten Motorsegler-Wettbewerb auf Burg Feuerstein im Juni 1971, obwohl sie nicht am Wettbewerb teilnahm. Sie wird nicht mehr gefertigt.

Die AS-K 16 weist eine gemischte Konstruktion mit einem geschweißten Stahlrohr-Rahmen-Rumpf mit Glasfaser-überzug, Sperrholzbeplankung und Stoffbespannung auf. Sie hat eine einteilige, nach der Seite zu öffnende, geblasene Kabinenhaube. Das Höhenleitwerk ist eine stoffbespannte Holzkonstruktion, die kombinierte Trimm- und Gegen-Ausgleich-Klappen beim Höhenruder aufweist. Die niedrigliegenden Einzelholm-Flügel sind aus stoffbespanntem Holz mit Glasfaser-Spitzen. Das Fahrwerk umfaßt einwärts einziehbare Haupträder und ein nicht-einziehbares Heckrad und weist Gummistoßdämpfer und Tost-Trommel-

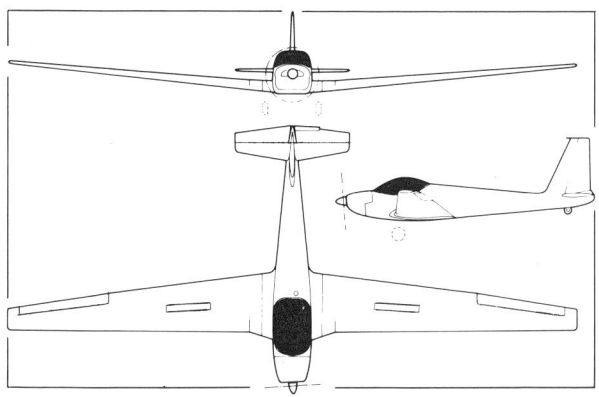

bremsen auf. Der Antrieb des Flugzeugs erfolgt durch einen 53,7 kW (72 PS) Limbach SL 1700 EBI (modifizierten Volks-wagen-)Motor, der eine Zweiblatt Hoffmann HO-V62 Luft-schraube mit verstellbarer Steigung ansteuert.

Eine von Hans Werner Grosse und R. Kaiser geflogene AS-K 16 wurde Dritte beim Ersten Internationalen Motorsegler-Wettbewerb 1974.

Typbezeichnung: AS-K 16	**Flügelfläche:** 19 m²	**Max. Flächenbelastung:** 37 kg/m²	**Beste Gleitzahl bei 94 km/h:** 25
Hersteller: Schleicher	**Profil:** NACA 63618/Joukowsky 12%	**Max. Fluggeschwindigkeit:**	**Motor:** Limbach SL 1700 EBI,
Erstflug: Februar 1971	**Streckung:** 13,5	200 km/h	53,7 kW (72 PS)
Spannweite: 16 m	**Leergewicht:** 470 kg	**Überziehgeschwindigkeit:**	**Startrollstrecke:** 230 m
Rumpflänge: 7,32 m	**Wasserballast:** – kg	69 km/h	**Steigleistung:** 150 m/min.
Höhe: 2,1 m	**Max. Fluggewicht:** 700 Kg	**Min. Sinken bei 74 km/h:** 1,0 m/sec.	**Reichweite:** 500 km

Schleicher AS-W 17 / Bundesrepublik Deutschland

Die von Gerhard Waibel konstruierte AS-W 17 ist ein einsitziges Segelflugzeug der Offenen Klasse, das auf Grund der Erfahrungen konstruiert wurde, die man bei der AS-W 12 gewonnen hatte. Der Prototyp flog erstmals am 17. Juli 1971, und 52 Flugzeuge dieses Typs sind bis Januar 1977 gebaut worden. Anders als der sehr dünne Flügel bei der AS-W 12, weist die AS-W 17 ein dickes modifiziertes Wortmann-Profil auf, das sie in die Lage versetzt, bis zu 100 kg Wasserballast mitzuführen. Sie ist mit großen Schempp-Hirth Aluminium-Luftbremsen sowohl an den Flügel-Ober- als auch Unterseiten ausgerüstet. Die Wölbungsklappen sind mit dem Querruder-System integriert. Der Flügel weist vier Teile auf, wodurch die Aufrüstung und das Schleppen erleichtert wird. Der Rumpf besteht aus einem Zweifach-Außenhaut-Glasfaser-Sandwich aus einer Spezial Kunststoff Hexcell-Konstruktion in Schalenbauweise. Er weist ein stoßgedämpftes, einziehbares Laufrad und ein herkömmliches Leitwerk auf.

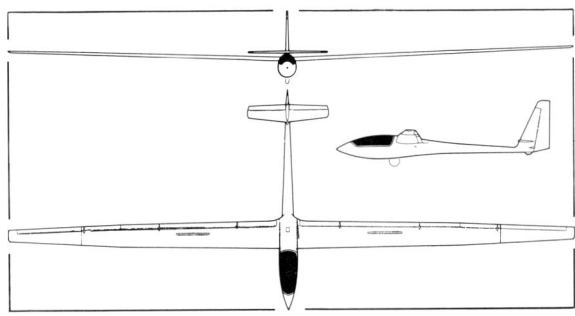

Verschiedene Weltrekorde wurden mit AS-W 17 Flugzeugen aufgestellt, u. a. ein Zielflug von 1231,8 km von W. Grosse, Deutschland im Jahre 1974. Eine AS-W 17 erzielte den zweiten Platz bei den Weltmeisterschaften 1972 in Vrsac, den dritten Platz in Waikerie 1974, den ersten Platz in Finnland 1976 und in Frankreich 1978.

Die AS-W 17 wird allgemein als das Höchstleistungs-Segelflugzeug angesehen, das sich gegenwärtig in der Produktion befindet.

Typbezeichnung: AS-W 17
Hersteller: Schleicher
Erstflug: Juli 1971
Spannweite: 20 m
Rumpflänge: 7,55 m

Höhe: 1,86 m
Flügelfläche: 14,84 m²
Profil: Wortmann FX-62-K-131 modif.
Streckung: 27

Leergewicht: 405 kg
Wasserballast: 100 kg
Max. Fluggewicht: 570 kg
Max. Flächenbelastung: 38,4 kg/m²
Max. Fluggeschwindigkeit: 240 km/h

Überziehgeschwindigkeit: 68 km/h
Min. Sinken bei 75 km/h: 0,5 m/sec.
Max. Manövergeschwindigkeit: 240 km/h
Beste Gleitzahl bei 105 km/h: 48,5

Schleicher AS-K 18 / Bundesrepublik Deutschland

Die AS-K 18, welche erstmals im Oktober 1974 flog, ist ein einsitziges Club-Klassen-Segelflugzeug, das auf der Konstruktion der Ka 6E und Ka 8 basiert. Sie vereinigt die einfache, stabile Konstruktion, die gutmütigen Flugeigenschaften und die Fähigkeit bei schwacher Thermik zu segeln der Ka 8 mit der Überlandflug-Leistung der Ka 6E. Die AS-K 18 ist konstruiert, um Piloten von den ersten Alleinflügen bis zu Anfangs-Wettbewerbsflügen fortzubilden.

Der Rumpf besteht aus einem geschweißten Stahlrohr-Rahmen mit Fichtenholmen, die stoffbespannt sind, sowie einem Glasfaser-Bugteil. Das Cockpit mit seiner klappbaren, geblasenen Plexiglas-Kabinenhaube gewährleistet eine ausgezeichnete Sicht und eine gute Sitzanordnung mit viel Raum für die Beine. Das Flugzeug hat keine Vorderkufe, weil das feste Laufrad sich genau hinter dem Schwerpunkt befindet. Es weist eine Innenbremse auf, und eine gefederte Heck-Kufe ist vorgesehen. Der Flügel weist das gleiche Trägflächen-Profil auf wie die Ka 6E und ist eine einholmige Holzkonstruktion mit Schempp-Hirth Luftbremsen, die sowohl an den Ober- als auch an den Unterseiten arbeiten. Die Querruder sind sperrholzbeplankt, und die Hinterkante der

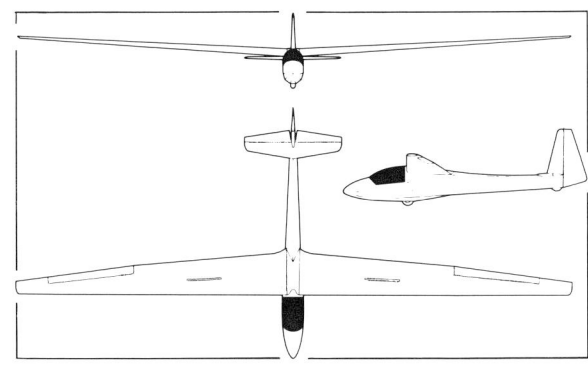

Flügel sind stoffbespannt. Das Leitwerk weist eine herkömmliche Konfiguration auf, es ist eine Sperrholz-Außenhaut-Konstruktion mit stoffbespannten Steuerflächen und Flettner-Trimm-Klappen beim Höhenruder.

Typbezeichnung: AS-K 18	**Höhe:** 1,68 m	**Leergewicht:** 215 kg	**Überziehgeschwindigkeit:** 60 km/h
Hersteller: Schleicher	**Flügelfläche:** 12,99 m^2	**Wasserballast:** – kg	**Min. Sinken bei 65 km/h:** 0,6 m/sec.
Erstflug: Oktober 1974	**Profil:** NACA 63618/Joukowsky	**Max. Fluggewicht:** 335 kg	**Max. Manövergeschwindigkeit:**
Spannweite: 16 m	12%	**Max. Flächenbelastung:** 23 kg/m^2	200 km/h
Rumpflänge: 7 m	**Streckung:** 19,7	**Max. Fluggeschwindigkeit:** 200 km/h	**Beste Gleitzahl bei 75 km/h:** 34

Obgleich die AS-W 15 weiterhin populär bleibt, wurde von Schleicher beschlossen, ein Segelflugzeug mit einer ähnlichen Konfiguration für mehr auf Wettbewerb eingestellte Piloten zu produzieren, um von den neuen Standard-Klassen und den Vorschriften für die 15 m Unbeschränkte Klasse (1975) zu profitieren, die Wölbungsklappen und Wasserballast zulassen.

Konstruiert von Gerhard Waibel, der selbst ein Wettbewerbs-Pilot ist, ist die AS-W 19 ein einsitziges Standard-Klassen-Segelflugzeug ohne Klappen, während es sich bei der AS-W 20 um eine 15-Meter-Version der Unbeschränkten Klasse handelt.

Der Flügel ist beinahe identisch mit demjenigen der AS-W 15, mit Ausnahme der niedrigeren Flügelstreckung und eines dünneren Flügelprofils sowie einer Verstärkung, um eine größere Wasserballast-Kapazität zu gewährleisten. Der Rumpf wurde vollständig neu konstruiert, mit einer schlankeren Linienführung, und das Bugprofil ist ähnlich demjenigen der AS-W 17. Es handelt sich um eine Glasfaser/Waben-Sandwich-Konstruktion, die ein großes und geräumiges Cockpit aufweist, bei dem die Kabinenhaube mit Kohlefaser verstärkt ist, vorne beim Bug aufklappbar und ausgeglichen durch eine Gasfeder-Absteifung. Anders als die

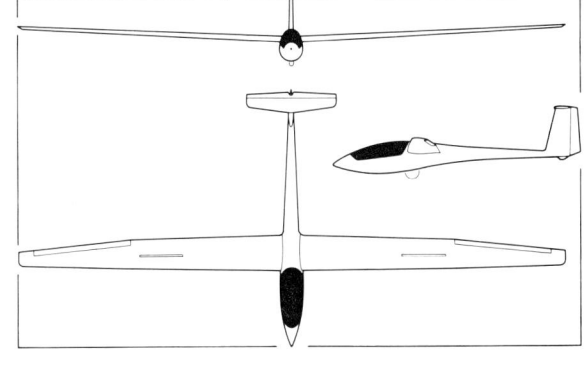

AS-W 15, weist die 19 ein T-Heck mit einer Höhenflosse mit festem Anstellwinkel und einem Höhenruder auf. Das Fahrwerk besteht aus einem manuell einziehbaren Einzelrad mit Scheibenbremse und einer Heckkufe.

Auf Grund ihrer leichten, gutmütigen Handhabung hat sich die AS-W 19 als sehr erfolgreiches Segelflugzeug erwiesen. Sie gewann die Standard-Klassen-Weltmeisterschaften 1978 in Châteauroux/Frankreich und mehrere nationale Meisterschaften.

Typbezeichnung: AS-W 19	Höhe: 1,42 m	Leergewicht: 250 kg	Überziehgeschwindigkeit: 67 km/h
Hersteller: Schleicher	Flügelfläche: 11 m^2	Wasserballast: 100 kg	Min. Sinken bei 72 km/h: 0,7 m/sec.
Erstflug: November 1975	Profil: Wortmann	Max. Fluggewicht: 454 kg	Max. Manövergeschwindigkeit:
Spannweite: 15 m	FX-61-163/60-126	Max. Flächenbelastung: 41,27 kg/m^2	245 km/h
Rumpflänge: 6,8 m	Streckung: 20,4	Max. Fluggeschwindigkeit: 255 km/h	Beste Gleitzahl bei 110 km/h: 38,5

Schleicher AS-W 20 / Bundesrepublik Deutschland

Die Schleicher AS-W 20 ist eine einsitzige 15-m-Version der AS-W 19 in der Unbeschränkten Klasse. Beide Flugzeuge sind im allgemeinen gleich, aber die AS-W 20 weist Wölbklappen, längere, schmälere Querruder und größere Luftbremsen an der Oberseite auf. Der Schwerpunkt bei der Leistung liegt auf der Polar-Hochgeschwindigkeits-Seite, wodurch sie eminent geeignet für die Teilnahme an Wettbewerben ist.

Der AS-W 20-Prototyp flog erstmals im Januar 1977, vierzehn Monate später als die AS-W 19. Das Cockpit-Layout und nach vorne aufklappbare Kabinenhauben-System sind identisch mit jenem der AS-W 19, ausgenommen in bezug auf einen zusätzlichen Hebel auf der linken Seite des Cockpits, um die Klappen zu betätigen. Die Klappen bewegen sich harmonisch mit den Querrudern aber gehen auf −8°, wenn die Klappen von +15° auf +55° zur Landung ausgefahren werden. Dies gewährleistet auch eine gute Rollsteuerung bei geringen Geschwindigkeiten. Die AS-W 20 hat zahlreiche Meisterschaften aufzuweisen und erweist sich als eines der populärsten 15-m-Klassen-Segelflugzeuge. Im Sommer 1978 wurde die AS-W 20L eingeführt, die abnehm-

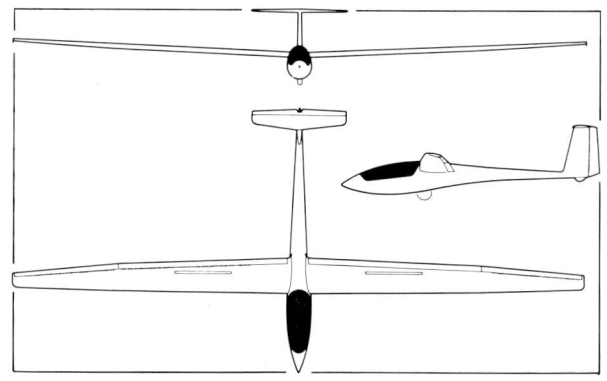

bare, mit Querrudern ausgestattete Flügelspitzen aufwies, die sie in ein 16,5-m-Segelflugzeug der Offenen Klasse verwandelten und die Leistung erhöhten. Hieraus ergibt sich eine bestmögliche Gleitzahl von 45 und eine Mindest-Sinkgeschwindigkeit von 0,55 m/sec.

Typbezeichnung: AS-W 20	**Höhe:** 1,45 m	**Wasserballast:** 120 kg	**Min. Sinken bei 73 km/h:** 0,6 m/sec.
Hersteller: Schleicher	**Flügelfläche:** 10,5 m²	**Max. Fluggewicht:** 454 kg	**Max. Manövergeschwindigkeit:** 180 km/h
Erstflug: Januar 1977	**Profil:** Wortmann FX-62K-131	**Max. Flächenbelastung:** 43,2 kg/m²	**Beste Gleitzahl bei 100 km/h:** 43
Spannweite: 15 m	**Streckung:** 21,43	**Max. Fluggeschwindigkeit:** 270 km/h	
Rumpflänge: 6,82 m	**Leergewicht:** 250 kg	**Überziehgeschwindigkeit:** 65 km/h	

Die von Ing. R. Kaiser konstruierte AS-K 21 wurde als eine Nachfolgerin der populären AS-K 13 entwickelt, um einem Bedarf für einen modernen Zweisitzer zu einem angemessenen Preis zu entsprechen, der die Lücke zwischen Schulungssegelflugzeugen und einsitzigen Hochleistungs-Segelflugzeugen ausfüllen würde. Die AS-K 21 ist der erste Voll-Glasfaser-Zweisitzer der Firma Schleicher. Ursprünglich war geplant, eine verbesserte AS-K 13, ausgerüstet mit einem T-Leitwerk und Glasfaserflügeln zu verwenden, aber dies wurde zu Gunsten eines vollständig neuen Flugzeugs aufgegeben. Der Prototyp flog erstmals im Dezember 1978, und die Produktion begann 1979.

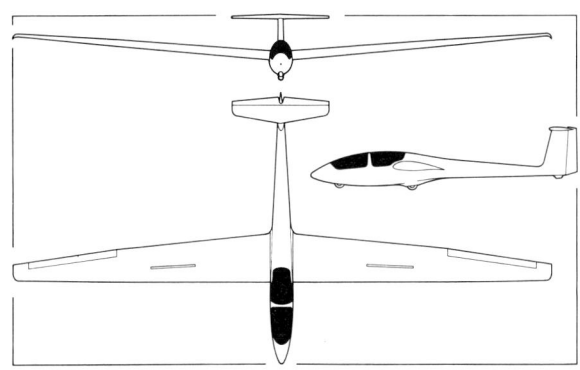

Am bemerkenswertesten ist der Rumpf mit niedriger, klarer Linienführung mit den zwei halb-verstellbaren Sitzen in Tandemanordnung unter einzelnen Kabinenhauben, wobei die vordere nach vorne und die hintere nach hinten aufklappbar ist. Doppelte Steuer sind eingebaut. Das T-Leitwerk weist eine feste Höhenflosse und ein Höhenruder mit Feder-Trimmung auf. Das Fahrwerk besteht aus nicht-einziehbaren Tandem-Rädern mit dem rückseitigen Rad, welches hinter dem Schwerpunkt liegt und mit einer Trommel-bremse ausgerüstet ist und einer Heck-Kufe.

Der zweiteilige, freitragende Mitteldecker-Flügel ist eine Einholm-Glasfaser-Konstruktion ohne Klappen aber mit großen Luftbremsen, die über jedem Flügel arbeiten. Die Flügelspitzen sind nach unten gerichtet, um einen Flügelende-Sackflug zu verringern und um die Flügel am Boden klar zu halten.

Typbezeichnung: AS-K 21
Hersteller: Schleicher
Erstflug: Dezember 1978
Spannweite: 17,9 m
Rumpflänge: 8,35 m

Höhe: 1,55 m
Flügelfläche: 17,95 m^2
Profil: Wortmann
 FX-S02-196/FX-60-126
Streckung: 16,1

Leergewicht: 350 kg
Wasserballast: – kg
Max. Fluggewicht: 570 kg
Max. Flächenbelastung: 30,6 kg/m^2
Max. Fluggeschwindigkeit: 250 km/h

Überziehgeschwindigkeit: 62 km/h
Min. Sinken bei 67 km/h: 0,65 m/sec.
Max. Manövergeschwindigkeit:
 175 km/h
Beste Gleitzahl bei 90 km/h: 34

Schneider Grunau Baby / Bundesrepublik Deutschland

In Deutschland war das Interesse am Gleitflug bis 1930 weit verbreitet. Das Zeitalter des hochfliegenden Segelflugzeugs war im Kommen, und es ergab sich der Bedarf für ein Gleitflugzeug, das sowohl zur Schulung als auch für Hochleistungsflüge eingesetzt werden konnte. Als Ergebnis brachten 1931 Hirth und Schneider das Grunau Baby mit einer Spannweite von 12,87 m heraus, ein verstrebtes Hochdecker-Gleitflugzeug aus Holz- und Stoff(bespannung) mit einem Rumpf aus Sperrholz mit sechseckigem Querschnitt und einem offenen Cockpit.

Zwei Jahre später entwickelten die Grunau-Werkstätten das Grunau Baby 2 mit vergrößerter Flügel-Spannweite und später die 2a und 2b mit einem Rumpf, der einen rechteckigen Querschnitt aufwies und mit Doppellagen aus Diagonal-Sperrholz verstärkt war. Eine Windschutzscheibe schützte den Piloten. Schneider baute etwa 80 Baby 1 und etwa 700 der 2a- und 2b-Versionen. Sie wurde auch bei anderen Flugzeugwerken in Europa gebaut, so daß also insgesamt mehrere tausend gebaut wurden.

Von Anfang an erwies sich dieses Segelflugzeug als eines der populärsten seiner Zeit, und sehr viele Vorkriegs-Inhaber des Silber «C» Abzeichens erwarben ihre Zeugnisse in einer Grunau. Ihr Erfolg kann einer guten Stabilität, einer effektiven Seitenruderfunktion, der einfachen Konstruktion und den Querrudern mit langer Spannweite zugeschrieben werden, die eine gute Leistung ermöglichen.

Das Grunau Baby 3, welche nach dem Krieg gebaut wurde, wies mehrere Modifikationen auf und hatte ein geschlossenes Cockpit.

Typbezeichnung: Grunau Baby 2 B	**Rumpflänge:** 6.09 m	**Wasserballast:** – kg	**Überziehgeschwindigkeit:** 40 km/h
Hersteller: Schneider	**Flügelfläche:** 14,2 m^2	**Max. Fluggewicht:** 250 kg	**Min. Sinken bei 55 km/h:** 0,85 m/sec.
Erstflug: 1932	**Profil:** Göttingen 535	**Max. Flächenbelastung:** 17,68 kg/m^2	
Spannweite: 13,57 m	**Streckung:** 13	**Max. Fluggeschwindigkeit:** 150 km/h	**Beste Gleitzahl bei 60 km/h:** 17
	Leergewicht: 170 kg		

Inspiriert durch die Leistung von Segelflugzeugen bei Thermik während des Rhön-Wettbewerbs 1934, entwickelte Hans Jacobs ein neues Flugzeug der Rhön-Serie, um von diesen Wetterbedingungen zu profitieren.

Der Rhönsperber wurde aus dem Rhönbussard entwickelt. Seine Knickflügel wurden niedriger gemacht, um eine bessere Sicht darüber und nach hinten zu erzielen. Die Flügelspannweite wurde auf 15,2 m erhöht. Andere Verbesserungen umfaßten ein größeres Cockpit mit dem Instrumenten-Panel in größerer Entfernung vom Piloten, als dies bei früheren Segelflugzeugen möglich war, so daß es ihm möglich ist, das gesamte Panel mit einem Blick zu überschauen. Der Sitz und die Seitenruder-Pedale waren einstellbar, und die Steuer-Gestänge und Kabel befanden sich unter einem festen Sperrholz-Boden. Erstmals wurden Störklappen bei den Flügeln eingebaut, und aus diesen entwickelte Jacobs später DFS-Luftbremsen. Von 1935 an hielt dieses Segelflugzeug drei Jahre lang seine unbestrittene Stellung als das führende deutsche Segelflugzeug. Etwa 100 wurden von Schweyer in Ludwigshafen gebaut.

Viele denkwürdige Langstreckenflüge wurden im Rhön-

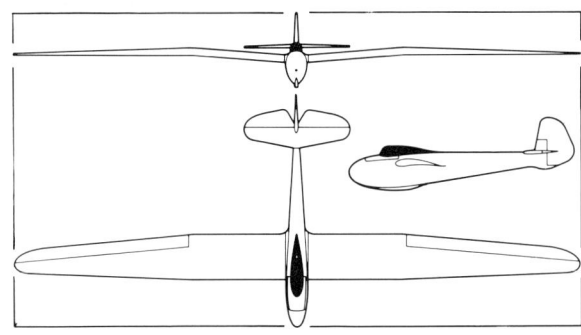

sperber durchgeführt, u. a. wurden zwei Weltrekorde erzielt. Im Jahre 1936 machte Heini Dittmar den ersten Flug mit einem Segelflugzeug über die Alpen nach Italien, und im Jahre 1937 stellte Paul Steinig einen neuen Höhen-Weltrekord mit 5760 m auf.

Typbezeichnung: Rhönsperber	Flügelfläche: 15,1 m²	Max. Fluggewicht: 255 kg	Überziehgeschwindigkeit: 60 km/h
Hersteller: Schweyer	Profil: Göttingen 535	Max. Flächenbelastung: 16,9 kg/m²	Min. Sinken: 0,72 m/sec.
Erstflug: 1935	Streckung: 15,3	Max. Fluggeschwindigkeit: 200 km/h	Beste Gleitzahl: 20
Spannweite: 15,3 m	Leergewicht: 162 kg		
Rumpflänge: 6,05 m	Wasserballast: – kg		

Schweyer Kranich / Bundesrepublik Deutschland

Das erste tatsächliche zweisitzige Segelflugzeug war die holländische Fokker des Jahres 1922. Im Jahre 1923 produzierte Darmstadt die Margarete, und der Russe Niscegorodez hielt den Zweisitzer-Streckenrekord im Jahre 1925. Aber erst in den dreißiger Jahren wurden die tatsächlichen Möglichkeiten zur Schulung ausgenützt, und mit der Mü 10 1934 und dem Kranich im Jahre 1935 begann die große Ära der zweisitzigen Schulungs-Segelflugzeuge mit doppeltem Steuer.

Dieses zweisitzige Hochleistungs-Gleitflugzeug mit Tandemanordnung wurde aus dem Rhönsperber entwickelt. Konstruiert bei DFS von Hans Jacobs und gebaut von Ing. Lück, wurde der Prototyp im Herbst 1935 fertiggestellt, während später das Serienflugzeug bei Schweyer in Mannheim gebaut wurde. Der Kranich, eine Holz- und Stoff(bespannungs)-Konstruktion weist Mitteldecker-Knickflügel auf, die mit Störklappen ausgerüstet sind, bei dem verstärkten Kranich 2 wurden jedoch Luftbremsen eingebaut. Der Sperrholz-Rumpf weist eine sehr lange Kabinenhaube mit engem Rahmen mit einzeln abnehmbaren Teilen auf. Ein durchsichtiges Panel bei jedem Flügelansatz gewährleistet eine

Sicht nach unten für den Lehrer, da der hintere Sitz hinter dem Flügelholm liegt. Das Fahrwerk besteht aus einer Achsenkufe und einem abwerfbaren Doppelrad. Insgesamt wurden 400 Kraniche in Deutschland gebaut und viele hunderte in Schweden, der Tschechoslowakei und Polen, Jugoslawien und bis Ende der fünfziger Jahre in Spanien. Der Kranich hielt neun Weltrekorde und unzählige nationale Rekorde und gewann 1952 die Zweisitzer-Weltmeisterschaft.

Typbezeichnung: Kranich	**Flügelfläche:** 22,7 m^2	**Max. Fluggewicht:** 435 kg	**Überziehgeschwindigkeit:** 70 km/h
Hersteller: Schweyer	**Profil:** Göttingen 535	**Max. Flächenbelastung:** 19,16 kg/m^2	**Min. Sinken:** 0,69 m/sec.
Erstflug: Herbst 1935	**Streckung:** 14,3	**Max. Fluggeschwindigkeit:** 215 km/h	**Beste Gleitzahl:** 23,6
Spannweite: 18 m	**Leergewicht:** 255 kg		
Rumpflänge: 7,7 m	**Wasserballast:** – kg		

Sportavia RF-5B Sperber / Bundesrepublik Deutschland

Die Firma Sportavia wurde 1966 gegründet, um von Alpavia die Avion-Planeur-Serie von Motorseglern zu übernehmen, die von Fournier konstruiert wurden. Außer dem RF-5B baute Sportavia in Lizenz den SF-25B und SF-25C Falke. Der RF-5B ist ein zweisitziger Motorsegler, der für eine Anfangs-Schulung und Segelfliegen vorgesehen ist. Es handelt sich um eine verbesserte Version des RF-5, wobei die Flügelspannweite von 13,75 m auf 17,02 m vergrößert wurde und der rückseitige Rumpf verkleinert wurde, um den Seitenbereich zu reduzieren und die rückwärtige Sicht von der neuen, ausgebauchten Kabinenhaube aus zu verbessern. Der Flügel ist eine Ganzholz-Einzelholm-Konstruktion mit Sperrholzbeplankung und Stoffbespannung. Die Außenflügel können durch ein Schnellverschluß-Verfahren zusammengeklappt werden, um die Unterbringung zu erleichtern. Der Rumpf weist eine Ganzholz-Oval-Querschnitt-Konstruktion von Querspanten und Längsträgern auf, die mit einer Sperrholz-Außenhaut beplankt sind. Die zwei Piloten sitzen in Tandem-Anordnung unter einem einteiligen Kabinendach aus Plexiglas, das seitwärts aufklappbar ist. Hinter dem Rücksitz ist Platz für Gepäck mit 5 kg Gewicht. Angetrieben von einem 50,7 kW (68 PS) Sportavia Limbach SL 1700 E Comet-Motor, besteht eine Auswahl zwischen zwei Typen von Hoffmann-Luftschrauben, eine mit Durchmesser von 1,45 m, zweiflügelig mit fester Steigung oder eine mit Durchmesser von 1,5 m, zweiflügelig und mit einstellbarer Steigung für drei Positionen. Der Kraftstoff wird in Metalltanks mit einer Kapazität von 38 Litern mitgeführt.

Typbezeichnung: RF-5 B Sperber
Hersteller: Sportavia
Erstflug: Mai 1971
Spannweite: 17,02 m
Rumpflänge: 7, 71 m
Höhe: 1,96 m
Flügelfläche: 19 m²
Profil: NACA 23015/23012
Streckung: 15,25
Leergewicht: 470 kg
Wasserballast: – kg
Max. Fluggewicht: 680 kg
Max. Flächenbelastung: 35,7 kg/m²
Max. Fluggeschwindigkeit: 190 km/h
Überziehgeschwindigkeit: 68 km/h
Min. Sinken bei 75 km/h: 0,89 m/sec.
Beste Gleitzahl bei 98 km/h: 26
Motor: Limbach SL 1700 E, 50,7 kW (68 PS)
Startrollstrecke: 187 m
Steigleistung: 180 m
Reichweite 420 km

Start + Flug Salto H 101 / Bundesrepublik Deutschland

Frau Ursula Hänle, die selbst eine Segelflieger-Pilotin und die Witwe von Eugen Hänle von der Firma Glasflügel ist, gründete eine neue Firma, um die Salto H 101 herzustellen. Die Konstruktion dieses einsitzigen 13-Meter-Segelflugzeugs stützt sich weitgehend auf diejenige ihres Glasfaser-Segelflugzeugs, die H-30, die von Hütter konstruiert wurde und auf die Standard Libelle. Die Salto wird so hergestellt, daß mehrere Komponenten mit jenen der Libelle austauschbar sind.

Sie weist einen Standard-Libellen-Flügel auf, der aber am Ansatz gekürzt ist, um eine Spannweite von 13,6 m zu ergeben. Er ist mit 4 Einbau-Hinterkanten-Luftbremsen ausgerüstet, die so an ihrem Mittelpunkt klappbar sind, daß die Hälfte der Fläche über dem Flügel und die Hälfte unter demselben herausragt. Beim Rumpf handelt es sich um eine robuste Konstruktion aus GFK, und daher ist eine Eignung für Club-Einsatz gegeben. Das Flugzeug weist ein festes Laufrad mit Verkleidung, ein V-Leitwerk und ein einteiliges Kabinendach auf, das seitwärts aufklappbar ist. Obgleich es sich um ein kleines Segelflugzeug handelt, ist das Cockpit überraschend geräumig. Die Rückenlehne ist nicht einstellbar, bei den Seitenruder-Pedalen ist dies jedoch der Fall. Salto ist das deutsche Wort für «Turnen», und wie sein Name sagt, ist die Salto voll beanspruchbar sowohl für den Kunst- als auch für den Normalflug. Sie flog erstmals im Jahre 1971.

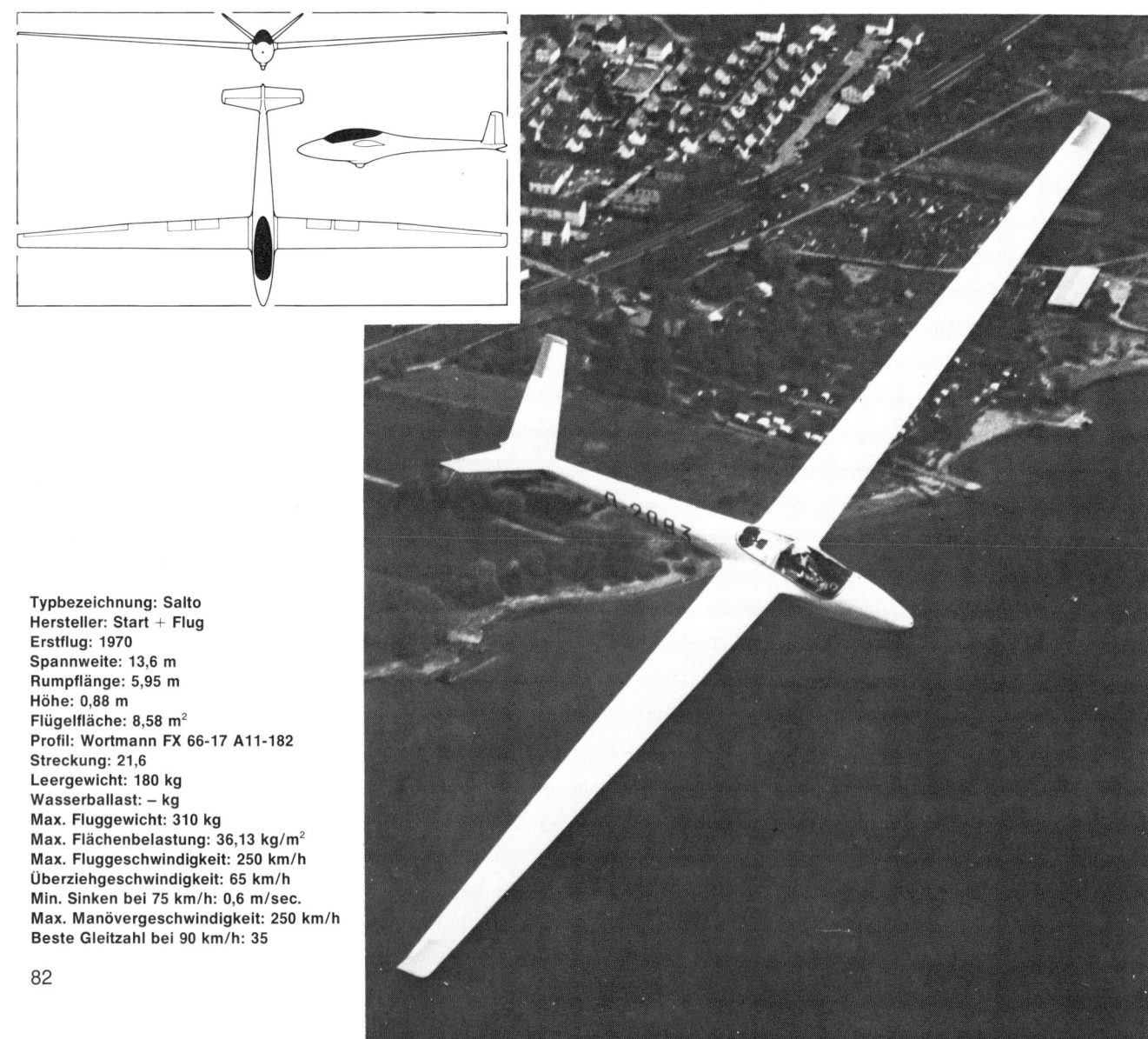

Typbezeichnung: Salto
Hersteller: Start + Flug
Erstflug: 1970
Spannweite: 13,6 m
Rumpflänge: 5,95 m
Höhe: 0,88 m
Flügelfläche: 8,58 m²
Profil: Wortmann FX 66-17 A11-182
Streckung: 21,6
Leergewicht: 180 kg
Wasserballast: – kg
Max. Fluggewicht: 310 kg
Max. Flächenbelastung: 36,13 kg/m²
Max. Fluggeschwindigkeit: 250 km/h
Überziehgeschwindigkeit: 65 km/h
Min. Sinken bei 75 km/h: 0,6 m/sec.
Max. Manövergeschwindigkeit: 250 km/h
Beste Gleitzahl bei 90 km/h: 35

VFW-Fokker FK-3 / Bundesrepublik Deutschland

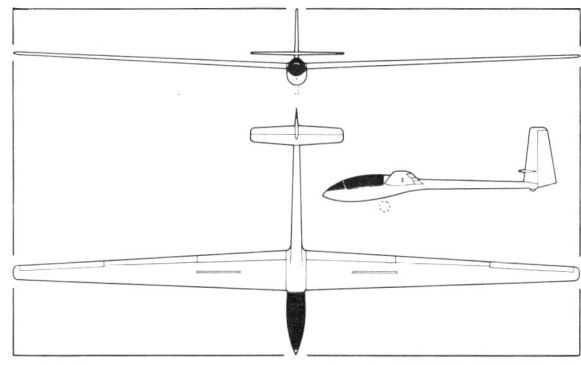

Bei der FK-3 handelt es sich um ein einsitziges Hochleistungs-Flugzeug der Offenen Klasse. Es ist besonders für schwache Thermik vorgesehen. Auf Grund seiner leichten Handhabung kann es von Piloten mit Durchschnitts-Qualifikation geflogen werden. Es wurde von Dip.-Ing. Otto Funk konstruiert. Der Prototyp wurde von Lehrlingen bei VFW (Vereinigte Flugtechnische Werke) in Speyer gebaut. Der Prototyp flog erstmals am 24. April 1968, und die Fertigung begann im Januar 1969.

Der Schulterdecker-Flügel ist mit einem einzelnen Metallholm konstruiert, mit einer Waben-Hartschaum versteiften Außenhaut, mit Spanten aus Leichtaluminium und Schaumstoff-Sandwich, die in 140 cm Zwischenräumen angeordnet sind und dem Flügel eine außerordentliche Glätte verleihen. Eine Differential-Bewegung ist bei den Querruder- und Klappen-Regelungs-Schaltkreisen realisiert, die Innenklappen arbeiten bis +15°, die Außenklappen bis +13°, während die Querruder sich auf +11° bewegen.

Schempp-Hirth Luftbremsen sind eingebaut. Der Wasserballast wird in zwei Gummitanks in den Flügeln mitgeführt, wobei das Ablaßventil sich im Rumpf hinter dem einziehbaren Einzelrad befindet. Der Rumpf besteht aus einem Stahlrohrrahmen mit einer Glasfaser-Außenhaut vom Rumpf bis hinter der Flügelhinterkante. Der Leitwerksträger mit schmalem Durchmesser besteht aus einem Leichtlegierungs-Rohr, das mit Bolzen an der Zelle befestigt ist. Das Leitwerk weist eine gleich Konstruktion wie die Flügel auf, mit einem stoffbespannten Seitenruder.

Typbezeichnung: FK-3
Hersteller: VFW-Fokker
Erstflug: April 1968
Spannweite: 17,4 m
Rumpflänge: 7,2 m

Flügelfläche: 13,8 m^2
Profil: Wortmann FX-62-K-153
Streckung: 22
Leergewicht: 240 kg
Wasserballast: 50 kg

Max. Fluggewicht: 400 kg
Max. Flächenbelastung: 29 kg/m^2
Max. Fluggeschwindigkeit: 270 km/h
Überziehgeschwindigkeit: 50–55 km/h

Min. Sinken bei 64 km/h: 0,5 m/sec.
Max. Manövergeschwindigkeit: 270 km/h
Beste Gleitzahl bei 88 km/h: 42

Eiri PIK-20 D / Finnland

Die PIK-20 ist die jüngste Entwicklung in der langen Serie von PIK-Segelflugzeugen, die von Pekka Tammi konstruiert wurden. Sie nahm ihren Anfang mit einer Gruppe von Enthusiasten am Technischen Institut in Helsinki, die 1971 ein Glasfaser-Spannseil konstruierten und bauten, und damit andere inspirierten, die Möglichkeiten von Glasfaser-Segelflugzeugen zu erforschen.

Die PIK-20 ist ein 15 m Segelflugzeug der FAI Rennklasse, das Klappen mit verschiedenen Einstellungen für Geschwindigkeitsflug und thermischen Flug aufweist. Sie flog erstmals im Oktober 1973.

1975 änderten die Hersteller ihren Namen in Eiri Avion und stellten die PIK-20B her (siehe Foto), welche Verbindungsklappen und Querruder, eine 140 kg Wasserballastkapazität, eine pneumatisch abgedichtete, nach der Seite aufklappbare Kabinenhaube und wahlweise Flügelholme aus Kohlefaser aufweist. Die Klappen bewegen sich zwischen ±12° bei Normalflug und können auf 90° für Vollbremsung und Landung ausgefahren werden. Die PIK 20B hat verschiedene nationale Meisterschaften gewonnen und belegte die ersten drei Plätze in der Standardklasse bei der Weltmeisterschaft

1976 in Finnland. Etwa 150 sind bisher gebaut worden.

Die PIK-20D ist die derzeitige Fertigungsversion, die Flügelholme aus Kohlefaser, einen zugespitzteren Rumpf und Oberseiten-Luftbremsen aufweist. Die Klappen arbeiten von −12° bis +16°. Der Seitenruderbereich wurde vergrößert, indem die Höhenflosse 12 cm nach vorne versetzt wurde.

Die 20D flog erstmals 1976, und bis zum Sommer 1979 sind etwa 200 gebaut worden.

Typbezeichnung: PIK-20 D	Höhe: 1,45 m	Leergewicht: 220 kg	Überziehgeschwindigkeit: 60 km/h
Hersteller: Eiri Avion	Flügelfläche: 10 m²	Wasserballast: 140 kg	Min. Sinken bei 73 km/h: 0,56 m/sec.
Erstflug: April 1976	Profil: Wortmann	Max. Fluggewicht: 450 kg	Max. Manövergeschwindigkeit:
Spannweite: 15 m	FX-67-K-170/150	Max. Flächenbelastung: 45 kg/m²	240 km/h
Rumpflänge: 6,45 m	Streckung: 22,5	Max. Fluggeschwindigkeit: 292 km/h	Beste Gleitzahl bei 103 km/h: 42

Der Chefkonstrukteur von Eiri Avion, Jukka Tervamäki hat die PIK-20D zum Einbau eines Motors angepaßt. Das Flugzeug weist die Bezeichnung PIK-20E auf und erfüllt die OSTIV – Lufttüchtigkeitsforderungen für Motorsegler.
Beim Triebwerk handelt es sich um einen 31,6 kW (43 PS) Rotax 503 Zweitakt-Kolbenmotor, der eine Zweiblatt-Holz-Luftschraube antreibt. Ein elektrischer Starter ist eingebaut. Der Motor ist auf einem Pylon (Tragrohr) hinter dem Cockpit eingebaut und ist mechanisch voll mittels eines Handrades einziehbar, welches sich auf der Steuerbordseite des Cockpits befindet. Der kohlefaserverstärkte Rumpf ist ähnlich demjenigen der 20D mit Ausnahme des Cockpits, welches um 80 mm verlängert wurde, um den 33 Liter Kraftstofftank hinter dem Pilotensitz unterzubringen. Das Original-Heckrad wurde durch ein steuerbares Rad ersetzt, das auf einer Stahlfeder-Kufe montiert ist, und es sind Nyonräder an den Flügelspitzen eingebaut.
Der Flügel, der 1° 36' gepfeilt ist, ist mit großen Oberseiten-Luftbremsen ausgestattet, und die Spannweite der Höhenflosse wurde um 0,4 m erhöht.

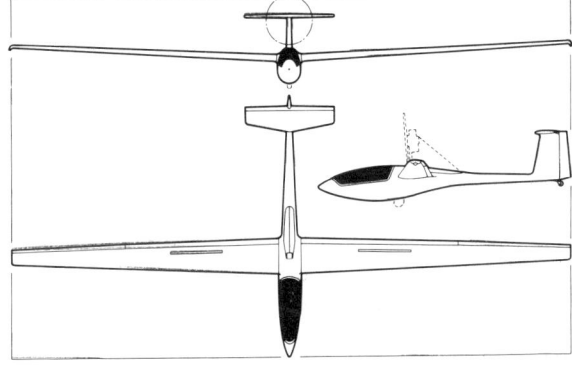

Der Prototyp flog erstmals im November 1976 und wies einen 22,4 kW (30 PS) Kohler 440 Kubik-Motor auf. Die für die Serie bestimmte Maschine mit dem Rotax-Motor flog im März 1978 und ging im Sommer jenes Jahres in die Fertigung.

Typbezeichnung: PIK 20 E
Hersteller: Eiri Avion
Erstflug: November 1976
Spannweite: 15 m
Rumpflänge: 6,53 m
Flügelfläche: 10 m²

Profil: Wortmann FX-67-K-170/150/17
Streckung: 22,5
Leergewicht: 290 kg
Wasserballast: 120 kg
Max. Fluggewicht: 470 kg

Max. Flächenbelastung: 47 kg/m²
Max. Fluggeschwindigkeit: 285 km/h
Überziehgeschwindigkeit: 66 km/h
Min. Sinken bei 77 km/h: 0,6 m/sec.

Beste Gleitzahl bei 117 km/h: 41
Motor: Rotax 37,3 kW (50 PS) 500 ccm
Startrollstrecke: 450 m
Steigleistung: 4 m/sec.

Fibera KK – 1 Utu / Finnland

Konstruiert von Diplom-Ingenieur Ahto Anttila von der Oy Fibera Ab, flog der Prototyp KK -1 Utu erstmals am 14. August 1964. Seitdem wurden vier weitere Prototypen mit der Bezeichnung KK – 1b, c, d und e gebaut, jeder davon in verschiedenartigen Konstruktions-Techniken und Konstruktions-Modifikationen. Das Ziel war, die strukturelle Anwendung von mit Polyurethan-Schaum stabilisierten Schichtpreßstoffen zu erforschen. Als Ergebnis stellte sich die Überlegenheit von Kunststoffen, besonders im Vergleich mit Holz, klar heraus.

Der Flügel besteht aus einer Glasfaser-verstärkten Kunststoff (GFK) Sandwich-Außenhaut mit einem Plastik-schaum-Kern, einem einzigen I-Tragholm, ohne Rippen. Die Oberseiten-klappbaren Querruder weisen eine GFK-Außenhaut-Konstruktion mit Schaumstoff-Versteifung auf. Hintere Flügelklappen sind bei beiden Flügeln angebracht. Beim Rumpf handelt es sich um eine Schalen-Doppelhaut-Konstruktion mit Glasfaser-Schichtpreßstoffen. Die Schwanzflosse ist integral mit dem Rumpf gepreßt, und die Höhenflosse ist am Oberteil der Leitfläche montiert. Ein nicht-einziehbares Einzelrad mit Trommelbremse ist eingebaut. Insgesamt 22 Flugzeuge wurden bis Anfang 1970 gebaut, aber die Firma besteht nicht mehr, und es fliegen nur noch wenige Utus.

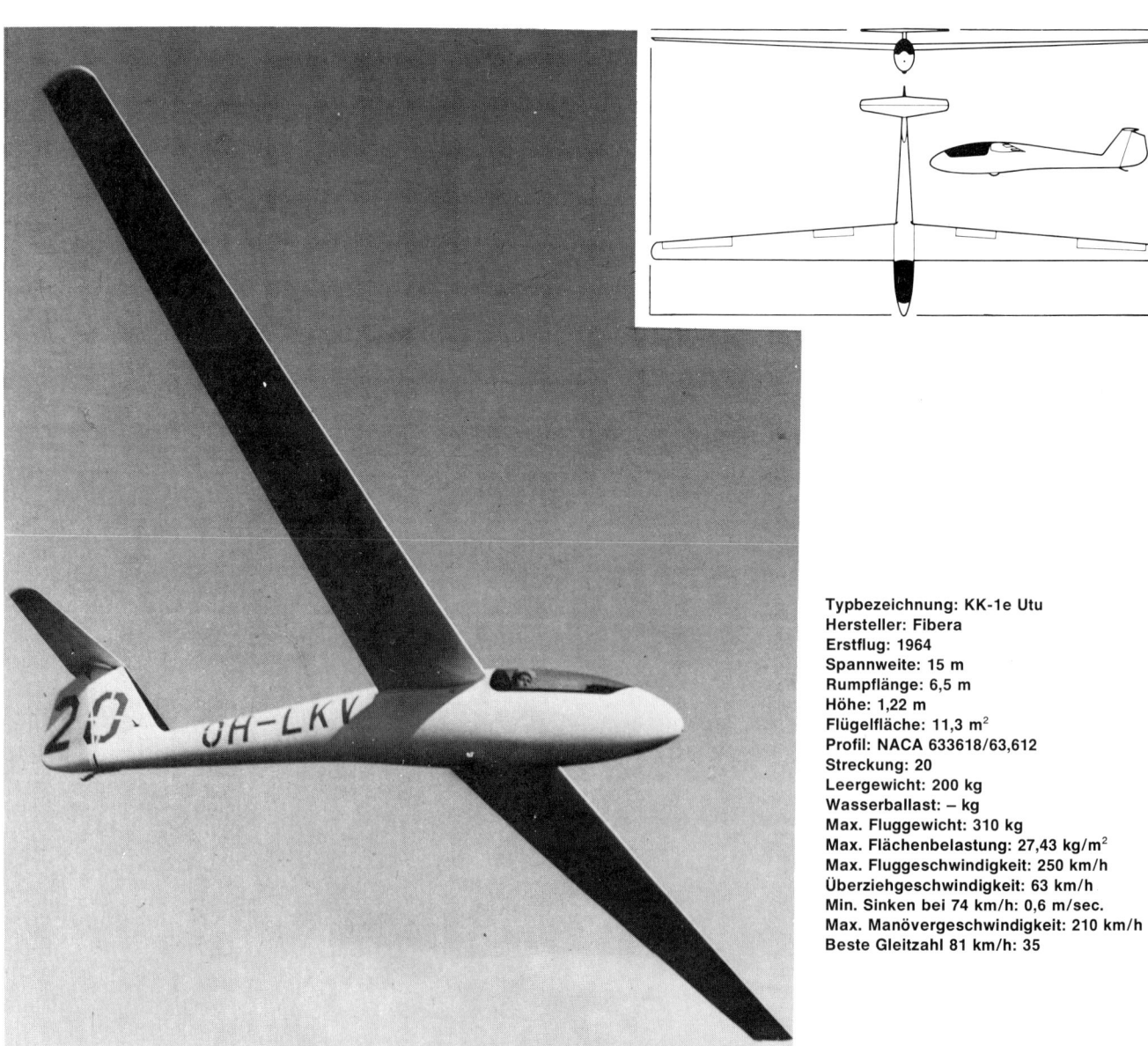

Typbezeichnung: KK-1e Utu
Hersteller: Fibera
Erstflug: 1964
Spannweite: 15 m
Rumpflänge: 6,5 m
Höhe: 1,22 m
Flügelfläche: 11,3 m²
Profil: NACA 633618/63,612
Streckung: 20
Leergewicht: 200 kg
Wasserballast: – kg
Max. Fluggewicht: 310 kg
Max. Flächenbelastung: 27,43 kg/m²
Max. Fluggeschwindigkeit: 250 km/h
Überziehgeschwindigkeit: 63 km/h
Min. Sinken bei 74 km/h: 0,6 m/sec.
Max. Manövergeschwindigkeit: 210 km/h
Beste Gleitzahl 81 km/h: 35

Tuomo Tervo, der die Konstruktion der PIK -3C überwachte und Jorma Jalkanen, der mit Tervo an der Konstruktion und dem Bau der PIK – 16 Vasama- und Havukka-Segelflugzeuge beteiligt war, haben gemeinsam die einsitzige Hochleistungs-IKV-3 konstruiert. Die Konstruktion des Prototyps durch Mitglieder des IKV, des Flieger-Clubs von Vasama, begann Mitte 1965, überwacht von K. K. Lehtovaara Oy. Die IKV-3 wurde später in Serie von Ilmailukerho hergestellt. Die freitragenden Einzelholm-Holzflügel weisen eine Sperrholz-Beplankung auf, und die Querruder sowie die Hinterkanten-Klappen sind aus sperrholzbeplanktem Schaumstoff konstruiert. Die Luftbremsen, von denen jeder Flügel zwei Paar aufweist, arbeiten sowohl an den Ober- als auch an den Unterseiten und sind aus einer Leichtmetall-Legierung hergestellt. Beim Rumpf handelt es sich um eine herkömmliche Holzkonstruktion mit einem langen, schlanken Glasfaser-Bug und einer bündigen Kabinenhaube. Die Sperrholz-Höhenflosse ist für einen veränderlichen Anstellwinkel ausgelegt. Das Seiten- und Höhenruder sind stoffbespannt. Das Fahrwerk besteht aus einem einziehba-

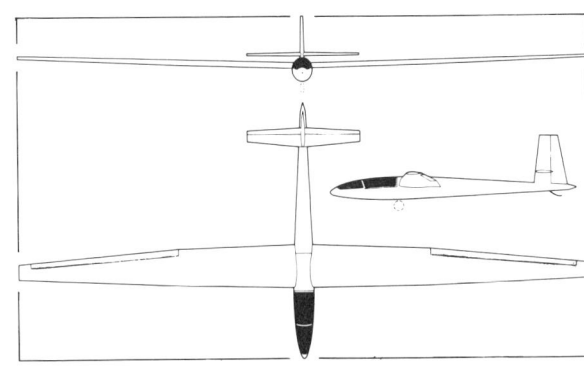

ren Einzelrad mit Trommelbremse und einem abnehmbaren Heckrad.
Am 28. Mai 1968 wurde ein skandinavischer Rekord von 602 km von S. Hämälänen mit einer IVK-3 aufgestellt.

Typbezeichnung: IKV-3 Kotka	**Flügelfläche:** 17 m²
Hersteller: IKV	**Profil:** Wortmann
Erstflug: Juni 1966	FX-62-K153/FX-60-126
Spannweite: 18,2 m	**Streckung:** 19
Rumpflänge: 7,75 m	**Leergewicht:** 340 kg
Höhe: 2,0 m	**Wasserballast:** – kg

Max. Fluggewicht: 450 kg	**Min. Sinken bei 70 km/h:**
Max. Flächenbelastung:	0,53 m/sec.
26,47 kg/m²	**Max. Manövergeschwindigkeit:**
Max. Fluggeschwindigkeit:	172 km/h
250 km/h	**Beste Gleitzahl bei 100 km/h:**
Überziehgeschwindigkeit: 52 km/h	38

PIK – 3C Kajava / Finnland

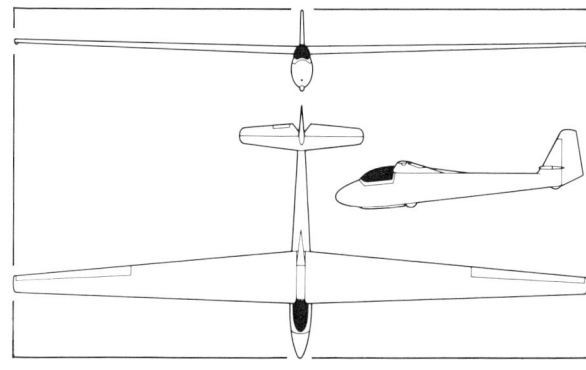

Die PIK-Serie hat ihren Namen von Polyteknikkojen Ilmailukerho, die 1931 an der Technischen Hochschule in Helsinki
gegründet wurde. Die Serie startete 1945, aber die PIK-3 war
der erste Typ, der in Serie gefertigt werden sollte. Sie wurde
von Lars Norrmen und Ilkka Lounama als kleines, billiges
Segelflugzeug konstruiert, das für einen Bau durch Flieger-Clubs geeignet war. Der Prototyp flog erstmals im
Sommer 1950.
Der ovale Rumpf ist aus Holz mit einer diagonalen Sperrholz-Beplankung. Das herkömmliche Heck weist ein sperr-
holzbeplanktes Leitwerk und Stabilisatoren auf. Die abnehmbare Plexiglas-Kabinenhaube geht bis zum Haupt-
Tragholm zurück. Die hochliegenden, zweiteiligen Einzelholm-Flügel sind aus Holz und weisen Klappen und Queru-
der auf. Bei der Fertigung der PIK-3B's, die von Aush Koski-
nen entwickelt wurden, wurden die Klappen weggelassen
und durch Luftbremsen ersetzt. Zwanzig PIK-3A und 3B-
Modelle wurden gebaut.
Die PIK-3C Kajava war eine Hochleistungs-Version der
PIK-3B. Der Grund-Flügel von 13 m wurde auf eine Spannweite von 15 m vergrößert, und es wurden Modifikationen

gemäß den Standardklassen-Vorschriften durchgeführt.
Die Flügelkonstruktion wurde vollständig überarbeitet, jedoch der PIK-3B-Rumpf wurde beibehalten, aber mit einer
neuen Kabinenhaube. Der PIK-3C-Prototyp flog erstmals
am 20. Mai 1958, und die Konstruktion wurde im Winter 1958
unter Überwachung von Tuomo Tervo für eine Serienfertigung von S. Ilmailuliitto übernommen.

Typbezeichnung: PIK-3C Kajava	Höhe: 1,0 m	Wasserballast: – kg	Min. Sinken bei 65 km/h:
Hersteller: Ilmailukerho	Flügelfläche: 13,1 m²	Max. Fluggewicht: 280 kg	0,61 m/sec.
Erstflug: Mai 1958	Profil: Göttingen 549/693	Max. Flächenbelastung: 21,4 kg/m²	Max. Manövergeschwindigkeit:
Spannweite: 15 m	Streckung: 17,1	Max. Fluggeschwindigkeit: 250 km/h	145 km/h
Rumpflänge: 6,6 m	Leergewicht: 165 kg	Überziehgeschwindigkeit: 55 km/h	Beste Gleitzahl bei 75 km/h: 30

OH-YKZ

Im Jahre 1963 wurde der OSTIV-Preis für das beste Standardklassen-Segelflugzeug der in Finnland konstruierten und gebauten PIK - 16C Vasama verliehen. Sie wurde von Tuomo Tervo, Jorma Jalkanen und Kurt Hedström konstruiert und stellte eine Entwicklung der PIK - 3A Kajava dar. Sie flog erstmals im Juni 1961.

Die einsitzige PIK - 16C weist ein herkömmliches Leitwerk anstatt des V-Leitwerks beim Prototyp auf, und die Flügel wurden durch eine Sandwich-Konstruktion an der Vorderkante verbessert. Der Flügel besteht vollständig aus Kiefern- und Birkenholz, und ein bemerkenswertes Merkmal dieser Konstruktion ist ihre außergewöhnliche Dünne, die gewählt wurde, um einen optimalen Gleitwinkel zu erzielen. Die Spoiler (Störklappen) arbeiten auf den Ober- und Unterseiten des Flügels, und die flachen Querruder weisen eine sperrholzbeplankte Holzkonstruktion auf. Die spiegelblanken Oberflächen tragen zur Hochleistung dieses Segelflugzeuges bei. Beim Rumpf in Schalenbauweise handelt es sich um eine Holzkonstruktion mit Glasfaser-Nase. Das Fahrwerk umfaßt ein nicht-einziehbares Einzelrad mit Bremse und eine Kufe.

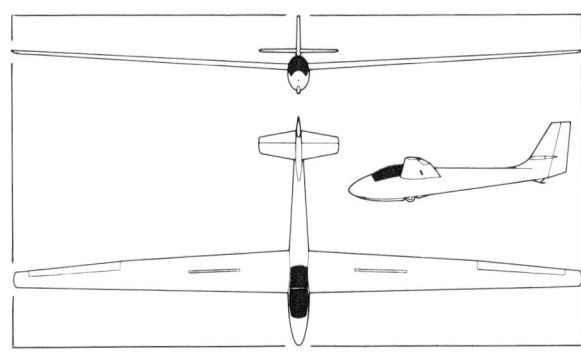

Die PIK - 16C wurde von der K. K. Lehtovaara Oy hergestellt, und es wurden insgesamt sechsundfünfzig PIK -16A, B- und C-Flugzeuge gebaut. Mehrere finnische Rekorde wurden mit der Vasama und bei den Weltmeisterschaften 1963 in Argentinien aufgestellt, Juhani Horma wurde Dritter.

Typbezeichnung: PIK-16 C Vasama	Rumpflänge: 5,97 m	Streckung: 19,2	Max. Fluggeschwindigkeit: 250 km/h
	Höhe: 1,45 m	Leergewicht: 190 kg	Überziehgeschwindigkeit: 62 km/h
Hersteller: K. K. Lehtovaara Oy	Flügelfläche: 11,7 m²	Wasserballast: – kg	Min. Sinken bei 73 km/h: 0,59 m/sec.
Erstflug: Juni 1961	Profil: Wortmann FX-05-188/NACA 632615	Max. Fluggewicht: 300 kg	Max. Manövergeschwindigkeit: 170 km/h
Spannweite: 15 m		Max. Flächenbelastung: 25,64 kg/m²	Beste Gleitzahl bei 85 km/h: 34

Breguet 901 / Frankreich

Das erste Segelflugzeug, welches von der namhaften französischen Flugzeugfirma Breguet hergestellt wurde, war die Breguet 900, die im Jahre 1949 bei ihrem ersten Flug 470 km flog. Vier Jahre später wurde die Breguet 901 entwickelt und stellte sich als eines der erfolgreichsten französischen Segelflugzeuge heraus.

Der von J. Cayla konstruierte Einsitzer 901 war seiner Zeit voraus, da er vielfach-klappbare Fowler-Klappen und Querruder aufwies. Die große Kabinenhaube aus geblasenem Plexiglas ist bündig mit dem Rumpf eingebaut und schaffte so einen Präzedenzfall für moderne Segelflugzeuge. 75 kg Wasserballast werden in den Flügeln mitgeführt und können durch Öffnungen auf jeder Seite des Rumpfes genau unter den Flügeln abgelassen werden.

Vollständig aus Holz, wies sie sperrholzbeplankte- und stoffbespannte Einzelholm-Flügel, Leitwerk und einen hölzernen Rumpf in Schalenbauweise auf, der aerodynamisch einwandfrei ist aber den Nachteil hat, daß ein großes Loch an der Unterseite vorhanden ist, wenn das Rad eingezogen wird.

Die Breguet 901-S1 ist eine modifizierte Version der 901 mit anderen Klappen und einem etwas längeren Rumpf und einer größeren Höhenflosse. Sie flog erstmals im Jahre 1956, im gleichen Jahr, in welchem die zweisitzige Tandem 20 m Breguet 904 hergestellt wurde. Die 901 bewies ihren Wert, indem sie zweimal die Weltmeisterschaften 1954 und 1956 gewann.

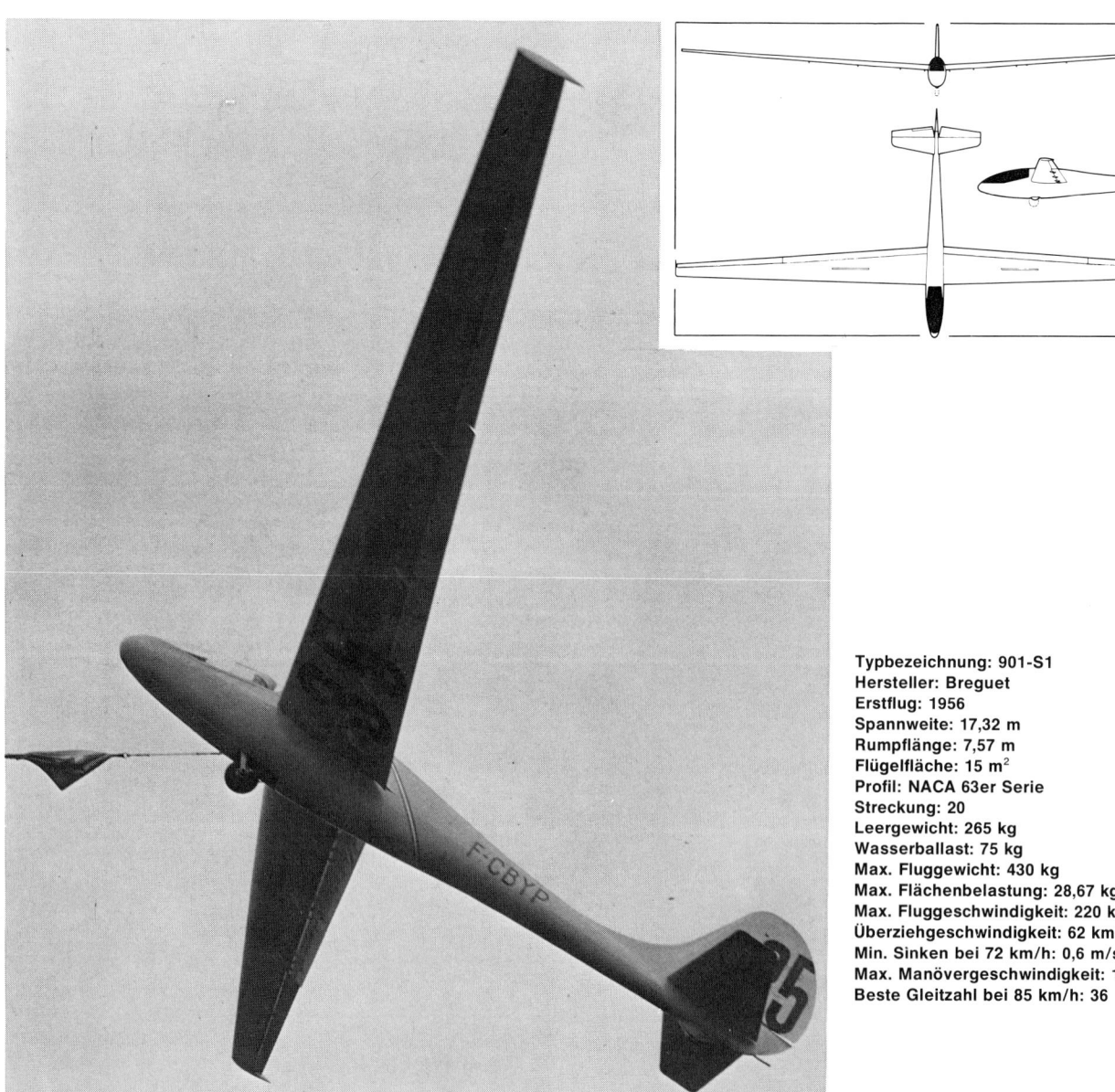

Typbezeichnung: 901-S1
Hersteller: Breguet
Erstflug: 1956
Spannweite: 17,32 m
Rumpflänge: 7,57 m
Flügelfläche: 15 m^2
Profil: NACA 63er Serie
Streckung: 20
Leergewicht: 265 kg
Wasserballast: 75 kg
Max. Fluggewicht: 430 kg
Max. Flächenbelastung: 28,67 kg/m^2
Max. Fluggeschwindigkeit: 220 km/h
Überziehgeschwindigkeit: 62 km/h
Min. Sinken bei 72 km/h: 0,6 m/sec.
Max. Manövergeschwindigkeit: 180 km/h
Beste Gleitzahl bei 85 km/h: 36

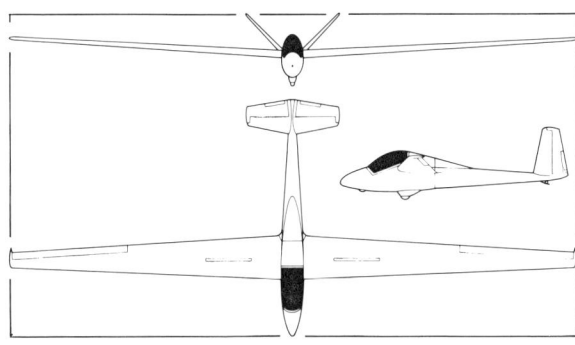

Von allen Firmen, die Segelflugzeuge gebaut haben, ist Breguet eine der am besten außerhalb Frankreichs bekannten, und zwar wegen des Erfolges ihrer Konstruktionen. Die Breguet 905 Fauvette ist ein einsitziges Standardklassen-Segelflugzeug mit V-Heck, welches von J. Cayla konstruiert wurde. Während des Zeitraumes ihrer Herstellung war sie entweder komplett oder als Bausatz für Eigenmontage zu haben.

Der Rumpf besteht aus drei Hauptteilen: einem Bugteil aus Preßmassen-Schaumstoff, wo der Sitz des Piloten, das Instrumenten-Panel und die Steuer untergebracht sind, einem Stahlrohr-Mittelrumpf, der eine Außenhaut aus Polystyren-Preßmasse aufweist und der die Cockpit-Befestigungspunkte, den Abschlepphaken und Flügel trägt, sowie einen rückseitigen Rumpfteil aus einer Sperrholz/Schaumstoff-Sandwich-Konstruktion. Der Sandwich besteht aus 6 mm Sperrholz mit 8 mm Klégécel, einem Kunststoffschaum. Das Klégécel ist wärmevorgeformt, und das Ergebnis ist eine beinahe perfekte Form von beträchtlicher Festigkeit und Leichtigkeit. Der Sandwich wird auch für die Flächen des festeingebauten Hecks verwendet, die für den Transport in die Vertikale geklappt werden. Die freitragenden Einzelholm-Flügel sind aus Sperrholz und Klégécel mit Metall- und Klégécel-Sandwich-Luftbremsen.

Am 12. Juni 1959 stellte Konteradmiral N. Goodhart einen englischen Langstrecken-Rekord mit einer Fauvette auf, indem er eine Strecke von 625 km zurücklegte.

Typbezeichnung: 905 Fauvette	**Profil:** NACA 63420/63613	**Max. Fluggeschwindigkeit:** 200 km/h	**Max. Manövergeschwindigkeit:** 170 km/h
Hersteller: Breguet	**Streckung:** 20	**Überziehgeschwindigkeit:** 54 km/h	**Beste Gleitzahl bei 78 km/h:** 30
Erstflug: 1958	**Leergewicht:** 155 kg		
Spannweite: 15 m	**Wasserballast:** – kg	**Min. Sinken bei 65 km/h:** 0,65 m/sec.	
Rumpflänge: 6,22 m	**Max. Fluggewicht:** 275 kg		
Flügelfläche: 11,25 m^2	**Max. Flächenbelastung:** 24,5 kg/m^2		

CARMAM JP.15–36 Aiglon / Frankreich

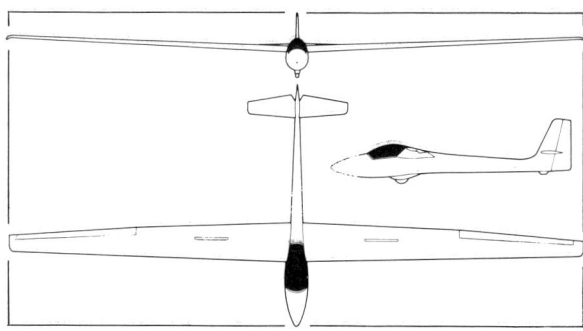

Die JP. 15–36 ist ein Segelflugzeug der eingeschränkten Standardklasse, das von Robert Jaquet und Jean Pottier, Technische Direktoren von CARMAM, als Privat-Unternehmung konstruiert wurde. Sie wird von Carmam gebaut, welche die M-100 und M-200 in Lizenz für Morelli/Italien hergestellt und Segelflugzeug-Bauteile für die Firma Glasflügel in der Bundesrepublik Deutschland fabriziert haben. Der Prototyp JP. 15–36 absolvierte seinen ersten Flug am 14. Juni 1974. Das Segelflugzeug ist eine Voll-Glasfaser/Klégécel-Sandwich-Konstruktion mit einem Allflug-Heck mit herkömmlicher Konfiguration und einem fest-eingebauten Laufrad sowie einer Kabelbremse. Es wurde für einen intensiven Einsatz bei Clubs konstruiert und weist somit gute Flugeigenschaften und sichere Außen-Landecharakteristiken für unerfahrene Piloten auf.

Das Cockpit unter einer einteiligen, geblasenen Kabine ist groß und bequem. Sowohl die Sitz- als auch die Seitenruderpedale können während des Fluges eingestellt werden. Die Flügel, welche mit Schempp-Hirth-Luftbremsen ausgestattet sind, sind so ausgelegt, daß sie einem schnellen und leichten Aufbau mit den Querruder- und Luftbremsenanschlüssen ermöglichen, die automatisch angeschlossen werden.

Die PA.15–35 ist eine Version, die von Jean Pottier als geeignet für Amateur-Flugzeugbauer konstruiert wurde. Die JP.15–36AR ist eine Version mit einziehbarem Einzelrad und einer Kapazität für 80 Liter Wasserballast.

Typbezeichnung: JP.15–36 Aiglon
Hersteller: CARMAM
Erstflug: Juni 1974
Spannweite: 15 m
Rumpflänge: 6,4 m
Höhe: 1,4 m

Flügelfläche: 11 m²
Profil: Wortmann
FX-67K-170/67-126
Streckung: 20,4
Leergewicht: 200 kg
Wasserballast: – kg

Max. Fluggewicht: 390 kg
Max. Flächenbelastung:
35,5 kg/m²
Max. Fluggeschwindigkeit:
240 km/h
Überziehgeschwindigkeit: 62 km/h

Min. Sinken bei 75 km/h:
0,6 m/sec.
Max. Manövergeschwindigkeit:
200 km/h
Beste Gleitzahl bei 92 km/h:
36

Die AV.45 ist ein einsitziger, schwanzloser Motorsegler, der angetrieben von einem 26 kW (35 PS) Nelson-Motor erstmals am 4. Mai 1960 flog. Ein zweiter Prototyp mit einem 16,5 kW (22 PS) SOLO-Motor wurde von der Société Aéronautique Normande (SAN) gebaut. Der für die AV.45 empfohlene Standard-Motor ist jedoch der modifizierte Hirth-Motor 0.280R mit 30-41 kW (40–55 PS).

Der einholmige Holzflügel weist herkömmliche Querruder sowie Höhenruder an der Hinterkante des Mittelflügels auf. Schempp-Hirth-Luftbremsen sind sowohl an den oberen als auch an den unteren Flächen der Außenflügel eingebaut. Der Rumpf besteht aus einer kurzen Holz-Gondel mit Glasfaser-Überzug. Die Doppelseitenruder sind bei den Verbindungspunkten des Mittel-Abschnitts(flügels) und der Außenflügel eingesetzt. Wie die AV.361 kann die AV.45 gegebenenfalls auch mit einem Wortmann-Laminarprofil ausgestattet werden, der den bestmöglichen Gleitwinkel auf 30 bei einer Geschwindigkeit von 88 km/h erhöht.

Eine verbesserte Version von AV.45, bekannt als AV. 451, wurde gebaut. Die Modifikationen beinhalten einen Flügel

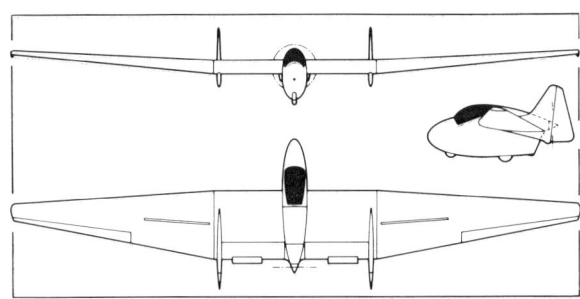

mit vergrößerter Spannweite, einen zugespitzteren Rumpf, stromlinienförmigere Rad-Verkleidungen und Vertikal-Heckflächen mit symmetrischem Wortmann-Profil.

Typbezeichnung: AV.45	**Profil:** F_2 17%	**Max. Fluggeschwindigkeit:** 142 km/h	**Motor:** Hirth O-280 R, 30-41 kW (40–45 PS)
Hersteller: Fauvel	**Streckung:** 11,84	**Min. Sinken bei 70 km/h:** 0,8 m/sec.	**Startrollstrecke:** 150 m
Erstflug: Mai 1960	**Leergewicht:** 216 kg	**Beste Gleitzahl bei 85 km/h:** 27	**Steigleistung:** 168 m/min.
Spannweite: 13,74 m	**Wasserballast:** – kg		
Rumpflänge: 3,59 m	**Max. Fluggewicht:** 350 kg		
Flügelfläche: 15,95 m²	**Max. Flächenbelastung:** 21,94 kg/m²		

Fauvel AV. 222 / Frankreich

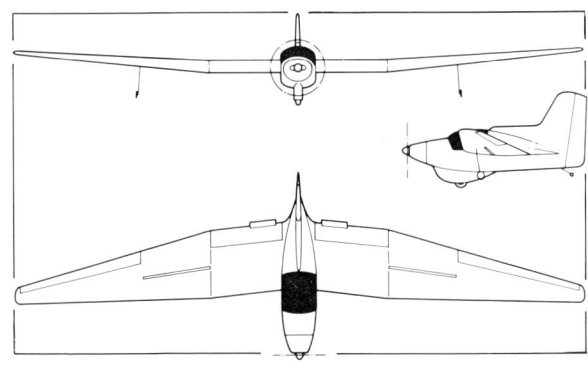

Der zweisitzige, schwanzlose Motorsegler AV.222 mit ne-beneinanderliegenden Sitzen ist eine leichtere und verein-fachte Version des Motorseglers AV.221. Beide sind vom schwanzlosen Segelflugzeug AV.22 abgeleitet. Der AV. 222 ist für einen Bau durch Amateure geeignet, und Pläne sind bei Fauvel erhältlich. Glasfaser-Bauteil-Formen und Kabi-nenhaube können, falls erforderlich, ebenfalls geliefert werden.

Der AV.221 und -222 kann von einem 30 kW (39 PS) Rectimo 4AR 1200 oder 45 kW (60 PS) Limbach-Volkswagen-Um-baumotor angetrieben werden, der eine Holz-Luftschraube mit fester Steigung mit 1,05 m Durchmesser ansteuert. Der Prototyp AV.221 flog erstmals im April 1965. Um die leichte Steuerbarkeit über unebenem Terrain zu verbessern, wurde das ursprüngliche große Einzel-Landelaufrad durch eine herkömmliche Anordnung mit Doppelrädern auf freitragen-den Beinen aus Glasfaser-Schichtstoff mit Scheibenbrem-sen ausgerüstet ersetzt. Es ergibt sich keine Erhöhung des Luftwiderstandes durch diese aerodynamisch verkleideten Räder, und die Ausleger-Räder des Prototyps wurden ent-fernt.

Die Flügel, eine Holzkonstruktion, sind leicht nach vorne gepfeilt. Sie bestehen aus drei Abschnitten, wobei der Mit-telabschnitt an den kurzen Rumpf anmontiert, und die Au-ßen-Panels am Mittelabschnitt befestigt sind. Der Rumpf weist ein großes Einzelseitenruder auf und ist mit einem steuerbaren Heckrad ausgerüstet.

Typbezeichnung: AV.222	**Flügelfläche:** 23 m²
Hersteller: Fauvel	**Profil:** F_2 17%
Erstflug: April 1965	**Streckung:** 12
Spannweite: 16,4 m	**Leergewicht:** 325 kg
Rumpflänge: 5,22 m	**Wasserballast:** – kg

Max. Fluggewicht: 550 kg	**Beste Gleitzahl bei 85 km/h:**
Max. Flächenbelastung: 23,91 kg/m²	26
Überziehgeschwindigkeit: 74 km/h	**Motor:** Limbach, 45 kW (60 PS)
Min. Sinken bei 74 km/h:	**Startrollstrecke:** 110 m
0,87 m/sec.	**Steigleistung:** 180 m/min.

Nurflügel-Segelflugzeuge haben jahrelang großes Interesse wegen ihrer offensichtlichen Vorteile in bezug auf niedrigen Luftwiderstand und die Einfachheit der Auslegung und Konstruktion erregt. Sie waren aber mit Problemen belastet, hauptsächlich in Verbindung mit Stabilitätsfragen, was die meisten Konstrukteure dazu gezwungen hat, sich auf eine stark rückwärtsgepfeilte Konstruktion mit großer Flügelstreckung zu konzentrieren. Der AV.36 Monobloc, konstruiert und gebaut von Charles Fauvel, hat bewiesen, daß das Stabilitäts-Problem in der Praxis tatsächlich nicht existierte. Dieses Segelflugzeug wurde in Bausatzform Anfang der 50er Jahre geliefert, und es wurden mehr als 100 an Kunden in 14 Ländern verkauft, bevor die Konstruktion durch den AV.361 ersetzt wurde.

Beim AV.361, der erstmals im Jahre 1960 flog, wurde die Spannweite der holz- und stoffbespannten Flügel von 11,95 m auf 12,78 m erhöht. Schempp-Hirth-Störklappen (Spoiler) sind an den oberen und unteren Flügelflächen eingebaut. Die neue Leitflächen- und Seitenruder-Konstruktion des AV.361 hat zusammen mit den größeren Querrudern die Steuerbarkeit verbessert. Der Rumpf besteht aus einer kur-

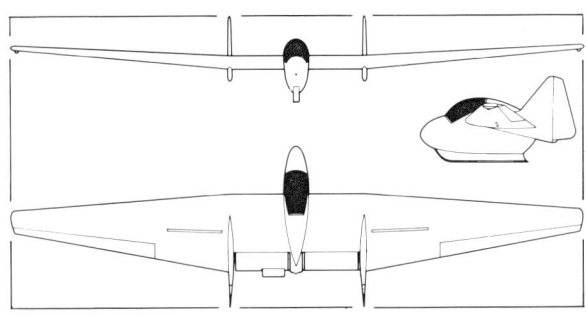

zen Holzgondel, und das geräumige Cockpit ist mit einer Seitenöffnungs-Kabinenhaube aus geblasenem Plexiglas abgeschlossen. Ein Bugrad und eine Heck-Kufe haben die lange Kufe des AV.36 ersetzt. Obwohl die kommerzielle Fertigung dieses Flugzeugs 1971 eingestellt wurde, sind Pläne für Eigenbauer noch erhältlich.

Typbezeichnung: AV.361
Hersteller: Fauvel
Erstflug: 1960
Spannweite: 12,78 m
Rumpflänge: 3,24 m

Flügelfläche: 14,6 m^2
Profil: F_2 17%
Streckung: 11,4
Leergewicht: 122 kg
Wasserballast: – kg

Max. Fluggewicht: 258 kg
Max. Flächenbelastung: 17,67 kg/m^2
Max. Fluggeschwindigkeit: 220 km/h
Überziehgeschwindigkeit:
 58 km/h

Min. Sinken bei 65 km/h:
 0,75 m/sec.
Max. Manövergeschwindigkeit:
 158 km/h
Beste Gleitzahl bei 83 km/h: 26

Fournier RF – 9 / Frankreich

Avions Fournier ist eine Firma, die in der Vergangenheit eher Leichtflugzeuge anstatt Motorsegler gebaut hat. Mitte der 60er Jahre stellte sie die RF-4D her, welche aus Holz mit Glasfaser-Verkleidungen konstruiert war, sowie die RF-5. Sportavia, welche die Fournier-Flugzeuge in der Bundesrepublik Deutschland baute, arbeitete mit Scheibe bei der Herstellung der SFS-31 Milan zusammen, welche eine RF-4 mit einer verstellbaren Luftschraube und dem 15-m-Flügel der Scheibe SF-27 ist. Der von Scheibe gebaute SF-27-M-Motorsegler unterscheidet sich von der SFS-31 Milan dadurch, daß sich bei der letzteren das Triebwerk und die Luftschraube im weit nach vorne gezogenen Bugteil befinden. Die RF-4, RF-5 und Milan sind alles Motorsegler mit geringerer Leistung.

In Frankreich konstruierten und bauten die Avions Fournier den Einsitzer RF-7 mit Holzrumpf und Einzelholm-Holzflügeln, die sperrholzbeplankt und stoffbespannt sind und eine Spannweite von 9,4 m aufweisen. Er wird von einem 65 PS Sportavia Limbach SL 1700D Motor angetrieben.

Der derzeitige Fournier-Typ weist die Bezeichnung RF-9 auf. Es handelt sich um einen zweisitzigen Motorsegler, der zu Schulungszwecken bestimmt ist. Die Unterbringung ist Seite-an-Seite vorgesehen. Er wird von einem 50 kW (68 PS) Limbach SL 1700 E Motor angetrieben, der eine zweiflügelige Hoffmann-Luftschraube mit verstellbarer Steigung ansteuert. Die Kraftstoff-Kapazität beträgt 30 Liter. Der erste Flug erfolgte am 20. Januar 1977.

Typbezeichnung: RF-9	Flügelfläche: 18 m^2
Hersteller: Fournier	Profil: NACA 643618
Erstflug: Januar 1977	Streckung: 16
Spannweite: 17 m	Leergewicht: 530 kg
Rumpflänge: 7,86 m	Wasserballast: – kg

Max. Fluggewicht: 750 kg	Beste Gleitzahl: 28
Max. Flächenbelastung: 38,8 kg/m^2	Motor: Sportavia Limbach SL
Max. Fluggeschwindigkeit: 190 km/h	1700 E, 50 kW (68 PS)
Überziehgeschwindigkeit: 65 km/h	Steigleistung: 156 m/min.
Min. Sinken bei 80 km/h: 0,8 m/sec.	Reichweite: 600 km

Die Firma Siren SA, welche die Edelweiss-Segelflugzeuge und den Zweisitzer Silène E 78 konstruierte, begann 1973 mit der Konstruktion der Iris D 77 als einsitzigem Schulungs-Segelflugzeug. Sie begann ihre Karriere im Jahre 1977 und wurde nach ihrem ersten Flug am 26. Februar auf der Pariser Luftfahrtschau ausgestellt. Im gleichen Jahr wurde die Issoire Aviation von der Firma Siren SA ins Leben gerufen, um sowohl die Silène E 78 als auch die Iris D 77 herzustellen.

Die D 77 ist ein freitragendes Mitteldecker-Segelflugzeug, bei dem ein Bertin E55-166 Flügelprofil verwendet wird. Sie weist eine Glasfaser/Schaumstoff-Sandwich-Konstruktion auf und hat Luftbremsen an der oberen Fläche jedes Flügels. Die Originalkonstruktion sah ein freitragendes T-Heck vor, aber das Serien-Modell weist ein herkömmliches Leitwerk mit einer Höhenflosse mit festem Anstellwinkel und Trimm-Klappen auf beiden Seiten des Höhenruders auf. Der Rumpf besteht aus einer GRP-Konstruktion in Schalenbauweise, die in zwei Hälften gebaut und an den Flügelbefestigungspunkten verstärkt ist. Ein nicht einziehbares Einzelrad mit Siren-Hydraulikbremsen und eine Heck-Kufe bilden das Fahrwerk.

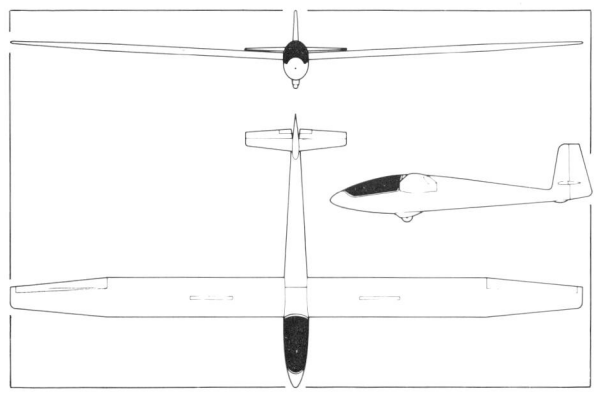

Das Cockpit weist eine Instrumenten-Konsole und einen einstellbaren Sitz mit halb-verstellbarer Rückenlehne unter einer langen, glasklaren, einteiligen, bündigen Kabinenhaube auf, welche sich seitwärts nach Steuerbord öffnet. Die D 77 ist entweder als fertiges Flugzeug oder in Bausatzform zu haben, deren Montage nur 400 Mann-Stunden erfordert.

Typbezeichnung: D 77 Iris
Hersteller: Issoire
Erstflug: Februar 1977
Spannweite: 13,5 m
Rumpflänge: 6,37 m

Höhe: 0,9 m
Flügelfläche: 11,4 m²
Profil: Bertin E-55-166
Streckung: 16
Leergewicht: 220 kg

Wasserballast: – kg
Max. Fluggewicht: 330 kg
Max. Flächenbelastung: 27,2 kg/m²
Max. Fluggeschwindigkeit:
    234 km/h

Überziehgeschwindigkeit:
    60 km/h
Min. Sinken bei 73 km/h:
    0,68 m/sec.
Beste Gleitzahl bei 90 km/h: 33

Issoire Silène E 78 / Frankreich

Die Silène E 78, ein zweisitziges Segelflugzeug mit neben-einanderliegenden Sitzen, wurde von CERVA (Consortium Européen de Réalisation et de Ventes Avions) entwickelt und ist der erste französische Glasfaser-Zweisitzer. Die Firma gehörte gemeinsam den Firmen Siren SA und Wass-mer-Aviation SA. Die E 78 wurde von Siren konstruiert und wurde nach der Schließung von Wassmer Ende 1977 in die Firma Issoire eingebracht.

Das Ziel war, ein Segelflugzeug herzustellen, das für alle Stufen der Segelflugzeug-Schulung von Anfangs- bis Überlandflügen geeignet war. Die Konstruktion begann im Februar 1973, und der Prototyp flog erstmals in Argenton am 2. Juli 1974. Die Flügel weisen eine Glasfaser/Schaum-stoff-Sandwich-Konstruktion auf und sind mit zweigliedrigen Querrudern aus gleichem Material und mit Schempp-Hirth-Luftbremsen ausgerüstet, die beide über und unter jedem Flügel arbeiten. Klappen sind nicht eingebaut. Beim Rumpf handelt es sich um eine Glasfaser/Schaumstoff-Sandwich-Konstruktion in Halbschalen-Bauweise. Das herkömmliche Leitwerk weist eine Höhenflosse mit festem Anstellwinkel und Trimmklappen bei jedem Höhenruder auf.

Die Piloten sitzen in gestaffelter Position, um die Breite des Rumpfes auf einem Mindestmaß zu halten, wobei der Steuerbordsitz leicht nach rückwärts angeordnet ist. Die Silène ist entweder mit einziehbarem- oder festem Laufrad mit hydraulischer Bremse und Stoßdämpfer zu haben.

Typbezeichnung: E 78 Silène	Höhe: 1,5 m	Wasserballast: – kg	Überziehgeschwindigkeit: 63 km/h
Hersteller: Issoire Aviation	Flügelfläche: 18 m^2	Max. Fluggewicht: 565 kg	Min. Sinken bei 73 km/h: 0,59 m/sec.
Erstflug: Juli 1974	Profil: Bertin E 55 166	Max. Flächenbelastung: 29 kg/m^2	
Spannweite: 18 m	Streckung: 18	Max. Fluggeschwindigkeit: 220 km/h	Beste Gleitzahl bei 95 km/h: 38
Rumpflänge: 7,95 m	Leergewicht: 365 kg		

Siren Edelweiss / Frankreich

Die Edelweiss, ein elegantes, einsitziges Hochleistungs-Standardklassen-Segelflugzeug der frühen 60er Jahre wurde von Dr. J. Cayla konstruiert und von Siren SA gebaut. Der Prototyp Edelweiss C.30S weist vorwärts gepfeilte Flügel und ein V-Leitwerk auf und wurde hauptsächlich in Sperrholz/Klégécel-Sandwich-Bauweise hergestellt. Bei der Fertigungs-Version wurden die vorwärts gepfeilten Flügel ersetzt, und die Querruder, Luftbremsen und der Bug wurden gekürzt. Die freitragenden Flügel in Schulter-Anordnung bestehen aus einer Einzelholm-Schaumstoffgefüllten Holzkonstruktion, die nur 8 Rippen (Spanten) aufweist, die mit einem Sperrholz/Klégécel-Sandwich beplant sind. Die nicht geschlitzten Querruder sind aus Metall, und die Luftbremsen, die sowohl an den unteren als auch den oberen Flügelflächen arbeiten, sind mit der hydraulischen Radbremse verbunden. Ein interessantes Merkmal ist der 50 kg Ballast in Form von acht Bleibarren, die bei den Flügelübergängen eingebaut sind, so daß die Flügelbelastung variiert werden kann. Der Rumpf weist eine Sperrholz/Klégécel-Sandwich-Konstruktion mit Schichtstoff-Bug und Heck-Kegeln auf. Der Pilot sitzt in einer Halb-Rückwärtslage

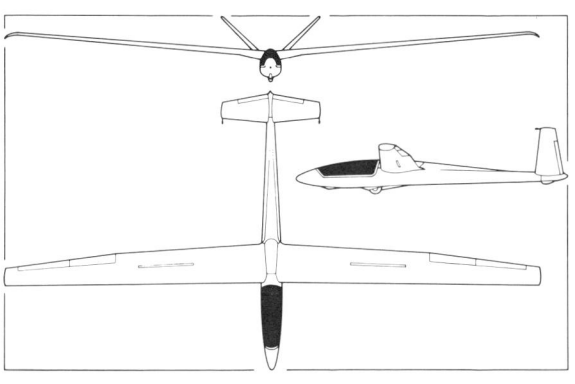

unter einer langen, schlanken Kabinenhaube, an der das Instrumenten-Panel befestigt ist.

Der erste der zwei Prototypen flog am 25. September 1962, und beide nahmen an den Weltmeisterschaften 1963 in Argentinien teil und gewannen zweite und siebzehnte Plätze in der Standardklasse. Der Prototyp einer Offen-Klassen-Version, die 17,5 m Edelweiss 4, flog erstmals am 9. Mai 1968.

Typenbezeichnung: C 30 S Edelweiß	**Flügelfläche:** 12,5 m²	**Max. Flächenbelastung:** 30,4 kg	**Beste Gleitzahl:** 36
Hersteller: Siren	**Profil:** NACA	**Max. Fluggeschwindigkeit:** 220 km/h	**Max. Manövergeschwindigkeit:** 160 km/h
Erstflug: September 1962	**Streckung:** 18	**Überziehgeschwindigkeit:** 65 km/h	
Spannweite: 15 m	**Leergewicht:** 235 kg	**Min. Sinken bei 80 km/h:** 0,65 m/sec	
Rumpflänge: 7,50 m	**Wasserballast:** – kg		
	Max. Fluggewicht: 380 kg		

Trucavaysse GEP TCV – 03 / Frankreich

Die TCV–03 ist ein einsitziges Standardklassen-Segelflugzeug, welches von der GEP (Groupe d'Etudes Georges Payre) als Versuch gebaut wurde, ein Segelflugzeug herzustellen, welches gute Flugcharakteristiken aufweist und in Bausatzform verkauft werden kann, die für eine Konstruktion durch Amateure oder Clubs geeignet ist. Die Prototyp-Konstruktion begann im Februar 1969, und das Flugzeug flog erstmals am 14. Juli 1973.

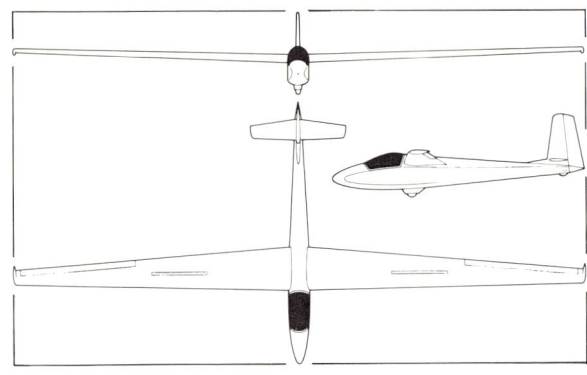

Die Konstruktion basiert auf der Original Breguet 905 mit Modifikationen. Diese umfassen ein verbessertes Steuerungs-System, verstärkte Hinterkanten, einen neuen schlanken Rumpf und die Weglassung der Landekufe. Sie wurde von Dr. P. Vaysse, dem Chef der Segelflieger-Amateur-Konstruktions-Abteilung der FFVV (Fédération Française de Vol à Voile) konstruiert und ist sein drittes Projekt. Die beiden ersten waren die TCV-01 und die TCV-02, die erstmals im August 1964 bzw. im April 1969 flogen.

Die TCV-03 weist freitragende Einzelholm-Schulter-Flügel mit Sperrholz-Klégécel-Sandwich-Vorderkanten, geschlitzte hölzerne Querruder und DFS-Metall-Luftbremsen sowohl an den oberen als auch an den unteren Flächen auf.

Beim Rumpf handelt es sich um eine herkömmliche sperrholzbeplankte Holzkonstruktion, und das Leitwerk weist eine voll-bewegliche Höhenflosse auf. Das Fahrwerk besteht aus einem festeingebauten Einzelrad und einer Heck-Kufe, die mit Gummistoßdämpfern ausgestattet ist.

Typbezeichnung: TVC-03 Trucavaysse	Spannweite: 15 m	Streckung: 20	Max. Fluggeschwindigkeit: 210 km/h
	Rumpflänge: 6,7 m	Leergewicht: 192 kg	Überziehgeschwindigkeit: 50 km/h
Hersteller: Group d'Etudes Georges Payre (GEP)	Höhe: 1,8 m	Wasserballast: – kg	Min. Sinken bei 60 km/h: 0,8 m/sec.
	Flügelfläche: 11,25 m²	Max. Fluggewicht: 302 kg	Max. Manövergeschwindigkeit: 150 km/h
Erstflug: Juli 1973	Profil: NACA 63-420/513	Max. Flächenbelastung: 26,9 kg/m²	Beste Gleitzahl bei 80 km/h: 28

Wassmer WA 22 Super Javelot / Frankreich

In Issoire in Mittel-Frankreich baute das Wassmer-Leicht-flugzeugwerk auch viele der französischen Segelflugzeuge. Der erste Versuch, auf den Markt zu kommen, wurde mit der 16.08 m WA 20 Javelot gemacht, die von M. Colland konstruiert und gebaut wurde, um einem dringenden Bedarf für ein einsitziges Segelflugzeug mit guter Leistung und einer unkomplizierten Konstruktion abzuhelfen. Der erste Flug der WA 20 erfolgte im August 1956.

Die WA 22 Super Javelot ist die Standardklassen-Entwicklung der WA 20, und sie wird von einer großen Anzahl französischer Segelflieger-Clubs und privaten Eigentümern geflogen. Beim Rumpf handelt es sich um einen stoffbespannten Stahlrohrrahmen, an den eine Glasfaser-Cockpit-Schale in drei Teilen angeschraubt ist. Das Cockpit unter einer neuen, geblasenen Kabinenhaube weist einen Sitz auf, der sowohl in bezug auf Höhe als auch Neigung eingestellt werden kann. Bei dem dreiteiligen Flügel handelt es sich um eine Einzelholm-Holzkonstruktion, wobei die Außenpanels mit einem Winkel eingesetzt sind. Ein schnelles, leichtes Aufrüsten erfolgt durch Ziehen eines großen Hebels, der die Befestigungsschrauben in ihrer entsprechenden Position arretiert. Die Differential-Holz-Querruder bestehen aus zwei Abschnitten, wobei der innere Abschnitt mit einer größeren

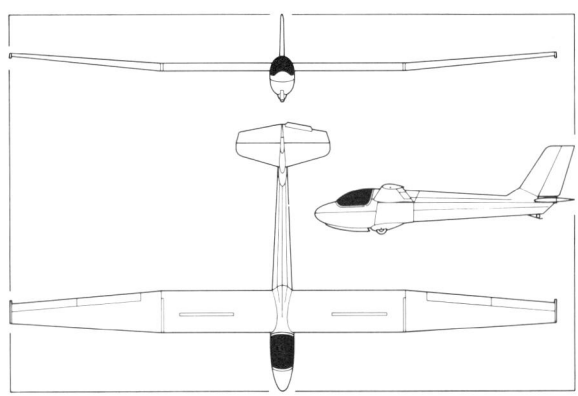

Bewegung als der äußere Abschnitt arbeitet, wodurch die Drehgeschwindigkeit um die Längsachse verbessert wird. Perforierte hölzerne Luftbremsen arbeiten oben und unten bei jedem Flügel, und die hydraulische Radbremse ist mit dem Luftbremsen-Kontrollhebel gekoppelt.

Typbezeichnung: WA 22 Super Javelot
Hersteller: Wassmer
Erstflug: 26. Juni 1961
Spannweite: 15 m
Rumpflänge: 7.06 m
Höhe: 1,9 m
Flügelfläche: 14,4 m^2
Profil: NACA 63821/63615
Streckung: 15,7
Leergewicht: 205 kg
Wasserballast: – kg
Max. Fluggewicht: 350 kg
Max. Flächenbelastung: 24,3 kg/m^2
Max. Fluggeschwindigkeit: 200 km/h
Überziehgeschwindigkeit: 61 km/h
Min. Sinken bei 80 km/h: 0,7 m/sec.
Max. Manövergeschwindigkeit: 130 km/h
Beste Gleitzahl: 30

Wassmer WA 28 Espadon / Frankreich

Die WA 28 Espadon (Schwertfisch) ist die Glasfaser-Version der WA 26 Squale, bei welcher es sich um ein herkömmliches holz- und stoffbespanntes Segelflugzeug handelte. Die Flügel der WA 26 und WA 28 sind bezüglich der Geometrie identisch, aber die der letzteren weisen eine Glasfaser/Schaumstoff-Sandwich-Konstruktion auf. Die Schempp-Hirth-Luftbremsen, die sowohl oberhalb als auch unterhalb der Flügel arbeiten, sind perforiert und erheben den Anspruch, sehr effektiv zu sein.

Der verstärkte Polyester-Kunststoff-Rumpf weist einen ovalen Querschnitt auf, der Pilot ist in einer Halb-Rückwärtslage unter einer langen, schlanken, einteiligen Plexiglas-Kabinenhaube untergebracht, die sich seitwärts nach Backbord öffnet. Das Leitwerk weist eine herkömmliche Form auf mit voll-beweglichen Horizontalflächen und Feder-Trimmung. Der Sitz, die Kopfstütze und die Seitenruder-Pedale sind alle einstellbar, und eine Ventilation ist durch Schwenk-Einströmungsöffnungen vorgesehen. Das Instrumenten-Panel ist groß, so daß ein umfangreicher Gerätesatz untergebracht werden kann. Das Fahrwerk besteht aus einem einziehbaren Rad, welches vor dem Schwerpunkt

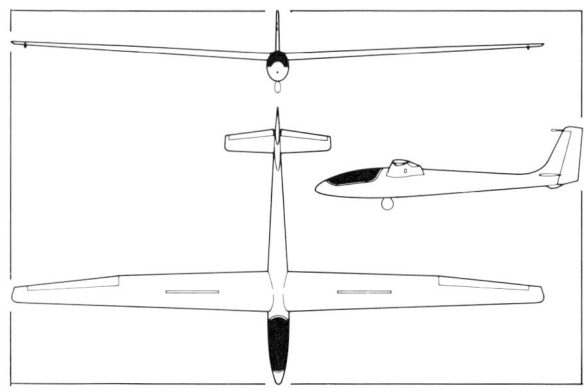

montiert ist, mit Hydraulik-Bremse und einem wahlweise festeingebauten Heckrad.

Die Konstruktion begann im Jahre 1972, und der Prototyp WA 28 flog erstmals im Mai 1974, während das erste Fertigungs-Modell im November jenes Jahres flog.

Typbezeichnung: Wassmer WA 28 Espadon	Rumpflänge: 7,65 m	Streckung: 17,82	Max. Fluggeschwindigkeit: 242 km/h
Hersteller: Wassmer	Höhe: 1,66 m	Leergewicht: 245 kg	Überziehgeschwindigkeit: 68 km/h
Erstflug: 1974	Flügelfläche: 12,63 m^2	Wasserballast: – kg	Max. Manövergeschwindigkeit: 157 km/h
Spannweite: 15 m	Profil: Wortmann FX-61-163/60-126	Max. Fluggewicht: 378 kg	
		Max. Flächenbelastung: 29,92 kg/m^2	Beste Gleitzahl bei 90 km/h: 38

Die Wassmer WA 30 Bijave ist das moderne französische zweisitzige Standard-Schulungsflugzeug und ist eine Entwicklung der WA 21 Javelot. Konstruiert von M. Colland, flog der erste Prototyp am 17. Dezember 1958. Der zweite, verbesserte Prototyp flog erstmals am 18. März 1970. Obwohl sich der Typ nicht mehr in der Fertigung befindet, fliegen noch viele, hauptsächlich in Frankreich.

Die Piloten sitzen in Tandem-Anordnung, wobei der rückwärtige Sitz etwas höher als der Vordersitz ist, so daß eine gute Sicht von hinten gegeben ist. Jeder Sitz weist eine einzelne geblasene Perspex-Kabinenhaube auf. Die freitragenden Flügel der Schulteranordnung, die drei Teile aufweisen, sind aus Birkensperrholz, verstärkt mit einem Vorderkanten-Torsions-Kasten-Holm und mit einer Stoffbespannung hinter dem Holm.

Die Schempp-Hirth-Luftbremsen sind perforiert und arbeiten sowohl an den oberen als auch den unteren Flächen der Flügel. Der Rumpf besteht aus einem geschweißten Stahlrohrrahmen, der mit Stoff bespannt ist. Der Bug-Konus ist aus Glasfaser. Das Fahrwerk besteht aus einem einziehba-

ren Feder-Einzelrad und einer großen Kufe am Bug. Die hölzerne vollbewegliche Höhenflosse ist eine freitragende, einteilige Konstruktion mit großen Gegen-Ausgleich-Klappen.

Typbezeichnung: WA 30, Bijave	**Höhe:** 2,74 m	**Max. Fluggewicht:** 550 kg	**Min. Sinken bei 78 km/h:** 0,75 m/sec.
Hersteller: Wassmer	**Flügelfläche:** 19,2 m^2	**Max. Flächenbelastung:** 28,6 kg/m^2	**Max. Manövergeschwindigkeit:** 150 km/h
Erstflug: Dezember 1958	**Profil:** NACA 63821/63615	**Max. Fluggeschwindigkeit:** 240 km/h	**Beste Gleitzahl bei 75 km/h:** 30
Spannweite: 16,85 m	**Streckung:** 15	**Überziehgeschwindigkeit:** 60 km/h	
Rumpflänge: 9,5 m	**Leergewicht:** 295 kg		
	Wasserballast: – kg		

EoN Olympia / Großbritannien

Die EoN Olympia ist eine verbesserte Version der deutschen DFS Meise. Sie wurde von Elliotts in Newbury gebaut, wo der verstorbene Präsident, Herr H. G. C. Buckingham – mit dem Wunsch, die während des Krieges gewonnenen Erfahrungen zu nutzen, als die Firma Transportsegler und Unterbaugruppen für verschiedene Flugzeugtypen herstellte – eine Co-Produktion mit Chiltern Aircraft in's Leben rief, um eine modernisierte Version der Meise zu bauen. Die Produktion begann in Newbury im Jahre 1946. Der Prototyp flog erstmals im Jahre 1947.

Viele der Konstruktionsmerkmale, welche die Meise berühmt wegen ihrer guten Flugeigenschaften machten, wurden bei der Olympia beibehalten. Ihre hochliegenden, freitragenden Holz- und Stoff-(bespannungs)Flügel weisen T-Holme bei der Vorderkante und stoffbespannte Holz-Querruder auf. DFS-Luftbremsen sind eingebaut. Ein Gepäckraum ist im Rumpf eingebaut mit Zugang an der Backbordseite unter dem Flügelansatz. Die Olympia 2 weist ein festes Laufrad auf, und die Olympia 3 ist gleich der Olympia 1, sie ist aber mit einem abwerfbaren Transport-Rad ausgerüstet.

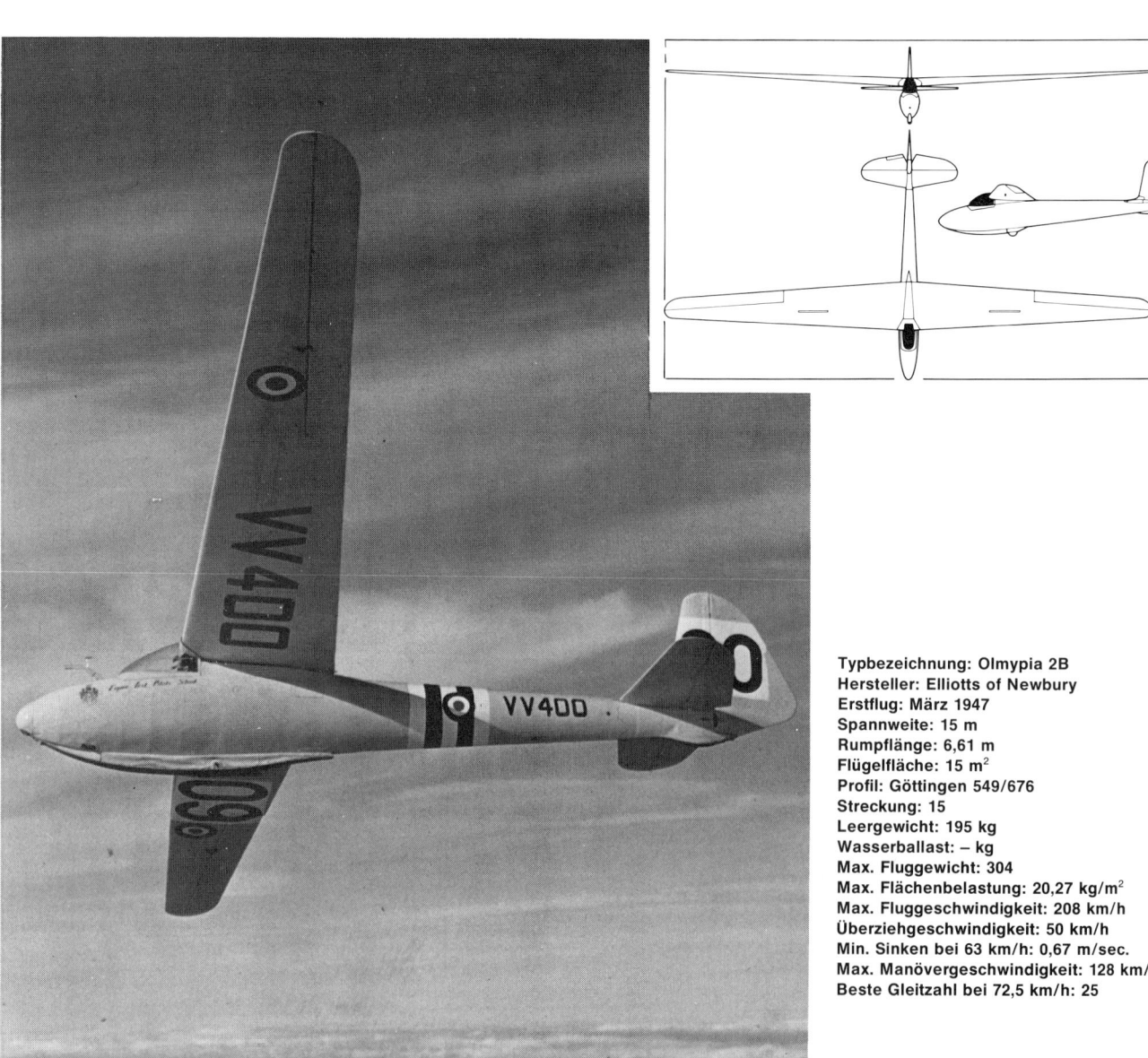

Typbezeichnung: Olmypia 2B
Hersteller: Elliotts of Newbury
Erstflug: März 1947
Spannweite: 15 m
Rumpflänge: 6,61 m
Flügelfläche: 15 m²
Profil: Göttingen 549/676
Streckung: 15
Leergewicht: 195 kg
Wasserballast: – kg
Max. Fluggewicht: 304
Max. Flächenbelastung: 20,27 kg/m²
Max. Fluggeschwindigkeit: 208 km/h
Überziehgeschwindigkeit: 50 km/h
Min. Sinken bei 63 km/h: 0,67 m/sec.
Max. Manövergeschwindigkeit: 128 km/h
Beste Gleitzahl bei 72,5 km/h: 25

Bei der EoN 463 handelt es sich um ein einsitziges Standard-Klassen-Segelflugzeug, das aus der 460 entwickelt wurde, von der nur fünf gebaut wurden. Die Flügel der 460 und 463 weisen eine Holzkonstruktion mit Leichtmetallholmen auf, die aerodynamisch denjenigen der 419 ähneln, aber in der Spannweite auf 15 m reduziert sind, wobei die Querruder-Spannweite um 1,5 m an der Flügelspitze reduziert ist. Die Stoff/Stringer-Oberteil-Verkleidung beim 460-Rumpf ist durch eine aus GFK ersetzt worden. Der Bugteil weist ebenfalls eine GFK-Konstruktion anstatt einer aus Sperrholz auf. Eine neue Kabinenhaube wurde eingebaut. Der Rumpf weist, wie derjenige der 460, einen stoffbespannten Warren-Holmtyp auf. Das Fahrwerk besteht aus einem festen Laufrad, weist aber keine Bugkufe auf. Die Höhenflosse ist mit herkömmlichen Höhenrudern ausgerüstet, und die ganze Baugruppe kann zum Schleppen zusammengeklappt werden.

Die EoN 463 flog erstmals 1963 und erwies sich als sehr populär sowohl bei Clubs als auch bei privaten Eigentümern. Im Jahre 1965 wurden zwei 465-Flugzeuge als Versuch gebaut, die Leistung beim Wettbewerbs-Flug zu verbessern.

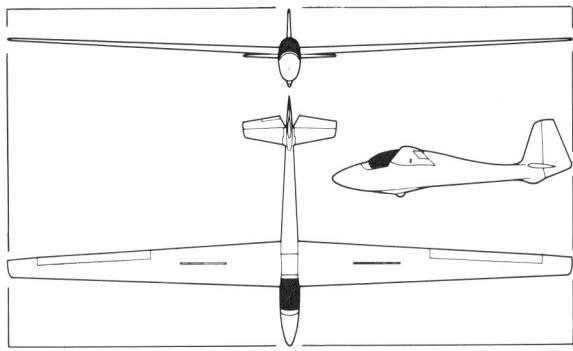

Mehrere Modifikationen wurden vorgenommen, u. a. ein reduzierter Rumpf-Querschnitt-Bereich.

Es wurden 48 Flugzeuge 463 gebaut, bis sich das Management von Elliott bei Überprüfung der Aktivitäten der Firma entschloß, die Segelflugzeug-Abteilung zu schließen.

Typbezeichnung: 463	**Flügelfläche:** 12,26 m^2	**Max. Fluggewicht:** 286 kg	**Min. Sinken bei 69 km/h:**
Hersteller: Elliotts of Newbury	**Profil:** NACA 643618/421	**Max. Flächenbelastung:** 23,33 kg/m^2	0,67 m/sec.
Erstflug: April 1963	**Streckung:** 18	**Max. Fluggeschwindigkeit:**	**Max. Manövergeschwindigkeit:**
Spannweite: 15 m	**Leergewicht:** 181 kg	218 km/h	137 km/h
Rumpflänge: 6,4 m	**Wasserballast:** – kg	**Überziehgeschwindigkeit:** 56 km/h	**Beste Gleitzahl bei 78 km/h:** 32

Ginn-Lesniak Kestrel / Großbritannien

Die zweisitzige, halbkunstflugtaugliche Tandem-Kestrel wurde 1956 von Herrn Lesniak konstruiert. Der Bau wurde vom Konstrukteur und Vic Ginn in den Werkstätten des Dunstable Segelclubs begonnen. Dieses Flugzeug wurde jedoch aufgegeben, und nach einem Zeitraum von einigen Jahren wurde es vor der Zerstörung durch Ron Dodd und Jeff Butt gerettet. Herr Dodd, ein diplomierter Ingenieur, der beim Royal Aircraft Establishment in Farnborough gearbeitet hat, führte eine Neuberechnung, Modifizierung und Verbesserung der Konstruktion durch und stellte mit Herrn Butt die Konstruktion fertig, woraus sich ein fachmännisch-aussehendes zweisitziges Segelflugzeug ergab.

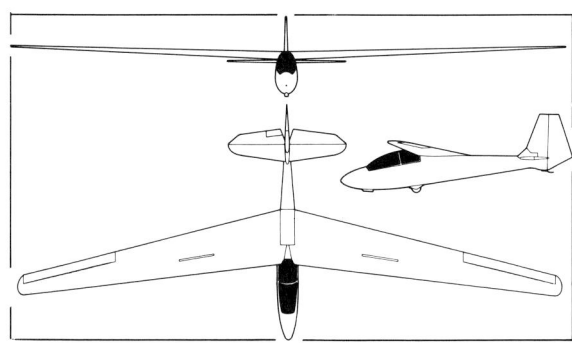

Die Kestrel weist eine herkömmliche Holz- und Stoff-(bespannungs-)Konstruktion mit Metall-Verbund-Verstärkung bei den Flügelansätzen auf. Die zweiteiligen Flügel sind mit großen Schempp-Hirth-Luftbremsen und Frise-Querrudern ausgerüstet. Der Rumpf besteht aus Ganzholz mit einer Sperrholz/Balsa-Sandwich-Verstärkung vom Bugkonus aus bis direkt hinter dem Cockpit. Ein großer Kufenblock schützt den Bug. Eine zweiteilige Kabinenhaube deckt das geräumige Cockpit ab, deren transparente, abnehmbare hintere Hälfte durch den Vorderteil gesichert wird, der eine vollständige Skylark 4 Kabinenhaube darstellt und seitwärts aufklappbar ist. Die Kestrel flog erstmals im Juli 1969 in Enstone.

Typbezeichnung: Ginn-Lesniak Kestrel	**Rumpflänge:** 7,54 m	**Wasserballast:** – kg	**Min. Sinken bei 80 km/h:** 0,67 m/sec.
Hersteller: R. Dodd & J. Butt	**Flügelfläche:** 22,57 m²	**Max. Fluggewicht:** 499 kg	**Max. Manövergeschwindigkeit:** 133 km/h
Erstflug: Juli 1969	**Profil:** Göttingen 549/M12	**Max. Flächenbelastung:** 22,21 kg/m²	
Spannweite: 18 m	**Streckung:** 14,3	**Max. Fluggeschwindigkeit:** 158 km/h	**Beste Gleitzahl:** 28
	Leergewicht: 308 kg	**Überziehgeschwindigkeit:** 60 km/h	

Bei der KH-1 handelt es sich um ein Hochleistungs-Segelflugzeug einer Inlands-Konstruktion, sie wurde vollständig von Kenneth Holmes, einem Meteorologen, konstruiert und gebaut. Die Konstruktion begann 1968, der Bau wurde im folgenden Jahr in Angriff genommen, und die KH-1 flog erstmals am 24. November 1971.

Die freitragenden Schulterdeckerflügel sind aus Holz mit Einzel-Aluminiumholmen, die an Sperrholz-Rippen (Aussteifungen) mittels Epoxy-Harz-Bindung und Schußnieten angefügt sind. Die eng angeordneten Spanten sind mit einem vorgepreßten Sperrholz/Balsa-Sandwich auf 50% Tiefe überzogen, nach diesem Punkt ist der Überzug 2 mm dickes Sperrholz für weitere 20% Tiefe und die restlichen 30% sind stoffbespannt. Es sind keine Störklappen eingebaut, am Innenteil des Flügels sind jedoch Hinterkanten Luftbremsen/Klappen mit geringer Spannweite vorgesehen.

Der Rumpf mit niedrigem Profil besteht aus Birken-Sperrholz, das Fichten-Längsholme und Sperrholzrahmen abdeckt. Das großflächige Höhenleitwerk hat ein gewichtsausgeglichenes Ruder, was über eine Federtrimmung mit

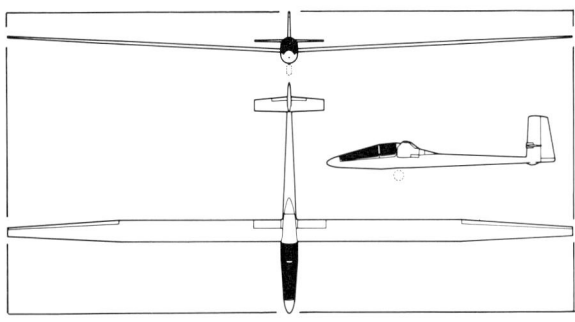

dem Cockpit zusätzlich gekoppelt ist. Das Seitenleitwerk weist eine herkömmliche Konstruktion auf. Das Fahrwerk umfaßt ein einziehbares Einzelrad und einen Heck-Dämpfer. Ein Heckfallschirm ist zwecks Steuerung während des Anfluges und für Geschwindigkeits-Begrenzungszwecke eingebaut.

Eine zweite Version der KH-1 ist von John Halford gebaut worden und trug den Namen J. S. H. Scorpion (Foto siehe unten). Sie flog erstmals im Juli 1977.

Typbezeichnung: KH-1	**Höhe:** 1,52 m	**Leergewicht:** 222 kg	**Max. Fluggeschwindigkeit:** 157 km/h
Hersteller: Kenneth Holmes	**Flügelfläche:** 11,15 m²	**Wasserballast:** – kg	**Überziehgeschwindigkeit:** 67 km/h
Erstflug: November 1971	**Profil:** Wortmann	**Max. Fluggewicht:** 322 kg	**Max. Manövergeschwindigkeit:**
Spannweite: 18,5 m	FX 61-184/60-126	**Max. Flächenbelastung:**	139 km/h
Rumpflänge: 7,24 m	**Streckung:** 31	28,9 kg/m²	**Beste Gleitzahl bei 89 km/h:** 37

Manuel Hawk / Großbritannien

Herr W. L. Manuel, schon früher bekannt auf Grund einer Anzahl von Segelflugzeug-Konstruktionen, welche ihren Höhepunkt in der Willow Wren von 1932 fanden, konstruierte und baute das Hawk-Segelflugzeug als ein Projekt während seines Ruhestandes. Es wurde von 1968–1970 auf dem Fairoaks-Flugfeld in Surrey gebaut und wurde erstmals beim College of Aeronautics in Cranfield am 25. November 1972 geflogen. Nach verschiedenen Modifikationen, die u. a. eine Vergrößerung des Seitenruder-Bereichs, eine Eliminierung der Luftbremsen von den Flügel-Unterseiten und eine Änderung bei der Querrudersteuerung beinhalteten, fliegt das Flugzeug wieder.

Die Hawk ist ein einsitziges Segelflugzeug, das für ein Segeln bei schwacher Thermik ausgelegt ist. Der herkömmliche, dreiteilige Flügel besteht aus einem Fichtenholm mit einem Sperrholz-Vorderkanten-Torsionskasten und einer Stoffbespannung hinter dem Hauptholm. Beim Rumpf handelt es sich um eine herkömmliche Konstruktion in Halbschalen-Bauweise aus sperrholzbeplanktem Fichtenholz. Die ungewöhnliche Kabinenhaube ist dreiteilig: Der vordere und rückwärtige Teil sind feste, transparente einteilige Einzelstücke, der Mittelteil, der klappbar ist, stellt ein Rahmen-Doppelstück dar. Das Flugzeug weist eine schöne Oberflächenbeschaffenheit mit Hochglanz beim Naturholz und Klarlack bei der Stoffbespannung auf.

Typbezeichnung: Hawk
Hersteller: W. L. Manuel
Erstflug: November 1972
Spannweite: 12,8 m
Rumpflänge: 6,25 m

Flügelfläche: 13,84 m^2
Profil: Wortmann FX61-184/210
Streckung: 11,88
Leergewicht: 184 kg
Wasserballast: – kg

Max. Fluggewicht: 290 kg
Max. Flächenbelastung: 20,95 kg/m^2
Max. Fluggeschwindigkeit: 146 km/h

Überziehgeschwindigkeit: 57,5 km/h
Min. Sinken bei 61 km/h: 0,77 m/sec.
Max. Manövergeschwindigkeit: 118,5 km/h
Beste Gleitzahl bei 66,5 km/h: 25

W. L. Manuel, der Konstrukteur der Willow Wren und neueren Datums der Hawk, hat, beunruhigt durch die tödlichen Verluste bei Hängegleitern, durch die Konstruktion des Condor denjenigen den Weg gewiesen, die den Wunsch haben zu fliegen, aber nicht die finanziellen Mittel haben, um teure Segelflugzeuge zu kaufen oder sich die notwendigen Fachkenntnisse zu erwerben, um eine moderne, komplizierte Konstruktion zu realisieren.

Der Condor sieht mit seinem Metallrohr-Rumpf und Stahlsteuerungskabel außergewöhnlich aus, er weist aber eine komfortable Anordnung mit nebeneinanderliegenden Sitzen auf, die zu den Elementen hin offen sind. Er ist speziell für das Hangsegeln ausgelegt und hat schon mehrere lange Flüge durchgeführt. Beim Leitwerk handelt es sich um eine große Konstruktion aus stoffbespannten Rippen und einer Höhenflosse mit tiefgezogenem Höhenruder. Aluminium-Röhren verbinden das Leitwerk mit dem Cockpit-Teil, der eine Form wie ein Boot aufweist. Die hochliegenden Flügel sind mit einem Kiel unter dem Cockpit durch V-förmige Verstrebungen auf jeder Seite verbunden. Das Fahrwerk besteht aus einer bogenförmigen Eschenholz-Kufe mit Gum-

mirollen als Stoßdämpfer. Der Konstrukteur sieht keine Zahl für einen Minimal-Sinkflug vor, weil er nach seinen Worten: »konstruiert ist um aufzusteigen und nur manchmal der Schwerkraft Zugeständnisse zur Landung machen wird«.

Typbezeichnung: Condor	**Rumpflänge:** 6,4 m	**Wasserballast:** – kg	**Überziehgeschwindigkeit:**
Hersteller: Manuel, Inwood & Inwood	**Flügelfläche:** 23,23 m^2	**Max. Fluggewicht:** 408 kg	59 km/h
	Profil: Göttingen 462	**Max. Flächenbelastung:**	**Beste Gleitzahl:** 14
Erstflug: August 1976	**Streckung:** 10	17,57 kg/m^2	
Spannweite: 15,3 m	**Leergewicht:** 233 kg	**Max. Fluggeschwindigkeit:** 139 km/h	

Die Operation Sigma wurde 1966 mit dem Ziel in's Leben gerufen, ein überragendes Segelflugzeug für den britischen Auftritt bei den Weltmeisterschaften 1970 in Marfa, Texas zu bauen. Konteradmiral Nick Goodhart wurde zum Projektleiter bestimmt, und die Herstellung dieses Höchstleistungs-Segelflugzeuges wurde sowohl von Firmen innerhalb als auch außerhalb der Luftfahrt-Industrie unterstützt. Die Idee war, daß die Sigma über zwei Flügel-Sets verfügen sollte: einen für den Thermikflug bei geringen Geschwindigkeiten mit geringer Minimal-Sink(geschwindigkeit) und den anderen für eine gute Leistung bei hohen Geschwindigkeiten für Überlandflüge. Die zwei Flügel-Profile wurden speziell für das Projekt von Dr. F. X. Wortmann entwickelt. Das Flugzeug flog erstmals am 12. September 1971 unter Führung von Nick Goodhart. Viele Aspekte der Handhabung und Leistung wurden so entwickelt, daß sie einen zufriedenstellenden Level aufwiesen, aber es war unmöglich, Schwierigkeiten in Verbindung mit den Klappen und den flexiblen Abschlußplatten zu überwinden.

Der Flügel der Sigma weist eine Leichtlegierungs-Kasten-Konstruktion mit Klappen in voller Spannweite auf. Diese hydraulisch betätigten Klappen bewegen sich in ähnlicher Weise wie die Fowler-Klappen, aber die Lücke zwischen Flügel und Klappe ist mit einer flexiblen Abschlußplatte auf der Unterseite des Flügels und Störklappen auf der Oberseite abgedichtet, um eine kontinuierliche Erweiterung des Flügels zu realisieren. Jede Klappe weist ein Hinterkanten-Querruder in voller Spannweite beim äußeren Panel auf sowie eine Wölbungsklappe beim Innen-Panel. Diese Flächen bleiben exponiert, wenn die Klappe eingezogen wird. Mit der ausgefahrenen Klappe müßte die Drehgeschwindigkeit und die niedrige Sinkgeschwindigkeit eine bessere Steiggeschwindigkeit bei schwacher Thermik ergeben. Vor dem Querruder auf der Oberseite befindet sich eine Störklappe aus Leichtlegierung, um die Quersteuerung bei geringen Geschwindigkeiten zu unterstützen.

Bei eingezogenen Klappen müßte die hohe Tragflächenbelastung und der niedrige Luftwiderstand ein hohes Auftriebs/Luftwiderstandsverhältnis bei hohen Geschwindigkeiten ergeben. Das Bremssystem wird durch Ausfahren der Wölbungsklappen und durch Hochstellen der Störklappen bei den Oberseiten betätigt, um die Geschwindigkeit zu regeln.

Der Rumpf weist einen Vorderteil mit Leitwerkträger mit ge-

schweißter Stahlrohr-Mittelkonstruktion, verkleidet mit dem Holzrahmen-Glasfaser-Cockpit-Vorderteil, und dem daran angeschraubten Heck-Leitwerkträger aus Leichtlegierung in Schalenbauweise auf. Das lange Fahrgestell soll gewährleisten, daß die Flügelspitzen einen zufriedenstellenden Bodenabstand aufweisen, was auf Grund der großen Spannweite und des hohen Grades an Flügel-Flexibilität erforderlich ist. Das einziehbare, gefederte Heckrad ist in den Seitenruder-Unterteil eingebaut und wird mit Kabeln vom Hauptfahrgestell aus betätigt. Das Seitenruder weist einen Bremsfallschirm auf. Das Leitwerk ist eine Leichtlegierungs-Konstruktuion mit einer voll-beweglichen T-Höhenflosse, die eine Gegenausgleich-Trimm-Klappe in voller Spannweite aufweist. Die Flugregler werden alle von Hand betätigt, mit Ausnahme der Klappen und des Fahrgestells, die hydraulisch betätigt werden. Der hydraulische Druck wird dadurch realisiert, daß der Pilot beide Seitenruderpedale nach rückwärts und vorwärts schiebt, um die hydraulische Pumpe zu betätigen. Im Jahre 1977 wurde das Projekt von Prof. David J. Marsden von der University of Alberta übernommen, der das zweisitzige Segelflugzeug «Gemini» konstruierte und baute. Im Verlauf seiner Forschungen be-

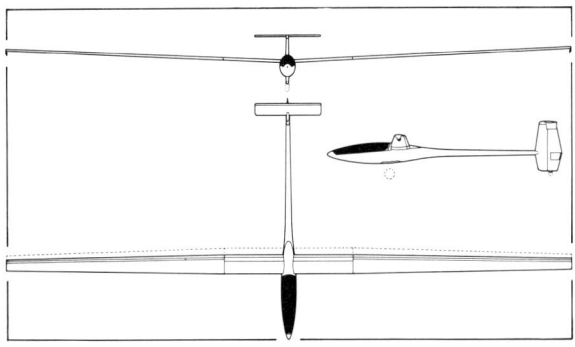

züglich Segelflugzeugen mit variabler Geometrie schlägt er vor, die derzeitigen Sigma-Klappen durch einfache, geschlitzte Klappen zu ersetzen.

Typbezeichnung: Sigma 1
Hersteller: Operation Sigma Limited
Erstflug: September 1971
Spannweite: 21 m
Rumpflänge: 8,81 m
Höhe: 1,83 m
Flügelfläche: 12,2 m^2
Profil: Wortman FX-67 Serie
Streckung: 36,2
Leergewicht: 607 kg
Wasserballast: – kg
Max. Fluggewicht: 703 kg
Max. Flächenbelastung: 57,6 kg/m^2
Max. Fluggeschwindigkeit: 259 km/h
Überziehgeschwindigkeit: 69,5 km/h
Max. Manövergeschwindigkeit: 204 km/h
Beste Gleitzahl bei 117 km/h: 48

Slingsby Petrel T. 13 / Großbritannien

Der bestbekannte Name unter den britischen Segelflug-zeug-Herstellern ist unstreitig derjenige des verstorbenen Frederik N. Slingsby. Im Ersten Weltkrieg hatte er beim Royal Flying Corps gedient und beteiligte sich an der Grün-dung des Scarborough Segelflieger-Clubs im Jahre 1930. Nach der Reparatur des ersten Primary-Flugzeugs, das dem Club gehörte, in seiner Möbelfabrik, widmete er sich bald der Konstruktion und dem Bau von Gleitflugzeugen. Sein erstes Gleitflugzeug, die Falcon I, war eine Version des Schleicher Falke, die nach Plänen gebaut wurde, die er vom Deutschen Aero-Club kaufte. 1932 entwickelte er das Segel-flugzeug Falcon 3 mit nebeneinanderliegenden Sitzen. Er zog schließlich nach Kirbymoorside und produzierte die Kite, Kadet, Tutor und die Gull, welche als erstes Segelflug-zeug den Ärmelkanal mit einem Start in Dunstable über-querte.

Der Typ Petrel 13 flog erstmals im Dezember 1938, und nur sechs wurden vor Beginn des Zweiten Weltkrieges gebaut. Es handelte sich um eine Knickflügel-Version mit 18 m Spannweite des erfolgreichen deutschen Rhönadlers, der aus Fichten- und Birken-Sperrholz hergestellt war. Er wies eine geringe Flügelbelastung auf, welche für die ziemlich schwache Thermik geeignet war, die in Großbritannien an-zutreffen war. Anfangs wurde er mit einer voll-beweglichen Höhenflosse geflogen, aber spätere Modelle wiesen eine herkömmliche Höhenflosse mit Höhenruder auf.

Von Zweien ist bekannt, daß sie noch fliegen, einer in der Sammlung von Mike Russell in Duxford.

Typbezeichnung: T.13 Petrel	**Flügelfläche:** 16,72 m²	**Max. Fluggewicht:** 289 kg	**Überziehgeschwindigkeit:**
Hersteller: Slingsby	**Profil:** Göttingen 535	**Max. Flächenbelastung:**	47 km/h
Erstflug: Dezember 1938	**Streckung:** 17,9	17,3 kg/m²	**Min. Sinken bei 58 km/h:**
Spannweite: 17,3 m	**Leergewicht:** 199 kg	**Max. Fluggeschwindigkeit:**	0,64 m/sec.
Rumpflänge: 7,25 m	**Wasserballast:** – kg	170 km/h	**Beste Gleitzahl bei 67 km/h:** 27

112

Die T.21 oder Sedbergh nimmt einen besonderen Platz bei einer Generation von britischen Segelflieger-Piloten ein. Groß, schwer und stabil, war sie das traditionelle Segelflugzeug, das bei Clubs und dem Air Training Corps für eine Grundschulung viele Jahre lang eingesetzt wurde. Die Original T.21 flog erstmals im Jahre 1944. Es gab verschiedene Anfangsversionen, aber die T.21B wurde das Standard-Fertigungs-Modell. Sie flog erstmals im Dezember 1947 und wird noch als Grundschulungsflugzeug bei einigen Segelfliegerclubs eingesetzt.

Dieses zweisitzige Segelflugzeug mit nebeneinanderliegenden Sitzen und offenem Cockpit weist eine herkömmliche Holzkonstruktion und eine außergewöhnliche einfache Auslegung auf. Große Bereiche mit Stoffbespannung gewährleisten einen leichten Zugang für größere Kontrollen und Reparaturen.

Die hochliegenden, verstrebten Flügel weisen eine Einholm-Konstruktion mit torsionsfestem Bugkasten und einen leichten Sekundär-Holm zur Halterung der Querruder auf. Der Rumpf ist eine gemischte Konstruktion, wobei der vordere Teil bis zurück zu den zwei Haupt-Flügel-Befestigungsrahmen aus einer tragenden Außenhaut aus Holz be-

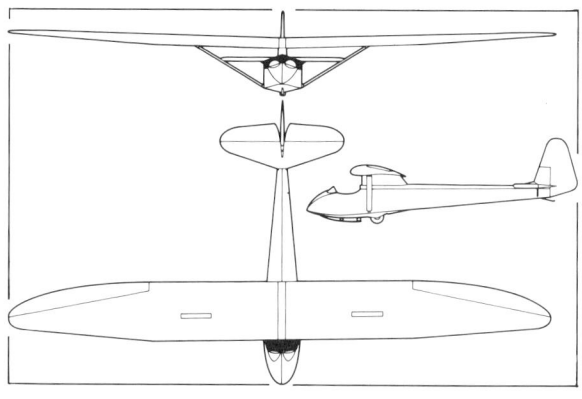

steht, der Rest ist eine stoffbespannte Holz-Träger-Konstruktion. Das große Rad, eine robuste Kufe und eine gefederte Heck-Kufe gewährleisten ein Fahrgestell, welches in der Lage ist, den Extravaganzen die Stirn zu bieten, die das Anfangs-Training von Piloten beinhaltet. Doppelte Steuer sind vorgesehen, wobei der Störklappen-Hebel und der Trimmer sich bei der Konsole zwischen den Piloten befindet. Die Störklappen arbeiten nur an den Flügel-Oberseiten.

Typbezeichnung: T.21 B Sedbergh	**Flügelfläche:** 24,2 m²	**Max. Fluggewicht:** 475 kg	**Überziehgeschwindigkeit:** 52 km/h
Hersteller: Slingsby	**Profil:** Göttingen 535	**Max. Flächenbelastung:** 19,6 kg/m²	**Min. Sinken bei 62 km/h:** 0,85 m/sec.
Erstflug: Dezember 1947	**Streckung:** 11,2	**Max. Fluggeschwindigkeit:** 170 km/h	**Beste Gleitzahl bei 69 km/h:** 21
Spannweite: 16,5 m	**Leergewicht:** 267 kg		
Rumpflänge: 8,16 m	**Wasserballast:** – kg		

Slingsby Tandem Tutor T. 31 /Großbritannien

Die Slingsby Tandem Tutor T.31 wird noch in großer Zahl in Großbritannien vom Air Training Corps unter dem Namen Cadet 3 eingesetzt, wo sie mit der Sedbergh T.21 die Standard-Schulungs-Segelflugzeuge für Luftwaffen-Kadetten während vieler Jahre war. Zweihundert Flugzeuge T.31 sind gebaut worden, seitdem der Prototyp erstmals im September 1950 flog. Die niedrigen Anfangskosten, verbunden mit der Tatsache, daß sie leicht entweder allein oder zu zweien geflogen werden kann, führten dazu, daß kaum ein anderes Segelflugzeug in Frage kam, als neue Clubs in den Fünfziger Jahren entstanden.

Auf der Grundlage der einsitzigen Kirby T.8, die erstmals 1937 flog, wird der gleiche Flügeltyp mit drahtverspannten doppelten Verstrebungen und das gleiche Leitwerk verwendet. Die Flugzeug-Zellen-Konstruktion ist aus Holz und ist weitgehend stoffbespannt. Einige Flugzeuge T.31 haben keine Störklappen, falls erforderlich könnten sie aber an den Flügeloberseiten eingebaut werden. Beim Rumpf handelt es sich um eine rechteckige Holzkonstruktion mit einem sperrholzbeplankten Vorderteil und Stoffbespannung beim rückwärtigen Teil. Die Piloten sitzen in Tandem-Anordnung

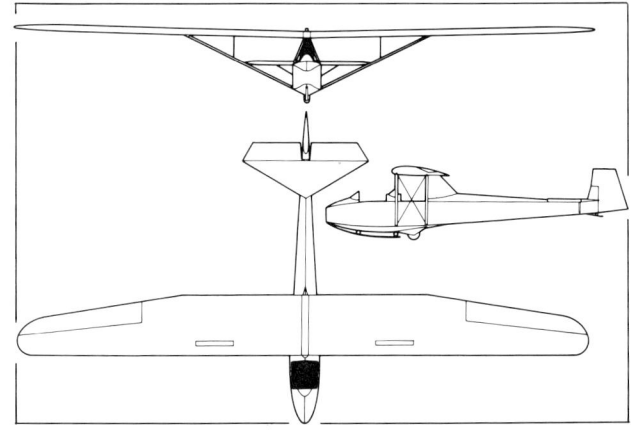

in getrennten, offenen Cockpits, bei denen die Steuer vollständig in doppelter Ausführung vorhanden sind. Eine kleine Windschutzscheibe ist bei jedem Cockpit vorgesehen. Das Fahrwerk besteht aus einem Hauptrad, einer großen Bug-Kufe und einer Heck-Kufe.

Typbezeichnung: T.31 Tandem Tutor	Rumpflänge: 7,1 m	Wasserballast: – kg	Überziehgeschwindigkeit: 61 km/h
Hersteller: Slingsby	Flügelfläche: 15,8 m^2	Max. Fluggewicht: 376 kg	Min. Sinken bei 67 km/h:
Erstflug: September 1950	Profil: Göttingen 426	Max. Flächenbelastung: 23,8 kg/m^2	1,05 m/sec.
Spannweite: 13,2 m	Streckung: 11	Max. Fluggeschwindigkeit: 130 km/h	Beste Gleitzahl bei 73 km/h: 18,5
	Leergewicht: 176 kg		

Die Sky, ein Segelflugzeug, das in der britischen Segelflug-
geschichte allein wegen ihrer Wettbewerbserfolge einge-
hen muß, siegte bei den Weltmeisterschaften in Spanien im
Jahre 1952 und wurde von dem verstorbenen Philip Wills geflogen. Acht Sky T.34-Flugzeuge nahmen teil und nicht weniger als sieben waren unter den ersten vierzehn. Sky-Flug-
zeuge waren Zweite bei den Weltmeisterschaften 1954 und
1956.

Die T.34 hieß zuerst Gull 5 oder «Slingsby 18 Meter», aber
der Name Sky, vorgeschlagen von John Furlong, der die An-
fangsbuchstaben von Slingsby, Kirbymoorside und York
beinhaltete, wurde übernommen, nachdem der Prototyp
seine Flugversuche beendet hatte. Sie wurde aus der Gull 4
entwickelt und auf Anforderung der neu-gegründeten Royal
Air Force Fliding and Soaring Association als Versuch gebaut, ein Segelflugzeug mit einer besseren Leistung als diejenige des bekannten deutschen Weihe zu bauen.

Die Konstruktion der Sky ist herkömmlich aus Holz und
Stoff(bespannung) mit einem festen Laufrad. Das Cockpit
ist mit einer geblasenen Perspex-Kabinenhaube abgedeckt,
und die Seitenruderpedale sind während des Fluges einstellbar. Der zweiteilige, freitragende Flügel weist Störklappen auf der Oberseite auf.

Die Sky flog erstmals 1950 und es wurden insgesamt sech-
zehn gebaut.

Typbezeichnung: T.34 Sky	Flügelfläche: 17,37 m²	Max. Fluggewicht: 363 kg	Min. Sinken bei 62 km/h:
Hersteller: Slyngsby	Profil: Göttingen 547/NACA 2 R 12	Max. Flächenbelastung: 20,9 kg/m²	0,66 m/sec.
Erstflug: September 1950	Streckung: 18,7	Max. Fluggeschwindigkeit:	Max. Manövergeschwindigkeit:
Spannweite: 18 m	Leergewicht: 252 kg	182 km/h	134 km/h
Rumpflänge: 7,65 m	Wasserballast: – kg	Überziehgeschwindigkeit: 54 km/h	Beste Gleitzahl bei 69 km/h: 27,5

Slingsby T. 43 Skylark 3 / Großbritannien

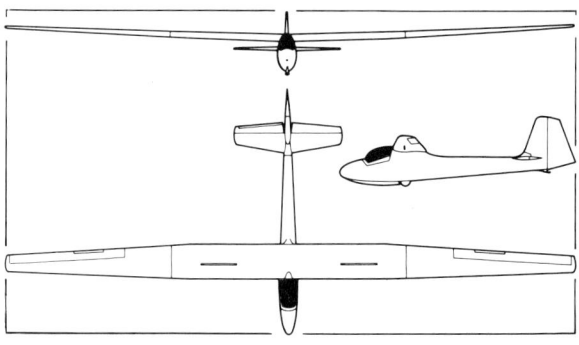

In dem Jahrzehnt von 1955 bis 1966 war Großbritannien in der vordersten Reihe der Segelflugzeug-Produktion mit der Skylark 3-Serie, die viele nationale und internationale Rekorde hielt. Fred Slingsby sagte, daß sein erster Skylark aus Jux gebaut wurde, daher sein Name. Der einsitzige Skylark 1, jedoch, von dem zwei gebaut wurden (beide flogen noch im Jahre 1977), wurde mit einer Flügelspannweite von 13,72 m, aber mit einem dreiteiligen Flügel gebaut, um Experimente an den Außenpanels zu machen, um die beste Quer-Steuerfläche herauszufinden. Der Rumpf basierte auf demjenigen des Slingsby Prefect und weist sehr effektive Luftbremsen und eine Kabinenhaube auf. Dieses kleine Segelflugzeug war seiner Zeit voraus, aber es hatte für diesen Zeitraum eine sehr hohe Durchsackgeschwindigkeit, wo die Forderung an ein Segelflugzeug gestellt wurde, die Anforderungen eines Durchschnitts-Piloten zu erfüllen, daher wurden Modifikationen durchgeführt und der Skylark 2 (oberes Foto) wurde produziert.

Der Skylark 1 wurde im März 1953 ausgerollt, und der Skylark 2 flog acht Monate später. Die Flügelspannweite wurde auf 14,63 m vergrößert, und ein neuer Rumpf mit elliptischem Querschnitt in Halbschalenbauweise wurde gewählt. Die Leistung war gut, und es wurde festgestellt, daß das Flugzeug eine zweckdienliche Erweiterung für Club-Flotten und eine stabile, in hohem Maße manöverierfähige Erwerbung für private Eigentümer war. Es wurden insgesamt 61 gebaut, von denen 32 exportiert wurden, als die Produktion 1962 ihr Ende fand. Um die Anforderungen einer neuen Generation junger Segelflugzeug-Piloten zu erfüllen, stieg Slingsby in eine vergrößerte Version des Standard-Klassen-Skylark 2 ein, woraus sich der 18-Meter-Skylark-3 ergab, der ein größeres Leitwerk aufweist. Unter Beibehaltung des dreiteiligen Flügels früherer Skylark-Flugzeuge hatte der 3B ein Cockpit, das 76 mm nach vorne verlegt wurde, wodurch der Schwerpunkt neu angeordnet wurde, um einen Ausgleich für das größere Heck zu schaffen. Obgleich der Flügel-Mittelteil schwer ist, kann der Skylark leicht auf-

gerüstet werden. Es sind nur vier Stifte erforderlich, um die hauptsächlichen Komponenten zu befestigen und ein Bolzen, um die Höhenflosse zu sichern. Der Flügel ist aus Fichte und Sperrholz konstruiert, mit einem Hauptholm und einem leichten rückseitigen Holm, Sperrholz-Beplankung bis zum rückseitigen Holm und Stoffbespannung längs der Hinterkante. Bei den Typen 3C und 3D wurden diese Holme verstärkt. Der Typ 3F hat verzahnte Klappen, die bei den Querrudern hinzugefügt sind, und der 3G (unteres Foto) hat ein längeres, schmaleres Querruder ohne Klappen.

Bei der Skylark-Serie werden Laminarströmungs-Flächen verwendet, und sie ist mit Luftbremsen ausgerüstet, die sowohl an den Flügelober- als auch Unterseiten arbeiten. Das Cockpit gewährleistet auch für den größten Piloten genügend Raum, und die Unterschiede in der Größe der Piloten werden durch einen einstellbaren Sitz und Seitenruder-Pedale ausgeglichen. Eine gute Sicht ist durch eine einteilige, geblasene Kabinenhaube gewährleistet, die seitlich aufklappbar ist.

Das Fahrwerk besteht bei einigen Skylark-Flugzeugen aus einer langen Kufe mit einem abwerfbaren Transportrad, aber die meisten haben ein festes Laufrad und eine Bugkufe.

Insgesamt 65 Skylark-Flugzeuge 3 wurden produziert, bis es 1961 durch den Skylark 4 ersetzt wurde.

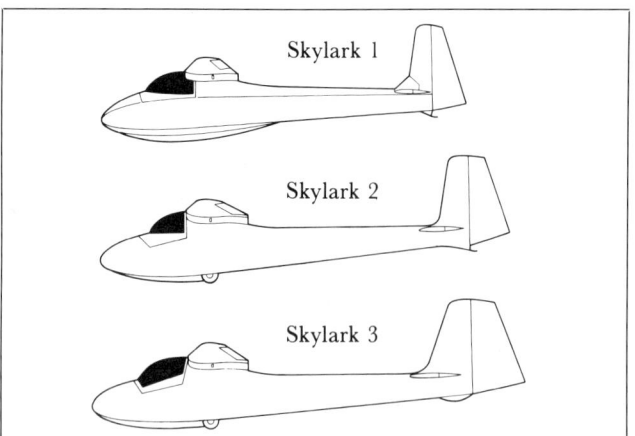

Skylark 1

Skylark 2

Skylark 3

Typbezeichnung: T.43 Skylark 3
Hersteller: Slingsby
Erstflug: Juli 1955
Spannweite: 18,19 m
Rumpflänge: 7,62 m
Flügelfläche: 16,1 m²
Profil: NACA 633620/4415
Streckung: 20,5
Leergewicht: 248 kg
Wasserballast: – kg
Max. Fluggewicht: 358 kg
Max. Flächenbelastung: 22,2 kg/m²
Max. Fluggeschwindigkeit: 216 km/h
Überziehgeschwindigkeit: 58 km/h
Min. Sinken bei 65 km/h: 0,56 m/sec.
Beste Gleitzahl bei 74 km/h: 36

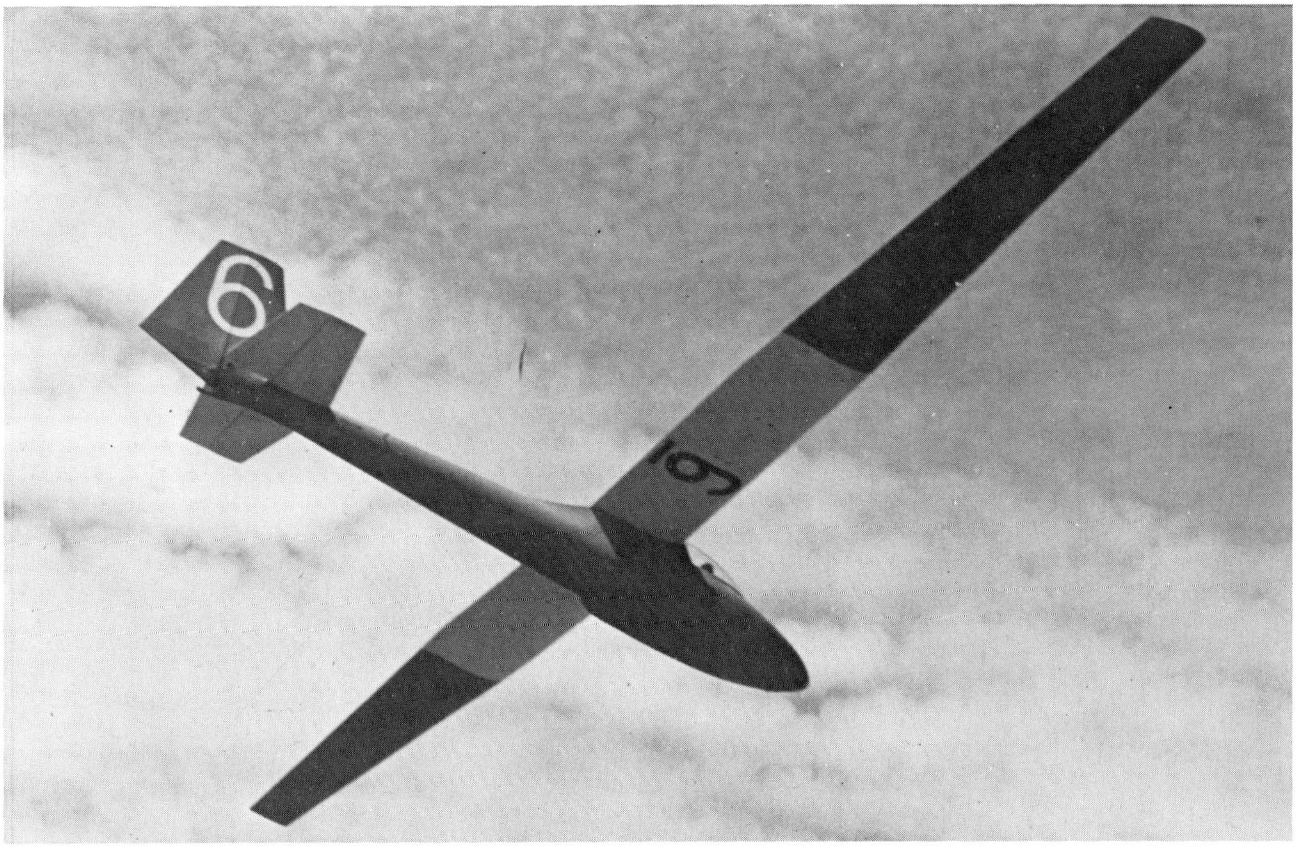

6

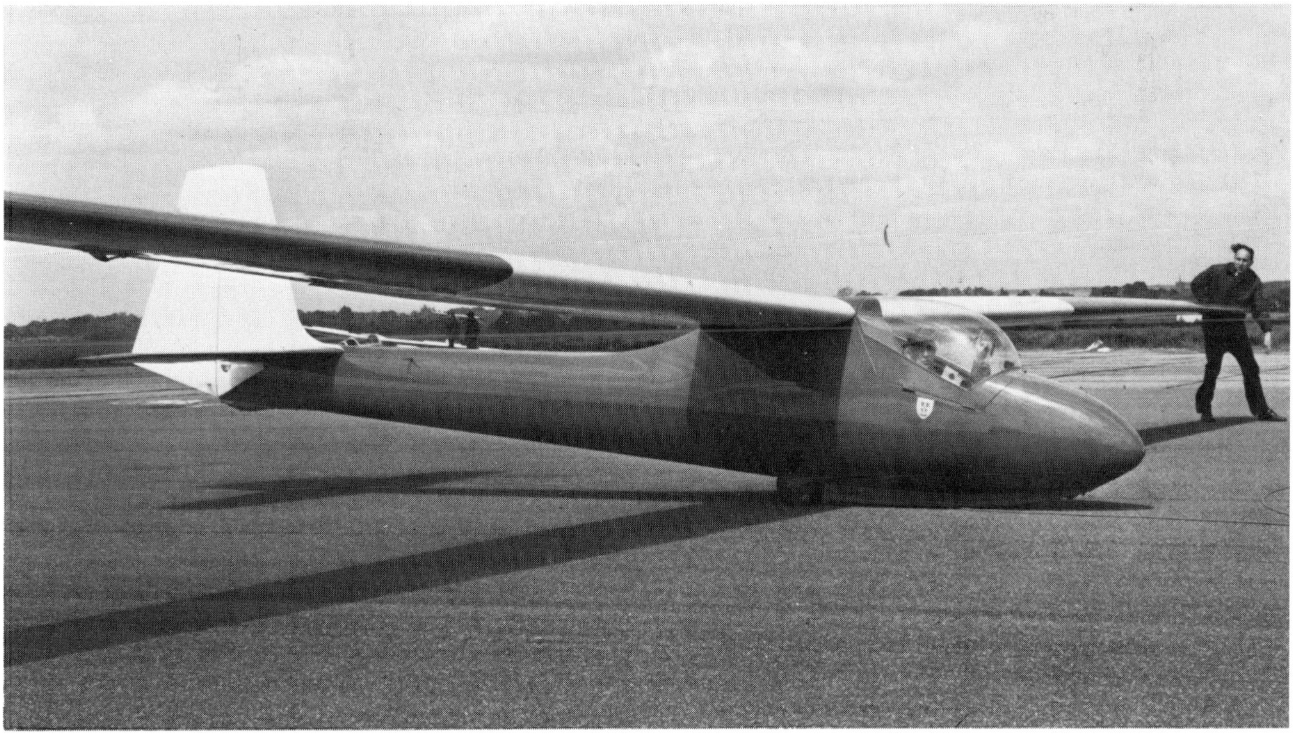

Slingsby Swallow T. 45 / Großbritannien

Die Slingsby Swallow T.45 ist ein einsitziges Segelflugzeug, welches speziell konstruiert wurde, um den Bedarf nach einem Segelflugzeug zu decken, mit dem Alleinflüge nach einem Zweisitzer-Schulungs-Programm durchgeführt werden können. Sie ist so konstruiert, daß sie selbst in den Händen eines unerfahrenen Piloten unabsichtlich weder überzogen werden kann noch trudelt, sie ist vergleichsweise robust und hat die Fähigkeit, eine rauhe Behandlung bis zu einem gewissen Grad zu ertragen. Hinzu kommt, daß sie alle Merkmale aufweist, die für Piloten erforderlich sind, welche danach streben, ihr Silber-C-Zertifikat zu erwerben. Der Prototyp flog erstmals am 11. Oktober 1957 mit einem Flügel mit 12 m Spannweite, aber dies wurde nach den Anfangs-Flugtests auf einen Flügel von 13.05 m Spannweite geändert.

Der freitragende Flügel weist eine Fichten- und Sperrholz-Konstruktion mit einem Einzelholm und Bug-Torsions-Kasten auf. Unausgeglichene Holzrahmen-Querruder mit Stoffbespannung sind eingebaut, und Sinkflug-Bremsen arbeiten oberhalb und unterhalb eines jeden Flügels. Beim Vorderrumpf handelt es sich um eine Sperrholz-Halbschalen-Konstruktion, und der rückwärtige Teil stellt eine ver-

strebte Fichten- und Sperrholz-Konstruktion mit stoffbespannten Seiten dar. Das Fahrwerk besteht aus einem ungefederten Einzelrad und einer gummigefederten Kufe. Insgesamt 106 Swallows (Bausätze nicht einbezogen) wurden gebaut, bis die Produktion 1968 durch einen Brand im Kirbymoorside-Werk von Slingsby ihr Ende fand.

Typbezeichnung: T.45 Swallow
Hersteller: Slingsby
Erstflug: Oktober 1957
Spannweite: 13.05 m
Rumpflänge: 7,04 m

Höhe: 1,58 m
Flügelfläche: 13,55 m²
Profil: NACA 633618/4412
Streckung: 12,6
Leergewicht: 192 kg

Wasserballast: – kg
Max. Fluggewicht: 318 kg
Max. Flächenbelastung: 23,47 kg/m²
Max. Fluggeschwindigkeit: 227 km/h

Überziehgeschwindigkeit: 62 km/h
Min. Sinken bei 67 km/h: 0,76 m/sec.
Max. Manövergeschwindigkeit: 139 km/h
Beste Gleitzahl bei 79 km/h: 26

Obgleich der Skylark Typ 50 konstruktionsmäßig eine Entwicklung des Skylark 3 ist, machen ihn seine neuen Merkmale und sein Rumpf praktisch zu einer neuen Konstruktion. Am bemerkenswertesten ist die niedrige, klare Linienführung, wobei der Flügel glatt in den Rumpf übergeht. Die Höhe des Flügels ist 23 cm kleiner als diejenige beim Skylark 3, und der Flügel mit 18 m Spannweite ist beinahe identisch mit demjenigen des Skylark 3G, mit Ausnahme der modifizierten Flügelansätze. Der Hauptholm wurde verstärkt, wobei der Raum für die Spitzen ausgeschnitten wurde, um eine Auslenkung nach unten bei Geschwindigkeit zu ermöglichen. Der erste Flug des Prototypen erfolgte im Februar 1961.

Die Flügel weisen eine Ganzholz-Konstruktion mit Sperrholz-Beplankung bis zum rückseitigen Holm und eine stoffbespannte Hinterkante auf. Luftbremsen sind sowohl an den Flügel-Ober- als auch an den -Unterseiten eingebaut. Der Rumpf ist eine Halbschalen-Holzkonstruktion mit elliptischem Querschnitt und ist sperrholzbeplankt. Das Fahrwerk besteht aus einem nicht-einziehbaren Einzelrad mit Felgenbremse und gummigefederten Kufen. Das Leitwerk ist herkömmlich, wobei die Dämpfungsfläche und das Höhenruder sperrholzbeplankt und die Seitenruder stoffbespannt sind.

Insgesamt dreiundsechzig wurden gebaut und manche fliegen noch. Der Skylark hatte einige Erfolge bei Wettbewerben im Jahre 1963, als der Typ sowohl bei den US- als auch bei den Kanadischen National-Meisterschaften siegte.

Typbezeichnung: T.50 Skylark 4
Hersteller: Slingsby
Erstflug: Februar 1961
Spannweite: 18,16 m
Rumpflänge: 7,64 m
Flügelfläche: 16,07 m^2
Profil: NACA 633620/6415
Streckung: 20,5
Leergewicht: 253 kg
Wasserballast: – kg
Max. Fluggewicht: 376 kg
Max. Flächenbelastung: 23,4 kg/m^2
Max. Fluggeschwindigkeit: 219 km/h
Überziehgeschwindigkeit: 60 km/h
Min. Sinken bei 69 km/h: 0,53 m/sec.
Max. Manövergeschwindigkeit: 132 km/h
Beste Gleitzahl bei 76 km/h: 36

Slingsby T. 49B Capstan / Großbritannien

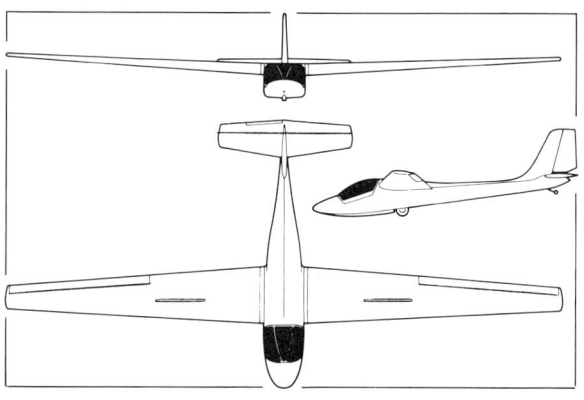

Das zweisitzige Segelflugzeug T.49B wurde als Nachfolger des Slingsby Typs 42 Eagle (Adler) entwickelt, um einem allgemeinen Bedarf für ein modernes Schulungsflugzeug zu entsprechen. Die Entwicklungsarbeiten begannen 1960. Der Prototyp flog erstmals im November 1961. Die Serienherstellung begann im Frühjahr 1963.

Die freitragenden, hochliegenden Flügel weisen eine Ganzholz-Konstruktion auf, die aus einem Einzel-Hauptholm und einem Sperrholz-Vorderkanten-Torsionskasten mit Stoffbespannung nach dem Holm besteht. Die Querruder sind sperrholzbeplankt, und Sinkflug-Bremsen sind sowohl an den Flügel-Oberseiten als auch Unterseiten eingebaut.

Die vordere Rumpfkonstruktion besteht aus Fichten-Rahmen, die an einem Mittel-Kielkasten mit Glasfaser-Überzug befestigt sind. Der rückseitige Rumpf ist eine verstrebte Holzträger-Konstruktion, wobei die Boden-Außenhaut aus Sperrholz und die Oberseite und die Seiten stoffbespannt sind.

Das Fahrwerk umfaßt eine Hauptkufe, die auf einen Gummistoßdämpfer in voller Länge montiert ist, sowie ein nichteinziehbares Einzelrad mit Bandbremse. Ein Blattfedersporn ist ebenfalls eingebaut. Die zwei Sitze sind nebeneinander angeordnet in einem geschlossenen Cockpit, das durch eine rückwärts klappbare, einteilige Kabinenhaube abgedeckt wird. Das Leitwerk ist herkömmlich in seiner Konfiguration mit sperrholzbeplankten festen Flächen und stoffbespannten Steuerflächen.

Die Capstan ist leicht aufzurüsten, wobei die Flügel an jeder Seite des Rumpfes mit drei Stiften befestigt werden. Insgesamt zweiunddreißig Kapstan-Flugzeuge wurden gebaut.

Typbezeichnung: T.49 Capstan	**Höhe:** 1,58 m	**Wasserballast:** – kg	**Min. Sinken bei 70 km/h:** 0,66 m/sec.
Hersteller: Slingsby	**Flügelfläche:** 20,43 m^2	**Max. Fluggewicht:** 567 kg	
Erstflug: November 1961	**Profil:** NACA 633620/6412	**Max. Flächenbelastung:** 27,75 kg/m^2	**Max. Manövergeschwindigkeit:** 148 km/h
Spannweite: 16,76 m	**Streckung:** 13,75	**Max. Fluggeschwindigkeit:** 217 km/h	
Rumpflänge: 8.07 m	**Leergewicht:** 345 kg	**Überziehgeschwindigkeit:** 60 km/h	**Beste Gleitzahl bei 76 km/h:** 30

Der Dart (Pfeil) war das letzte Segelflugzeug, das von Slingsby in der traditionellen Ganzholz-Bauweise gebaut wurde, und es war tatsächlich das letzte Modell, das unter der Leitung des verstorbenen Fred Slingsby konstruiert wurde. Der Dart-Prototyp flog erstmals am 26. November 1963, und seitdem hat die Konstrution eine beträchtliche Entwicklung erfahren.

Der hintere Rumpfteil ist lang und schlank, mit einem kleinen Seitenruder und Höhenflosse. Die Gesamtlänge des Rumpfes ist die gleiche wie die Länge eines Flügels. Die allgemeine Anordnung und Größe des Cockpits ist die gleiche wie die des Skylark 4, obgleich die Rumpftiefe 10 cm verringert wurde. Dies wird erzielt, indem die Steuerung an der Seite des Cockpits anstatt unter dem Sitz des Piloten entlanggeführt wurde. Die Höhenflosse ist voll-beweglich mit Gegenausgleich-Klappen.

Obwohl er ein elegantes Aussehen hat, erwies sich , daß der Dart 15 eine enttäuschende Leistung aufwies, und die Hersteller beschlossen, die Flügel zu verlängern, wodurch der Dart 17 geschaffen wurde. Einige der Modifikationen, wie die Verwendung von Metallholmen und Ansatz-Übergangs-

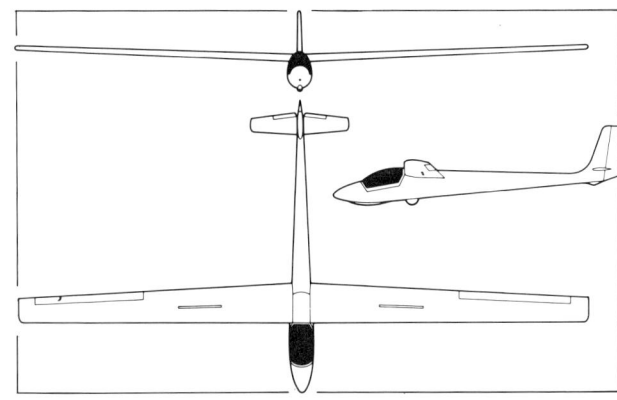

stücken(?) wurden mit guter Auswirkung bei der Produktion der späteren Dart 15-Flugzeuge übernommen. Dem Standard-Klassen Dart 15 wurde bei den Weltmeisterschaften 1965 der OSTIV-Konstruktions-Preis verliehen.

Zwei Dart 15-W-Flugzeuge (Foto unten) mit einem Wortmann-Flügel-Profil und einem neuen Cockpit und Kabinenhaube wurden für die Weltmeisterschaften 1968 gebaut.

Typbezeichnung: T.51 Dart 15
Hersteller: Slingsby
Erstflug: Juli 1964
Spannweite: 15 m
Rumpflänge: 7,47 m

Flügelfläche: 12,63 m^2
Profil: NACA 643618/615
Streckung: 17,8
Leergewicht: 222 kg
Wasserballast: – kg

Max. Fluggewicht: 331 kg
Max. Flächenbelastung: 24,8 kg/m^2
Max. Fluggeschwindigkeit: 215 km/h

Überziehgeschwindigkeit: 65 km/h
Min. Sinken bei 77 km/h: 0,67 m/sec.
Max. Manövergeschwindigkeit: 148 km/h
Beste Gleitzahl bei 80 km/h: 33,5

Slingsby T. 51 Dart 17 / Großbritannien

Als ersichtlich wurde, daß der 15-Meter-Dart mit hölzernem Holm zu schwer für durchschnittliche Segelflugbedingungen in Großbritannien war, fügte Slingsby einen Extra-Meter zu jedem Flügel hinzu, indem er abnehmbare Flügelspitzen verwendete und so die 17-Meter-Version realisierte. Untersuchungen ergaben jedoch, daß Modifikationen beim Holm erforderlich waren, um den erhöhten Beanspruchungen zu entsprechen, und als Ergebnis wurde ein Metallholm verwendet.

Der erste Dart 17 mit Metallholm wurde im April 1965 ausgerollt. Der neue Flügel-Hauptholm besteht aus einem einzigen Sperrholzkasten-Holm, an den Leichtlegierungs-Streifen angefügt wurden, und zwar zwei an jeder Seite, einer oben und einer unten anstatt der Doppel-Kastenprofil-Holme. Eine neue Hinterkanten-Auskehlung wurde am Flügelansatz hinzugefügt, um den Luftwiderstand zu vermindern, und die Querruder-Spannweite wurde um 30 cm vergrößert. Das neue Modell war etwa 16 kg leichter als die 15-Meter-Version mit dem hölzernen Holm. Ein wahlweise einziehbares Laufrad war Ende 1965 erhältlich. Hierdurch kann der Flügel-Anstellwinkel geändert werden, und somit wird die

Heck-Hochlage des Segelflugzeugs während des Flugs bei hohen Geschwindigkeiten vermieden. Diese modifizierte Version wies das Suffix R bei ihrer Bezeichnung auf. Ganzmetall-Höhenflossen wurden auch bei späteren Maschinen eingebaut.

Die Produktion nahm 1968 ihr Ende, nachdem insgesamt vierundvierzig Flugzeuge Dart 17 gebaut worden waren.

Typbezeichnung: T.51 Dart 17 R	Flügelfläche: 13,74 m^2	Max. Fluggewicht: 370 Kg	Min. Sinken bei 74 km/h:
Hersteller: Slingsby	Profil: NACA 6433618/615	Max. Flächenbelastung: 27 kg/m^2	0,6 m/sec.
Erstflug: April 1965	Streckung: 21	Max. Fluggeschwindigkeit:	Max. Manövergeschwindigkeit:
Spannweite: 17 m	Leergewicht: 238 kg	220 km/h	216 km/h
Rumpflänge: 7,54 m	Wasserballast: – kg	Überziehgeschwindigkeit: 65 km/h	Beste Gleitzahl bei 83 km/h: 36

Slingsby HP-14C / Großbritannien

Die HP-14C ist eine Slingsby-Entwicklung des Hochleistungs-Einsitzer-Segelflugzeugs HP-14, welches von dem Amerikaner R. Schreder konstruiert wurde. Slingsby hatte sich entschlossen, von Holz auf Metall überzugehen, als die Verwendung von Glasfaser oder Metall erforderlich war, um wettbewerbsfähig zu bleiben. Sie übernahmen die Grundkonstruktion von Schreder's Segelflugzeug und überarbeiteten sie soweit notwendig, um die britischen Anforderungen zu erfüllen.

Es wurde festgestellt, daß das V-Heck aus verschiedenen Gründen nicht zufriedenstellend war, und es wurde daher durch ein herkömmliches Leitwerk mit voll-beweglicher Höhenflosse ersetzt. Die 17-Meter-Flügelspannweite wurde auf 18 m vergrößert, und der ganze Flügel wurde 15 cm zurückgesetzt, um einen breiteren Schwerpunktbereich und ein geräumigeres Cockpit zu erhalten. Das Klappen-Betäti-

gungs-System wurde vollständig neu konstruiert: der ursprüngliche Zahnstangen-Ausfahr-Mechanismus wurde als ungeeignet angesehen, weil die aerodynamischen Belastungen bei großen Geschwindigkeiten es unmöglich machten, ihn effektiv einzusetzen. Es wurde daher ein pneumatisches System mit zwei Arbeitszylindern verwendet, um die Klappen auf 90° bei VNE auszufahren, sonst werden die Klappen von Hand bei normalen Geschwindigkeiten bis zu 92 km/Std. mit Hilfe eines Bungee betätigt. Die Druckluftflasche (bei 1200 lb/sq in) erfordert eine Neuladung nach etwa drei Betätigungen der 90° Klappen-Position.

Die erste HP-14C wurde rechtzeitig für die Weltmeisterschaften 1968 fertiggestellt. Es wurden drei gebaut, bis die Produktion 1968 nach einem Brand bei Slingsby ihr Ende fand.

Typbezeichnung: HP-14 C
Hersteller: Slingsby
Erstflug: April 1968
Spannweite: 18 m
Rumpflänge: 7,28 m
Höhe: 1,19 m
Flügelfläche: 13,58 m²
Profil: Wortmann FX-61-163
Streckung: 23,9
Leergewicht: 290 kg
Wasserballast: – kg
Max. Fluggewicht: 381 kg
Max. Flächenbelastung: 28,1 kg/m²
Max. Fluggeschwindigkeit: 217 km/h
Überziehgeschwindigkeit: 55 km/h
Min. Sinken bei 84 km/h: 0,5 m/sec.
Max. Manövergeschwindigkeit: 193 km/h
Beste Gleitzahl bei 96 km/h: 44

Slingsby T. 53 / Großbritannien

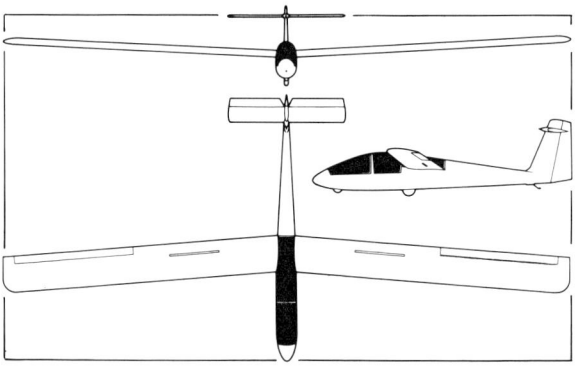

Die T.53 wurde konstruiert, um dem Bedarf nach einem leicht wartbaren, zweisitzigen Ganzmetall-Schulungsflugzeug für eine Anfangsschulung ohne Weiterbildung zu entsprechen. Konstruiert von J. Sellars, wies der Original-Prototyp, der erstmals am 9. März 1967 flog, eine voll-bewegliche Höhenflosse, Flügel-Klappen und Querruder mit großer Tiefe auf. Diese wurden durch eine herkömmliche feste Höhenflosse mit Höhenruder ersetzt, die Tiefe der Querruder wurde verringert und die Klappen wurden eliminiert. Diese Änderungen ergaben eine größere Gewichtsersparnis und verbesserten die früher ziemlich hohen Knüppelkräfte. Die Fertigungs-Version, die T.53C, hatte eine verlängerte Leitfläche, die am Oberteil der Höhenflosse angebracht war. Der Seitenruder-Bereich wurde vergrößert. Die T.53 war Slingsby's erste Exkursion in die Ganzmetall-Segelflugzeug-Konstruktion. Die Entscheidung, zur Ganzmetall-Konstruktion überzuwechseln, wurde getroffen, weil die Mann/Stunden für den Zusammenbau dieses Flugzeugs beträchtlich geringer als die für Flugzeuge aus Holz sind. Metall ist eine attraktive Alternative für Holz, da es weniger zu geringfügigen Beschädigungen neigt und leichter sowie weniger kritisch

zu reparieren ist als GFK.
Sechzehn T.53-Flugzeuge waren gebaut worden, als die Produktion 1968 durch einen Brand ihr Ende fand. Die T.53-Konstruktion wurde später von Yorkshire Sailplanes gekauft, und der Typ wurde wieder als YS.53 produziert. Bis 1974 sind drei gebaut worden.

Typbezeichnung: T.53 C	**Flügelfläche:** 18,02 m²	**Max. Fluggewicht:** 580 kg	**Überziehgeschwindigkeit:** 75 km/h
Hersteller: Slingsby	**Profil:** Wortmann FX-61-184	**Max. Flächenbelastung:** 32,2 kg/m²	**Min. Sinken bei 80 km/h:** 0,76 m/sec.
Erstflug: März 1967	**Streckung:** 15,9	**Max. Fluggeschwindigkeit:** 217 km/h	**Max. Manövergeschwindigkeit:** 148 km/h
Spannweite: 17 m	**Leergewicht:** 354 kg		**Beste Gleitzahl bei 85 km/h:** 29
Rumpflänge: 1,83 m	**Wasserballast:** – kg		

Slingsby T. 59 D Kestrel 19 / Großbritannien

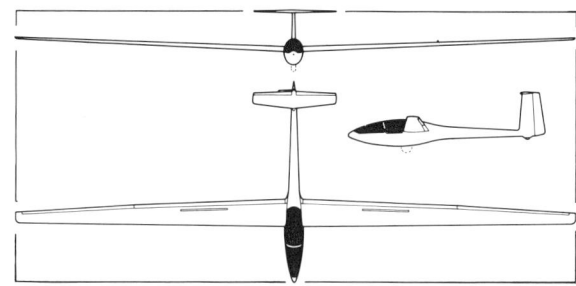

Nachdem ein verheerender Brand Slingsby's Werk in Yorkshire im September 1968 zerstört hatte, führten die finanziellen Schwierigkeiten, die sich daraus ergaben, dazu, daß die Firma Vickers Ltd. die Firma übernahm, die bis 1979 unter dem Namen Vickers-Slingsby auftrat. Im September 1969 entschloß man sich, dem Trend der modernen Segelflugzeugbauer folgend, in die Produktion einer GFK-Konstruktion einzusteigen. Daher traf man eine Lizenzvereinbarung mit der Firma Glasflügel, Bundesrepublik Deutschland, um das einsitzige Kestrel-Segelflugzeug der Offenen Klasse sowohl in seiner Standard-17-Meter-Form als auch in einer entwickelten 19-Meter-Version als Slingsby T.59D zu bauen, die erstmals im Juli 1971 flog.

Die Produktion der von Slingsby gebauten Kestrel-Flugzeuge begann 1970, und bis Ende 1971 sind elf (fünf 17 Meter und sechs 19 Meter) geliefert worden. Slingsby baute auch eine Spezial-19-Meter-Kestrel, welche die Bezeichnung T.59C erhielt, und die einen Hauptholm aus Kohlefaser aufweist. Dieses Flugzeug flog erstmals am 7. Mai 1971.

Die Flügel der Kestrel 17 wurden auf eine Spannweite von 19 m bei der T.59D verlängert, indem man einen halben Meter bei den Flügelspitzen und einen halben Meter bei den Flügelansätzen hinzufügte. Eine große Auskehlung wurde bei den Flügelansätzen vorgesehen, um den Luftwiderstand bei geringen Geschwindigkeiten zu verringern. Andere Verbesserungen beinhalteten die Einführung einer Gegen-Ausgleichs-Klappe bei Höhenruder, wodurch sich eine größere Stabilität ergab, eines größeren stoffbespannten Seitenruders und die Umwandlung der Klappen in Differentialquerruder.

Typbez.: T.59 D Kestrel 19	**Höhe:** 1,47 m	**Leergewicht:** 330 kg	**Überziehgeschwindigkeit:** 61 km/h
Hersteller: Slingsby	**Flügelfläche:** 12,87 m^2	**Wasserballast:** 63,6 kg	**Min. Sinken bei 74 km/h:** 0,52 m/sec.
Erstflug: Juli 1971	**Profil:** Wortmann	**Max. Fluggewicht:** 472 kg	**Max. Manövergeschwindigkeit:**
Spannweite: 19 m	FX-67-K-170/150	**Max. Flächenbelastung:** 36,65 kg/m^2	195 km/h
Rumpflänge: 6,6 m	**Streckung:** 28	**Max. Fluggeschwindigkeit:** 250 km/h	**Beste Gleitzahl 97 km/h:** 44

Slingsby T. 59H Kestrel 22 / Großbritannien

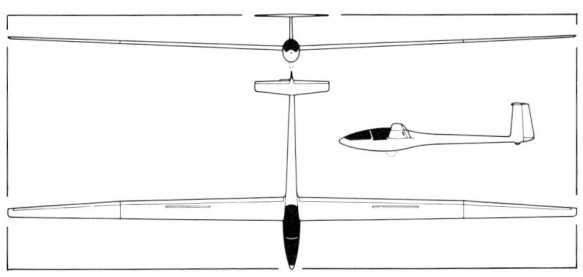

Der T.59H Kestrel 22 ist eine Spezial-Version des einsitzigen Hochleistungs-Kestrel 19, und der Prototyp, der 1974 produziert wurde, wurde unter Verwendung eines Kestrel 19 mit zwei 1,5-Meter-Ansatz-Flügeln gebaut, mit Klappen vervollständigt, eingefügt bei den Flügelansätzen und einer Extra-Leitflächen-Erweiterung, die über der Höhenflosse eingebaut ist. Die Idee war, diese Modifikationen für jeden Eigentümer eines Kestrel 19 verfügbar zu machen, der die Leistung seines Segelflugzeugs erhöhen wollte, aber dies wurde zugunsten eines neuen Flugzeugs, des Kestrel 22 aufgegeben. Die neuen vierteiligen Glasfaser-Flügel mit dem Anschluß bei der Klappen/Querruder Verbindung weisen Kohlefaser-Holme und große Schempp-Hirth Luftbremsen sowohl an den Ober- als auch an den Unterseiten auf. Der Rumpf wurde um 750 mm verlängert, indem dem 19-m-Kestrel ein Teil genau hinter der Flügelhinterkante hinzugefügt wurde. Das Leitwerk ist gleich dem des Kestrel 19, wobei das Gewicht des Seitenruders verringert wurde, um ein Flattern zu vermeiden, indem Panels aus der GFK-Außenhaut ausgeschnitten wurden und eine Stoffbespan-

nung erfolgte. Das Fahrwerk umfaßt ein großes Gerdes-Einzelrad und ein starkes Fahrgestell. Die Scheibenbremse wird durch eine Hydraulik-Einheit betätigt, die mit dem Luftbremsen-System gekoppelt ist.

Typbezeichnung: T.59 H Kestrel 22	**Höhe:** 1,94 m	**Wasserballast:** 100 kg	**Min. Sinken bei 85 km/h:** 0,48 m/sec.
Hersteller: Slingsby	**Flügelfläche:** 15,44 m^2	**Max. Fluggewicht:** 659 kg	
Erstflug: 1974	**Profil:** Wortmann FX-67-K-170/150	**Max. Flächenbelastung:** 42,68 kg/m^2	**Max. Manövergeschwindigkeit:** 194,6 km/h
Spannweite: 22 m	**Streckung:** 31,35	**Max. Fluggeschwindigkeit:** 204 km/h	**Beste Gleitzahl bei 104 km/h:** 51,5
Rumpflänge: 7,55 m	**Leergewicht:** 390 kg		

Slingsby T. 61E Falke / Großbritannien

Viele Jahre lang haben die meisten Segelflieger-Clubs mindestens einen zweisitzigen Motorsegler für Schulungszwecke gehabt. Der Einsatz eines solchen Flugzeugs gibt dem Club die Möglichkeit, die Schulung zu beschleunigen, indem man auf Winden und Rücktransport-Fahrzeuge verzichtet, um den Bodenbetrieb zu verringern. Er macht auch die Fortsetzung der Schulung und in der Tat des Fliegens überhaupt bei Wettbedingungen möglich, die sonst den Start von motorlosen Segelflugzeugen unmöglich machen würden.

Air-Training-Corps-Kadetten haben bisher die zweisitzige T.21 Sedbergh und die T.31 Tandem Tutor für die begrenzte Schulung benützt, die sie erhalten. Kürzlich hat sich jedoch eine Tendenz ergeben, sie mit einem Motorsegler auszurüsten, und Slingsby hat die T.61E speziell für diesen Zweck entwickelt.

Die T.61 ist eine deutsche Konstruktion, die ursprünglich von Scheibe als die erfolgreiche SF-25B gebaut wurde und derzeit als die Falke SF-25C-76 gebaut wird. Sie ist von Slingsby seit 1970 in Lizenz gebaut worden, und es wurden insgesamt 35 fertiggestellt. Die T.61 E ist eine verbesserte

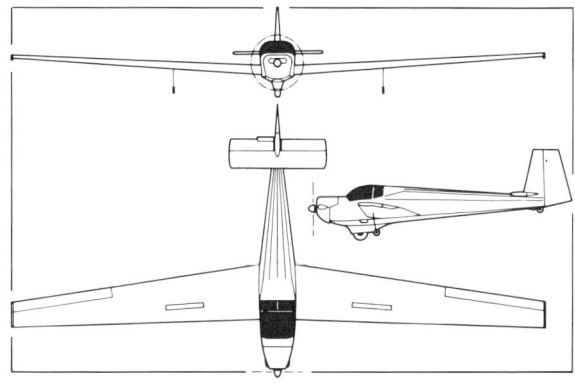

Version, die einen Glasfaser-Hauptholm, ummantelt mit Sperrholz aufweist, der gleichzeitig das Leergewicht reduziert und das Maximal-Startgewicht erhöht. Viele andere Glasfaser-Komponenten werden bei dem Flugzeug verwendet, u. a. ein neuer Sitz, der so konstruiert ist, daß er den Komfort verbessert und das Risiko vermindert, daß lose Gegenstände unter den Sitz in den Steuerbereich rutschen.

Typbezeichnung: T.61 E Falke
Hersteller: Slingsby
Erstflug: April 1977
Spannweite: 15,3 m
Rumpflänge: 7,6 m

Flügelfläche: 17,5 m^2
Profil: Scheibe
Streckung: 13,4
Leergewicht: 375 kg
Wasserballast: – kg

Max. Fluggewicht: 612 kg
Max. Flächenbelastung: 33,63 kg/m^2
Max. Fluggeschwindigkeit: 148 km/h
Überziehgeschwindigkeit: 61 km/h
Min. Sinken: 1,0 m/sec.

Beste Gleitzahl: 22
Motor: Rollason-VW 1600 ccm, 35,8 kW (48 PS)
Startrollstrecke: 200 m
Steigleistung: 122 m/min.
Reichweite: 400 km

Slingsby T. 65 Vega / Großbritannien

Die Vega ist das erste GFK-Segelflugzeug, das vollständig von Slingsby konstruiert wurde und das nach dem Zusammenbruch der ursprünglichen Firma Slingsby 1969 auftauchte. Eines seiner Haupt-Konstruktions-Kriterien war seine Fähigkeit von den Vorschriften zu profitieren, welche für die 15-m-Klasse maßgebend waren und welche den Einbau von Wölbklappen erlauben. Konstruiert für eine optimale Leistung in ihrer Klasse, weisen die Flügel der Vega ein spezielles Klappen- und Luftbremsen-Geschwindigkeits-Begrenzungs-System auf, das bei ihren Hinterkanten eingebaut ist und von einem Hebel im Cockpit betätigt wird. Eine Seitwärts-Bewegung des Hebels fährt die Klappen ±12° ein oder aus im Zusammenwirken mit den Querrudern und ändert die Wölbung der Flügel, aber ein Ziehen des Hebels betätigt die Luftbremsen, welche bei den Klappen mit kontinuierlichen, flexiblen Streifen angelenkt sind.

Die freitragenden Mitteldecker-Flügel und die Höhenflosse weisen Kohlefaser-Holme auf. Der lange, schlanke Rumpf in Halbschalen-Bauweise enthält ein komfortables, geräumiges Cockpit, welches für große oder kleine Piloten ausgelegt ist, und die einteilige Perspex-Kabinenhaube ist so

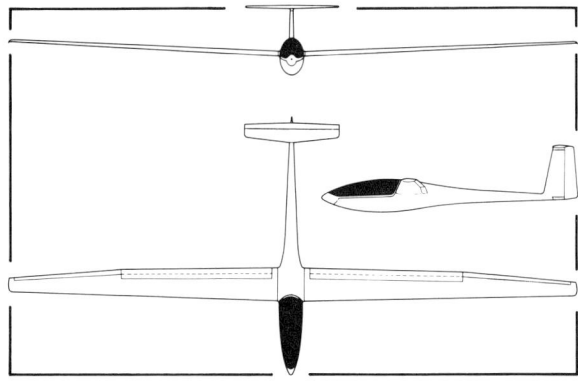

klappbar, daß sie vorn am Bug geöffnet werden kann. Um eine aerodynamisch klare Linienführung zu erzielen, ist sowohl das Haupt- als auch das Heckrad einziehbar. Der erste Flug erfolgte am 3. Juni 1977. 50 Vega-Flugzeuge wurden bis Oktober 1979 gebaut, und das Segelflugzeug hat sich bei mehreren regionalen und nationalen Wettbewerben bewährt.

Typbezeichnung: Vega
Hersteller: Slingsby
Erstflug: Juni 1977
Spannweite: 15 m
Rumpflänge: 6,72 m

Flügelfläche: 10,05 m^2
Profil: Wortmann
    FX-67-K-150/FX-71-L-150
Streckung: 22,4
Leergewicht: 234 kg

Wasserballast: 88 kg
Max. Fluggewicht: 440 kg
Max. Flächenbelastung:
    43,8 kg/m^2
Max. Fluggeschwindigkeit: 250 km/h

Überziehgeschwindigkeit: 67 km/h
Min. Sinken bei 82 km/h: 0,67 m/sec.
Max. Manövergeschwindigkeit:
    195 km/h
Beste Gleitzahl bei 111 km/h: 42

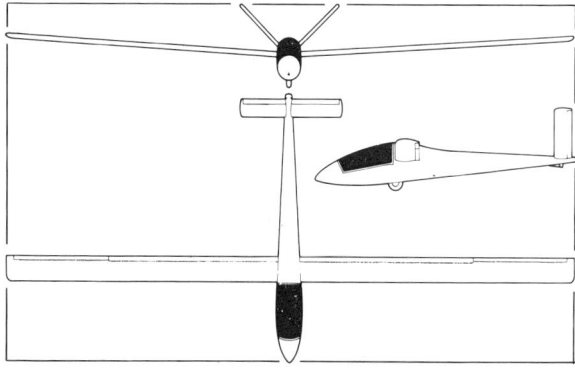

Die SD3-15 ist ein einsitziges 15-m-Mehrzweck-Segelflugzeug, das hauptsächlich für Clubs und kleine Verbände konstruiert wurde. Ein geringer Kapitaleinsatz und laufende Kosten wurden daher mit sicheren Flugcharakteristiken, einem niedrigen Handhabungs-Gewicht und einer geringen Größe kombiniert. Die Konstruktion des Prototyps dieses Flugzeugs begann im September 1974, und es flog erstmals im März 1975. Dieses Flugzeug, das eine Entwicklung der von J. Gibson, K. Emslie und dem verstorbenen L. Moore konstruierten BG 135 darstellt, erhielt die Bezeichnung SD3-13V. Der Prototyp weist die Bezeichnung SD3-15V auf (erster Flug Juli 1975) und das Fertigungsflugzeug die Bezeichnung SD3-15T (erster Flug Dezember 1976), wobei der Suffix-Buchstabe in jedem Fall die Heck-Konfiguration bezeichnet.

Die freitragenden Mitteldecker-Flügel sind hauptsächlich aus Metall, mit Metall und Polystyren-Rippen und Flügelspitzen aus Glasfaser-verstärktem Kunststoff. Die Hinterkanten-Luftbremsen sind aus Ganzmetall. Beim Rumpf handelt es sich um eine Halbschalen-Konstruktion aus vier Längsholmen, einer tragenden Metall-Außenhaut und einem Bugkonus aus glasfaserverstärktem Kunststoff. Das Fahrwerk besteht aus einem nichteinziehbaren Einzelrad mit einer nach innen expandierenden Bremse.

Typbezeichnung: SD3-15 T
Hersteller: Swales
Erstflug: Dezember 1976
Spannweite: 15 m
Rumpflänge: 6,1 m
Höhe: 1,3 m

Flügelfläche: 9,57 m²
Profil: Wortmann FX-61-168
Streckung: 24
Leergewicht: 222 kg
Wasserballast: – kg
Max. Fluggewicht: 330 kg

Max. Flächenbelastung:
34,48 kg/m²
Max. Fluggeschwindigkeit:
201 km/h
Überziehgeschwindigkeit:
65 km/h

Min. Sinken bei 78 km/h:
0,73 m/sec.
Max. Manövergeschwindigkeit:
159 km/h
Beste Gleitzahl bei 89 km/h:
36

Torva 15 Sport / Großbritannien

Die Torva wurde als einsitziges Segelflugzeug mit guter Leistung und zu einem mäßigen Preis erhältlich zum Einsatz bei Clubs und privaten Eigentümern konstruiert. Es wurden zwei Versionen von John Sellars konstruiert: die Torva 15 Standard und die Torva 15 Sport, die erste für einen Einsatz als Club-Segelflugzeug und die letzte für Erholungs- und Wettbewerbsflüge.

Die Firma Torva bediente sich des CAD-(Computer-aided Design)Zentrums zur Konstruktion des Rumpfs und der Kabinendach-Profile, mit dem Ziel, eine gute aerodynamische Form und ein komfortables Cockpit zu erhalten. Glasfaserverstärkter Kunststoff (GFK) wurde für die Konstruktion gewählt, mit Sperrholz- und Schaumstoff-Sandwich-Rahmen im Rumpf, und Sperrholz-Spanten in den Flügeln. Ein speziell modifiziertes Wortmann-Tragflächen-Profil wurde gewählt, um eine gute Steiggeschwindigkeit bei der schwachen britischen Thermik zu erzielen, welche auch wieder auf eine Überziehungs-Geschwindigkeit kommen würde, die niedrig genug ist, um Landungen auf kurzen Landebahnen zu ermöglichen. Die Flügel umfassen Luftbremsen, und die Torva Sport ist mit Klappen ausgerüstet, das erste moderne

in Großbritannien konstruierte Segelflugzeug, bei dem dies der Fall ist. Bei der Standard ist eine Vorkehrung für Wasserballast vorhanden.

Das Fahrwerk umfaßt ein gefedertes Hauptrad mit Bremse, einziehbar bei der Torva Sport, und ein Nylon-Heckrad. Die Torva Sport wurde erstmals am 8. Mai 1971 von Chris Riddell geflogen, dem die zwei existierenden Torva-Flugzeuge gehörten, seitdem die Firma schloß.

Typbezeichnung: TA 15 Sport	Flügelfläche: 11,3 m^2
Hersteller: Torva	Profil: Wortmann modif.
Erstflug: Mai 1971	Streckung: 20
Spannweite: 15 m	Leergewicht: 238 kg
Rumpflänge: 7,11 m	Wasserballast: 59 Kg

Max. Fluggewicht: 408 kg	Min. Sinken bei 81 km/h: 0,62 m/sec.
Max. Flächenbelastung: 36 kg/m^2	
Max. Fluggeschwindigkeit: 216 km/h	Max. Manövergeschwindigkeit: 148 km/h
Überziehgeschwindigkeit: 65 km/h	Beste Gleitzahl bei 82 km/h: 37

Die Mrigasheer ist ein einsitziges Standardklassen-Segelflugzeug. Es ist das erste, welches am Technical Centre von einem Team von Konstrukteuren und Ingenieuren unter der Leitung von Herrn K. B. Ganesan, dem Direktor für Forschung und Entwicklung konstruiert und entwickelt wurde. Die Originalversion, die HS-1, flog erstmals im November 1970.

Die weiterentwickelte HS-2 flog erstmals im April 1973 und erreichte einen Monat später den zweiten Platz bei den ersten indischen nationalen Segelflugmeisterschaften in Kampur.

Auf der Basis der aerodynamischen Konstruktion der ersten HS-2 befindet sich ein zweiter Prototyp in Konstruktion. Dieser hat geschlitzte Hinterkantenklappen anstatt Luftbremsen und glasfaserverstärkte, horizontale Kunststoff-Hecksteuerflächen mit unterschiedlichem Tragflächenprofil.

Die hölzernen Zweiholmflügel weisen einen Sperrholz-Vorderkanten-Torsionskasten mit Sperrholzbeplankung hinter dem Hauptholm auf. Der hintere Holm weist die Anlenkungspunkte der Holzklappen und Querruder auf. Der Rumpf ist in Halbschalen-Holzbauweise mit Sperrholzbe-

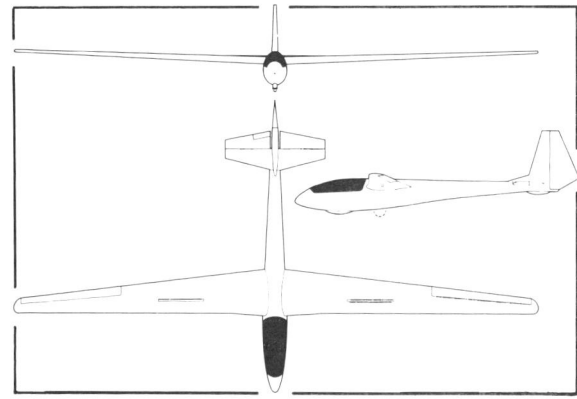

planung ausgeführt. Das einziehbare ungefederte Einzelrad ist mit einer herkömmlichen Trommelbremse ausgestattet; die gummigefederte Bugkufe und die gummigefederte Heckkufe vervollständigen das Fahrwerk.

Typbezeichnung: HS-2 Mrigasheer	Höhe: 2,5 m	Wasserballast: – kg	Min. Sinken: 0,58 m/sec.
Hersteller: Civil Aviation Department	Flügelfläche: 11,24 m²	Max. Fluggewicht: 335 kg	Max. Manövergeschwindigkeit:
Erstflug: April 1973	Profil: Wortmann FX-61-184/163/60-126	Max. Flächenbelastung:	148 km/h
Spannweite: 15 m	Streckung: 19,85	29,54 kg/m²	Beste Gleitzahl: 32
Rumpflänge: 7,59 m	Leergewicht: 237 kg	Max. Fluggeschwindigkeit: 213 km/h	

Kartik KS-2 / Indien

Obgleich im Westen kaum bekannt, gibt es in Indien nicht nur eine aktive, von der Regierung geförderte Segelflugbewegung, sondern auch Konstruktionen und Produktion eigener Segelflugzeuge, und von Zeit zu Zeit werden nationale Meisterschaften abgehalten. Hier handelt es sich um ein Land mit enormen Potentialen für die Durchführung von Segelflügen mit starker Thermik, sehr hochliegenden Wolkenbänken und unerforschten Bergen, welche einen ausgezeichneten Auf ergeben: doch es gibt auch große Schwierigkeiten, von denen die hohen Kosten für Motoraustattung nicht die geringsten sind.

Die Kartik KS-2 ist ein einheimisches, einsitziges Hochleistungssegelflugzeug, das aus der Kartik KS-1, konstruiert von S. Ramamrithram, entwickelt wurde. Die Verbesserung in bezug auf die Originalkonstruktion beinhalten eine geringe Verlängerung des Rumpfes, eine Verringerung der Höhe des Cockpits und einen verjüngten Flügel anstatt des Original ‹Doppel Rechteck› Flügels der KS-1. Sie flog erstmals am 4. Mai 1965, zwei Jahre nach der KS-1. Seither sind viele dieser Segelflugzeuge gebaut und geflogen worden, und eine Anzahl Verbesserungen wurden vorgenommen.

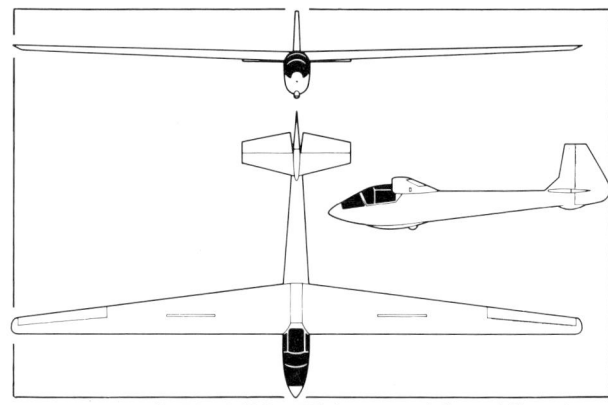

Das neunte Kartik-Modell (1976) hat geschlitzte Hinterkantenklappen anstatt Luftbremsen. Die Konstruktion ist herkömmlich aus Holz und Stoff, obgleich der Bug aus Glasfaser ist. Das Fahrwerk besteht aus einem nicht-einziehbaren Einzelrad mit Trommelbremse und gummigefederter Bugkufe mit austauschbarem Stahlschuh. Die Heckkufe ist mit Tennisbällen gefedert.

Typbezeichnung: KS-2 Kartik	**Rumpflänge:** 7,37 m	**Leergewicht:** 210 kg	**Überziehgeschwindigkeit:** 58 km/h
Hersteller: Civil Aviation Department	**Höhe:** 2,26 m	**Wasserballast:** – kg	**Min. Sinken bei 65 km/h:** 0,6 m/sec.
Erstflug: Mai 1965	**Flügelfläche:** 13,54 m^2	**Max. Fluggewicht:** 320 kg	**Max. Manövergeschwindigkeit:** 140 km/h
Spannweite: 15 m	**Profil:** NACA 64^3 618	**Max. Flächenbelastung:** 23,63 kg/m^2	**Beste Gleitzahl 75 km/h:** 31
	Streckung: 16,6	**Max. Fluggeschwindigkeit:** 200 km/h	

Einige der Segelflugzeuge sind von einem Pionier der indische Segelflugbewegung, dem Direktor des Indian Civil Aviation Department, Herrn S. Ramamrithram selbst konstruiert worden.

Da die beschränkten wirtschaftlichen Möglichkeiten Indiens bedeutende Importe ausländischer Segelflugzeuge ausschlossen, kam es dazu, daß die Mehrzahl der Klubflugzeuge indischen Ursprungs und ihre Konstruktion aus einheimischem Material sein muß. Deshalb sind die indischen Segelflugzeuge ausschließlich aus Holz und Stoff gebaut worden.

Die Rohini ist das zweite, zweisitzige Segelflugzeug, das in Indien konstruiert und gebaut wurde. Zwischen 1961 und 1964 sind am Technical Centre of Civil Aviation vier Prototypen gebaut worden, die von S. Ramamrithram, der auch den ersten indischen Zweisitzer, den Ashivini entwickelte, konstruiert wurden. Der erste Prototyp flog erstmals am 10. Mai 1961. Die Rohini weist eine Anzahl Komponenten auf, die indentisch mit denen der Ashivini sind, nur daß die Ashivini ein Tandem-Zweisitzer ist, während bei der Rohini die Sitze nebeneinander liegen. Die Konstruktion ist aus Holz und Stoff. Die hochliegenden Flügel sind in ähnlicher Weise verstrebt, wie die der Slingsby T.21, mit der die Rohini eine oberflächliche Ähnlichkeit hat.

Mehr als 100 Rohinis sind von der Veegal Engines and Engeneering Company in Kalkutta und von der Hindustan Aeronautics Company in Kampur gebaut worden.

Typbezeichnung: RG-1 Rohini 1
Hersteller: Civil Aviation Department
Erstflug: Mai 1961
Spannweite: 16,56 m
Rumpflänge: 8,17 m

Höhe: 2,33 m
Flügelfläche: 20,76 m²
Profil: NACA 4418/4412
Streckung: 13,2
Leergewicht: 274 kg

Wasserballast: – kg
Max. Fluggewicht: 494 kg
Max. Flächenbelastung: 23,76 kg/m²
Max. Fluggeschwindigkeit: 174 km/h
Überziehgeschwindigkeit: 48 km/h

Min. Sinken bei 61 km/h:
 0,85 m/sec.
Max. Manövergeschwindigkeit:
 120 km/h
Beste Gleitzahl bei 77 km/h: 22

Aer-Pegaso M-100 / Italien

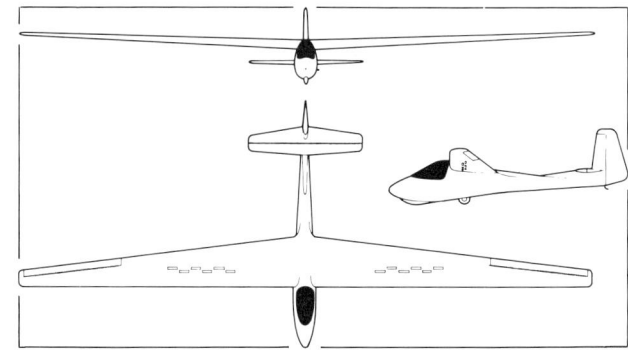

Anfang der 50er Jahre konstruierten Alberto und Piero Morelli die 14-m-M-100, die einen Wettbewerb des italienischen Aero Clubs für die beste Konstruktion eines einsitzigen Segelflugzeuges gewann. Die Flügelspannweite wurde später auf 15 m erweitert, um den Erfordernissen der Standardklasse zu entsprechen. Insgesamt wurden etwa 180 Stück produziert, – sowohl in Italien bei Avionautica Rio, als auch in Frankreich in Lizenz von S.A. Carmam, wo sie unter dem Namen M-100 S Mésange (Tomtit) bekannt wurde.
Dieses Segelflugzeug ist eine herkömmliche Ganzholzkonstruktion, teilweise mit Stoffbespannung und mit Buchen-Hauptflügel-Tragholm. Die ungebräuchlichen Luftbremsen weisen drei paar drehende Platten auf, die über und unter jedem Flügel angeordnet sind. Das freitragende Ganzholz-Leitwerk weist Höhenruder-Trimmklappen auf, und die beweglichen Steuerflächen sind stoffbespannt. Das Cockpit hat einen Lagerraum für Sauerstoff und Funkausrüstung hinter dem Sitz und hat eine einteilige, seitlich klappbare Plexiglas-Kabinenhaube.
Der Rumpf ist eine Ganzholzkonstruktion in Halbschalenbauweise mit einem einzelnen Schlepphaken, sowohl für

Luft-, als auch für Windenstart. Das Fahrwerk besteht aus einer gummigefederten Bugkufe, einem nicht einziehbaren Einzelrad mit Scheibenbremse und einer Heckkufe.
Die M-100 flog erstmals 1957 und wurde lange als das Standardübungssegelflugzeug in Italien eingesetzt. Da die M-100 für normalen Kunstflug (doch nicht für Rückenflug) ausgelegt ist, nahm sie sowohl an nationalen, wie auch an internationalen Wettbewerben teil.

Typbezeichnung: M-100 S	Flügelfläche: 13,1 m²	Max. Fluggewicht: 315 kg	Min. Sinken bei 67 km/h:
Hersteller: Aer-Pegaso	Profil: NACA 63618/615	Max. Flächenbelastung: 24 kg/m²	0,62 m/sec.
Erstflug: Januar 1960	Streckung: 17,1	Max. Fluggeschwindigkeit:	Max. Manövergeschwindigkeit:
Spannweite: 15 m	Leergewicht: 198 kg	230 km/h	140 km/h
Rumpflänge: 6,56 m	Wasserballast: – kg	Überziehgeschwindigkeit: 51 km/h	Beste Gleitzahl bei 77 km/h: 32

Dieses rekordbrechende zweisitzige Hochleistungs-Segelflugzeug, das derzeit nicht weniger als vier Weltrekorde für Zweisitzer hält, wurde bei Caproni Vizzola, der ältesten italienischen Flugzeugfirma gebaut. Konstruiert von C. Ferrarin und L. Sonzio, begannen die Arbeiten an der Calif-Serie 1969. Der Prototyp A-21 machte seinen Jungfernflug am 23. November 1970. Die Original A-21 wird nicht mehr gebaut; – ihren Platz hat die unten beschriebene A-21 S eingenommen.

Der aerodynamisch günstige Rumpf in Kaulquappenform ist aus GFK und einem aus Aluminium verstärkten Vorderteil und einem Ganzmetall-Leitwerkträger gebaut. Die Ganzmetall-Leitfläche und das Seitenruder sind rückwärts gepfeilt und die voll-bewegliche Höhenflosse ist am Oberteil der Leitfläche befestigt. Das geräumige Cockpit ist mit doppeltem Steuer ausgestattet und weist eine zweiteilige Kabinenhaube auf. Die freitragenden Mitteldeckerflügel haben einen geradlinigen Mittelteil und zwei trapezförmige Außenteile. Ein dreiteiliger Ganzmetall-Haupttragholm wird von zwei Hilfsholmen im Mittelteil und einem in jedem der Außenpanels ergänzt. Die Flügelspitzen sind aus GFK. Eine

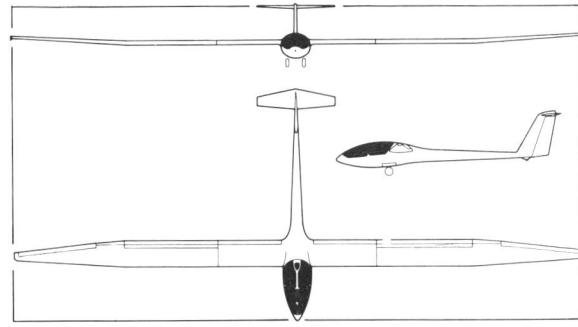

Besonderheit dieses Segelflugzeuges ist das Hinterkantenklappen-/Störklappen-System, welches Wölbungsflächen zwischen ±8° gewährleistet und als Luftbremse bei einer Auslenkung von 89° nach unten arbeitet. Das Fahrwerk besteht aus einem manuell einziehbaren, zweirädrigen Fahrgestell und einem fest angebrachten Heckrad.

Typbezeichnung: Calif A-21 S
Hersteller: Caproni Vizzola
Erstflug: November 1970
Spannweite: 20,38 m
Rumpflänge: 7,84 m

Höhe: 1,61 m
Flügelfläche: 16,19 m^2
Profil: Wortmann FX-67-K-170/60-126
Streckung: 25,65

Leergewicht: 436 kg
Wasserballast: – kg
Max. Fluggewicht: 644 kg
Max. Flächenbelastung: 39,8 kg/m^2
Max. Fluggeschwindigkeit: 255 km/h

Überziehgeschwindigkeit: 63 km/h
Min. Sinken bei 85 km/h: 0,6 m/sec.
Max. Manövergeschwindigkeit: 255 km/h
Beste Gleitzahl bei 105 km/h: 43

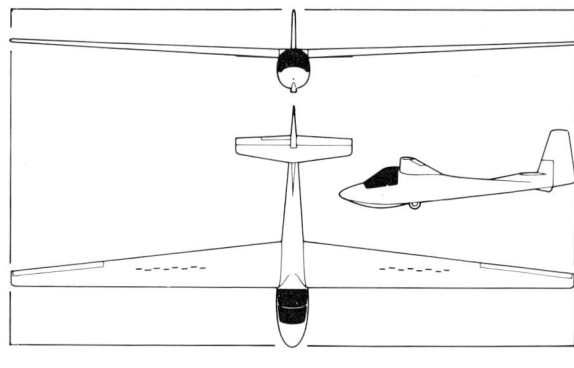

Konstruiert von Alberto und Piero Morelli, ist die M-200 die zweisitzige Version der M-100. Der erste Prototyp der M-200 ist bei CVT Turin aufgrund eines Vertrages mit dem italienischen Aero Club gebaut worden und flog erstmals im Mai 1964. Das Layout der M-100 ist im allgemeinen beibehalten worden, wobei der Flügel und das Leitwerk praktisch dieselbe Kontur, Tragflächenprofile und Steuerflächen, doch in verschiedenen Größen aufweisen. Die Besonderheit der M-200 ist der Rumpf und besonders die Cockpitanordnung. Gestaffelte, nebeneinanderliegende Sitze wurden gewählt; diese Anordnung ermöglicht gute Sicht für beide Piloten. Das Segelflugzeug hält korrekt Balance und es braucht keinen Ballast, wenn es Solo geflogen wird.

Der Rumpf ist aus Sperrholz konstruiert mit Spanten und Stringern. Die einteilige Kabinenhaube ist seitlich klappbar. Der Flügel ist dem der M-100 nachgebaut, durch Erhöhung der Flügelspannweite von 15 m auf 18,15 m und des Aspektverhältnisses (der Flügelstreckung) von 17,1 auf 19. Der Flügel ist eine Einzelholm-Konstruktion aus Holz und Stoff mit Vorderkanten-Torsionskasten. Die Luftbremsen bestehen aus vier Paaren drehender Platten bei jedem Flügel.

Die M-200 ist leicht zu fliegen, selbst beim ersten Alleinflug. Sie ist für Kunstflug ausgelegt.

Typbezeichnung: Morelli M-200	Flügelfläche: 17,5 m^2	Max. Fluggewicht: 570 kg	Überziehgeschwindigkeit: 70 km/h
Hersteller: CVT	Profil: NACA 63618/615	Max. Flächenbelastung: 32,57 kg/m^2	Min. Sinken: 0,7 m/sec.
Erstflug: Juni 1964	Streckung: 19		Max. Manövergeschwindigkeit: 225 km/h
Spannweite: 18,15 m	Leergewicht: 345 kg	Max. Fluggeschwindigkeit: 225 km/h	
Rumpflänge: 7,6 m	Wasserballast: – kg		Beste Gleitzahl bei 98 km/h: 32

Die M-300, konstruiert von Alberto Morelli, ist ein einsitziges Hochleistungs-Segelflugzeug, von dem zwei Prototypen bisher gebaut und vom Centro di Volo a Vela in Turin geflogen wurden. Der erste Prototyp machte seinen ersten Flug im April 1968. Die M-300 ist für Wettbewerb- und Rekordflüge genauso ausgelegt wie für Clubeinsatz und weist viele Originalmerkmale auf. Eine besonders sorgfältige Aufmerksamkeit wurde Konstruktionstechniken geschenkt, um die erforderliche Genauigkeit und Qualität der Oberflächenbeschaffenheit zu erzielen und die für den Bau benötigte Zeit zu verringern. Einige stranggepresste Konstruktionsteile wurden bei der Konstruktion verwendet. Die Flügel weisen eine Verbundkonstruktion der Außenhaut, hergestellt aus vorgeformten dicken Sperrholzpanelen und den Spanten auf, die aus einem Holzsandwich ausgefräst sind. Der verjüngte Flügelholm ist ein bearbeiteter I-Träger aus Aluminium-Zink-Legierung mit gewichtssparenden Löchern, die in die Rippe eingeschnitten sind. Die Flügel sind am Rumpf durch Redux-verbundene Dural-Fittinge befestigt.

Der Rumpf ist in herkömmlicher Halbschalenbauweise in Holz ausgeführt und ist auf vier Hauptrahmen und neun Stringern aufgebaut. Der Bugkonus ist aus GFK. Das Leitwerk besteht aus einer rückwärts-gepfeilten Leitfläche und Seitenruder, sowie einer einteiligen, voll beweglichen Aluminium-Legierung-Höhenflosse mit geringer Tiefe, die am Oberteil der Leitfläche montiert ist. Das Seitenruder ist doppelt geschlitzt.

Typbezeichnung: Morelli M-300	Flügelfläche: 9,16 m²
Hersteller: CVT	Streckung: 24,7
Erstflug: April 1968	Leergewicht: 190 kg
Spannweite: 15 m	Wasserballast: – kg
Rumpflänge: 6,39 m	Max. Fluggewicht: 300 kg

Max. Flächenbelastung: 32,7 kg/m²	Min. Sinken bei 79 km/h: 0,62 m/sec.
Max. Fluggeschwindigkeit: 250 km/h	Beste Gleitzahl bei 88 km/h: 38
Überziehgeschwindigkeit: 71 km/h	

Nippi Albatros NP-100 A / Japan

Der NP-100 A ist ein zweisitziger Mantelschrauben-Motorsegler, bei dem die Sitze nebeneinander liegen. Der modifizierte 44,7 kW (60 PS) 748 cc Dreizylinder Kawasaki-Motorradmotor, der eine hölzerne Vierblatt-Luftschraube mit 0,6 m Durchmesser ansteuert, ist in der Mitte des Rumpfes unter dem Flügelansatz angebracht. Dreifache jalousienförmige Luftansaugklappen auf jeder Seite des Rumpfes sind mit dem Motorstartschaltkreis verbunden, um einen Betrieb des Motors zu verhindern, wenn die Klappen geschlossen sind. Der 40-Liter-Treibstoff-Tank liegt im Rumpf.

Der Rumpf ist eine Ganzmetall-Konstruktion in Halbschalenbauweise, mit einem vorwärts einziehbaren Doppelradfahrgestell, welches mechanisch durch Federbetätigung arbeitet. Das Cockpit ist durch eine rückseitig- klappbare Kabinenhaube mit Rahmen abgedeckt, und doppelte Steuer sind angebracht. Die freitragenden Schulterdeckerflügel sind aus Ganzmetall mit zweiteiligen Klappen auf jeder Seite. Die Innenklappen weisen einen größeren Bewegungsbereich auf und können auf 80° zum Einsatz als Luftbremsen ausgefahren werden; die Außenklappen haben eine Auslen-

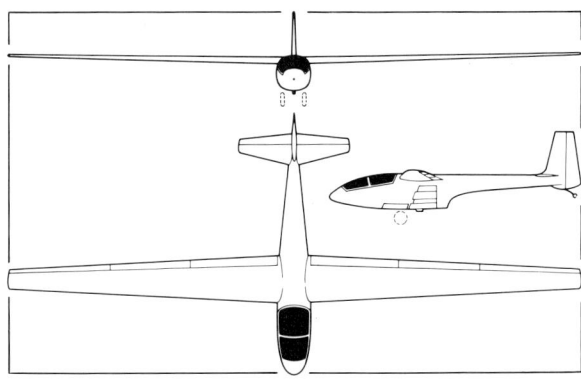

kung von max. 48°.

Die Konstruktionsarbeiten begannen Ende 1973. Der Prototyp flog erstmals am 25. Dezember 1975. Die Flugerprobung erfolgte im Laufe des Jahres 1976, und daraufhin wurden mehrere Modifikationen vorgenommen. Man erwartete, daß die erste Vorserien-NP-100 A Anfang 1978 fliegen würde.

Typbezeichnung: NP-100 A Albatros	Höhe: 2,23 m	Max. Fluggewicht: 600 kg	Beste Gleitzahl bei 90 km/h: 30
Hersteller: Nippi	Flügelfläche: 18 m^2	Max. Flächenbelastung: 33,3 kg/m^2	Motor: Kawasaki HZI 748 ccm,
Erstflug: Dezember 1975	Profil: Wortmann FX-67-K-170	Max. Fluggeschwindigkeit: 160 km/h	44,7 kW (60 PS)
Spannweite: 18 m	Streckung: 18	Überziehgeschwindigkeit: 65 km/h	Startrollstrecke: 365 m
Rumpflänge: 8 m	Leergewicht: 420 kg	Min. Sinken bei 83 km/h: 0,8 m/sec.	Steigleistung: 120 m/min.
	Wasserballast: – kg		Reichweite: 200 km

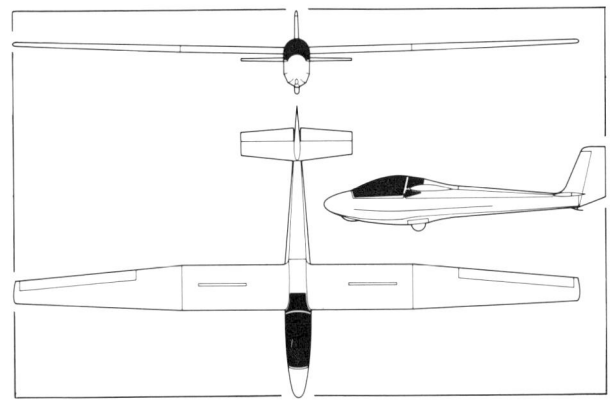

Obgleich Japan sehr erfolgreich auf vielen Märkten konkurriert, war dies für den Export seiner Segelflugzeuge nicht der Fall. Einige einsitzige Hochleistungssegelflugzeuge werden gebaut, doch gewöhnlich fliegen die japanischen Teams bei Weltmeisterschaften Flugzeuge, die in Europa gebaut wurden.

Die Mita-3 ist ein populäres, zweisitziges Segelflugzeug, das von der Firma LADCO gebaut wurde, bis diese Firma ihre Segelflugabteilung an die Firma Tainan übergab, welche die Produktion der Mita-3 in Lizenz fortsetzte.

Bis Januar 1976 waren 37 davon gebaut worden.

Dieses Schulungs-Segelflugzeug weist freitragende, dreiteilige Schulterdeckerflügel mit einem Mittelteil mit konstanter Tiefe und verjüngten Außenpanels auf. Die Flügel weisen eine Ganzholz-Kastenholm-Einholm-Konstruktion mit Sperrholzbeplankung und stoffbespannten Steuerflächen auf. Schempp-Hirth Luftbremsen sind an den Flügeloberseiten eingebaut. Der Rumpf ist ein stoffbespannter Stahlrohrrahmen mit GFK-Bug und Vorderteil. Die Sitze in Tandem-Anordnung werden von einer zweiteiligen, bündig eingebauten Kabinenhaube abgedeckt, die nach Steuer-bord klappbar ist. Das aus Holz ausgeführte Leitwerk umfaßt eine große Höhenflosse mit stoffbespannten Steuerflächen. Das Fahrwerk besteht aus einem nicht einziehbaren, gummigefederten Einzelrad mit Bremse und einer Heckkufe.

Typbezeichnung: Mita 3
Hersteller: Tainan
Spannweite: 16 m
Rumpflänge: 7,96 m
Höhe: 1,28 m

Flügelfläche: 15,87 m^2
Profil: NACA 63^{3}618
Streckung: 16,13
Leergewicht: 300 kg
Wasserballast: – kg

Max. Fluggewicht: 450 kg
Max. Flächenbelastung: 28,4 kg/m^2
Max. Fluggeschwindigkeit: 190 km/h

Überziehgeschwindigkeit: 62 km/h
Min. Sinken bei 75 km/h: 0,72 m/sec.
Beste Gleitzahl bei 82 km/h: 30

Ikarus Kosava / Jugoslawien

Anfang der fünfziger Jahre war der jugoslawische Kosava (Nordwind) eine interessante zweisitzige Konstruktion. Die Jugoslawische Flugsport-Organisation beauftragte Milos Ilic und Andŕýan Kisóvek, ein Segelflugzeug zu konstruieren, um den deutschen Kranich zu ersetzen. Ihr Ziel war, einen Zweisitzer mit guten Flugeigenschaften bei hohen Geschwindigkeiten mit minimalem Absinken bei geringen Geschwindigkeiten zu produzieren.

Ein Schulterdecker-Knickflügel mit einer leichten Vorderpfeilung bei der Vorderkante und einer ausgeprägten Pfeilung bei der Hinterkante wurde gewählt. Dieser vorwärtsgepfeilte Flügel war für den Soloflug nützlich, weil er den Schwerpunkt auf einem geeigneten Punkt hielt. Die Sitze wiesen eine Tandemanordnung in einem relativ langen Cockpit auf. Die Flügel-Steuerbereiche umfaßten Unterflügel-Störklappen, Klappen, Innenquerruder und Außenquerruder. Eine Kombination der Auslenkung von Klappen und Querrudern in verschiedenen Positionen machten den Kosava geeignet für Thermikflug, Überland- und Wolkenflug. Der zweite Prototyp wies Schempp-Hirth-Luftbremsen auf. Der Kosava wurde in herkömmlicher Weise aus Holz und

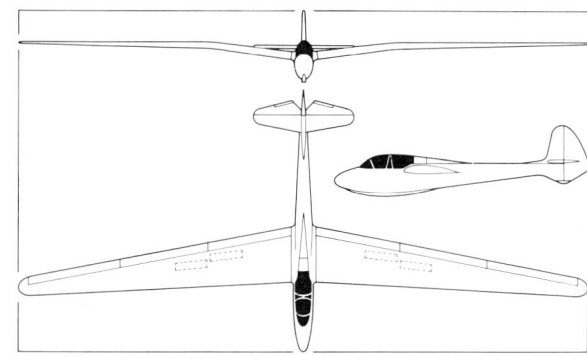

Stoff gebaut. Der Prototyp flog erstmals im März 1953, und einige Wochen später erzielte Bozo Komac einen Sieg bei den Jugoslawischen Meisterschaften. Der Kosava erzielte viele Siege in der Zweisitzer-Klasse und nahm den ersten Platz bei den Weltmeisterschaften in Camphill 1954 und den zweiten Platz in Saint Yan im Jahre 1956 ein.

Typbezeichnung: Kosava
Hersteller: Ikarus
Erstflug: März 1953
Spannweite: 19,13 m
Rumpflänge: 8,33 m

Flügelfläche: 21,12 m²
Profil: Göttingen 549/CAGI 731-M
Streckung: 17,3
Leergewicht: 336 kg
Wasserballast: – kg

Max. Fluggewicht: 575 kg
Max. Flächenbelastung:
27,2 kg/m²
Max. Fluggeschwindigkeit:
220 km/h

Überziehgeschwindigkeit:
53 km/h
Min. Sinken bei 75 km/h:
0,66 m/sec.
Beste Gleitzahl bei 87 km/h: 33,5

Die jugoslawische Segelflugzeug-Fabrikation begann bereits 1929, und 1950 erzielte die Orao II einen sensationellen dritten Platz bei den Weltmeisterschaften, die in Schweden abgehalten wurden. Dieses Segelflugzeug wurde von einem Team von drei Konstrukteuren, Boris Cijan, Stanko Obad und Miho Mazovek konstruiert, der 1954 den Ganzmetall Meteor konstruierte. Es ist eine eindrucksvolle, elegante Konstruktion, und es war der Vorläufer der derzeitigen Generation schlanker Gleitflugzeuge mit Wölbklappen.

Der Meteor ist ein einsitziges Hochleistungs-Segelflugzeug mit einem Laminarströmungs-Flügel. Der Rumpf in Halbschalen-Bauweise ist aus zwei Teilen hergestellt, um Reparaturen zu erleichtern. Der rückwärtige Teil ist gerade verjüngt mit Stringers und einer tragenden Außenhaut. Die Cockpit-Abdeckung ist vollständig abnehmbar. Das Fahrwerk umfaßt eine ungewöhnlich große, einziehbare, bogenförmige Vorderkufe und ein einziehbares Rad mit Bremse. Die Flügel weisen Hinterkanten-Klappen und Querruder auf, deren Innenteil als Klappen ausgelenkt werden kann, sowie modifizierte DFS-Luftbremsen.

Der Meteor wurde am 4. Mai 1956 erstmals vom Belgrader Flugfeld aus geflogen und war bald als ausgezeichnetes Hochleistungs-Segelflugzeug anerkannt. Es erzielte vierte oder fünfte Plätze in der Offenen Klasse bei den nächsten drei Weltmeisterschaften und hielt für kurze Zeit die Welt-Geschwindigkeitsrekorde für die 100- und 300-km-Dreiecksstrecken.

Typbezeichnung: Meteor 60
Hersteller: Ikarus
Erstflug: Mai 1956
Spannweite: 20 m
Rumpflänge: 8,05 m

Flügelfläche: 16 m^2
Profil: NACA 633616 5
Streckung: 25
Leergewicht: 376 kg
Wasserballast: – kg

Max. Fluggewicht: 505 kg
Max. Flächenbelastung:
 31,5 kg/m^2
Max. Fluggeschwindigkeit:
 250 km/h

Überziehgeschwindigkeit: 67 km/h
Min. Sinken: 0,54 m/sec.
Max. Manövergeschwindigkeit:
 125 km/h
Beste Gleitzahl bei 90 km/h: 42

VTC Delfin 3 / Jugoslawien

Der VTC Delfin 1 (Foto) gab sein internationales Debüt bei den Weltmeisterschaften in South Cerney/England im Jahre 1965, aber sein tatsächlicher Durchbruch erfolgte, als er erste und zweite Plätze bei den Polnischen Nationalmeisterschaften im Jahre 1966 einnahm.

Dieses einsitzige Segelflugzeug wurde von Z. Gabrizel und T. Dragovic vom Luft- und Raumfahrt-Department konstruiert, im Vrsac-Werk gebaut und flog erstmals im Dezember 1963. In die Serienproduktion ging es als Delfin 2, bei dem Holz-Querruder die aus Metall ersetzten. Es wurden siebenundzwanzig gebaut, wobei vier später in die Delfin-3-Version umgewandelt wurden.

Der Delfin 3, der eine sperrholzbeplankte Holzkonstruktion war, machte seinen Jungfernflug im Juli 1968. Die 15-m-Schulterdeckerflügel sind in der Form trapezoid mit Sperrholz-Vorderkanten und stoffbespannten rückwärtigen Teilen. Sie umfassen Querruder aus Holz und Schempp-Hirth-Luftbremsen aus Metall, die beide oberhalb und unterhalb des Flügels arbeiten. Beim Rumpf handelt es sich um eine Konstruktion in Schalenbauweise mit einem Leitwerk aus Holz, das leicht nach rückwärts gepfeilt ist, sowie einer festen Höhenflosse mit Höhenrudern, die eine Trimmklappe auf der Steuerbordseite aufweisen. Ein Merkmal des Delfin 3 ist die einteilige Einzelkurven-Kabinenhaube, welche dadurch möglich ist, daß der Pilot halb-zurückgelehnt sitzt. Das Fahrwerk umfaßt ein nicht-einziehbares, ungefedertes Rad mit Bremse, eine Heck-Kufe und eine gummigefederte Bugkufe.

Typbezeichnung: Delfin 3	**Flügelfläche:** 12,82 m²	**Max. Fluggewicht:** 325 kg	**Überziehgeschwindigkeit:** 60 km/h
Hersteller: VTC	**Profil:** NACA 663618	**Max. Flächenbelastung:** 25,3 kg/m²	**Min. Sinken bei 75 km/h:** 0,65 m/sec.
Erstflug: Juli 1968	**Streckung:** 17,55	**Max. Fluggeschwindigkeit:** 250 km/h	**Max. Manövergeschwindigkeit:** 145 km/h
Spannweite: 15 m	**Leergewicht:** 223 kg		**Beste Gleitzahl bei 87 km/h:** 31
Rumpflänge: 6,85 m	**Wasserballast:** – kg		

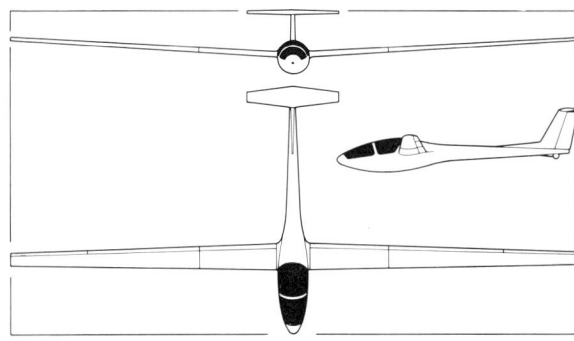

Die Gemini ist ein zweisitziges Hochleistungs-Segelflugzeug mit nebeneinanderliegenden Sitzen, welches von Dr. D. J. Marsden von der Alberta Universität konstruiert wurde. Es wurde als Forschungsprojekt konzipiert mit der Maßgabe, daß Pläne für den Eigenbau zur Verfügung gestellt würden, wenn genug Interesse für dieses Segelflugzeug mit variabler Geometrie vorliegen würde. Um einen hohen Auftriebs-Koeffizient für Steigflug bei Thermik zu gewährleisten, beschloß Dr. Marsden, das mechanisch einfache Schlitz-Klappen-System anstatt das Wölbungsklappen-System zu verwenden, welches bei verschiedenen Hochleistungs-Segelflugzeugen verwendet wurde.

Die Mettallflügel in vier Teilen von annähernd gleichem Gewicht weisen Schlitz-Klappen mit voller Spannweite auf. Die äußeren Klappen-Abschnitte arbeiten auch als Querruder, und die inneren 2,5 m Abschnitte weisen eine Auslenkung bis zu 75° zur Verwendung als Lande-Kontroll-Klappen auf. Diese manuell betätigten Klappen werden bei Reiseflug eingefahren und werden für den Thermalflug auf 10° herunter ausgefahren.

Der Rumpf ist aus Metall, wobei der vordere Teil aus einem Metallrohrgerüst mit GFK-Schale besteht. Die gepfeilte Leitwerksfläche mit einer vollbeweglichen Höhenflosse, die an der Oberseite montiert ist, geht glatt in den hinteren Rumpf über. Das Fahrwerk besteht aus einem manuell-einziehbaren Einzelrad und einem festeingebauten Heckrad. Eine 15-m-Version mit einem Sitz befindet sich in der Konstruktion. Mit der Gemini hält Dr. Marsden derzeit die 100 km und 300 km Dreiecks-Geschwindigkeits-Rekorde.

Typbezeichnung: Gemini	Rumpflänge: 7,77 m	Streckung: 29,5	Überziehgeschwindigkeit: 65 km/h
Hersteller: E. Dumas, M. D. Jones und D. J. Marsden	Höhe: 1,52 m	Leergewicht: 357 kg	
	Flügelfläche: 11,5 m^2	Wasserballast: – kg	Min. Sinken bei 80 km/h: 0,75 m/sec.
Erstflug: Oktober 1973	Profil: Wortmann FX 61-163	Max. Fluggewicht: 545 kg	
Spannweite: 18,45 m	(Schlitz--Klappen)	Max. Flächenbelastung: 47,4 kg/m^2	Beste Gleitzahl bei 110 km/h: 38

Alsema Sagitta / Niederlande

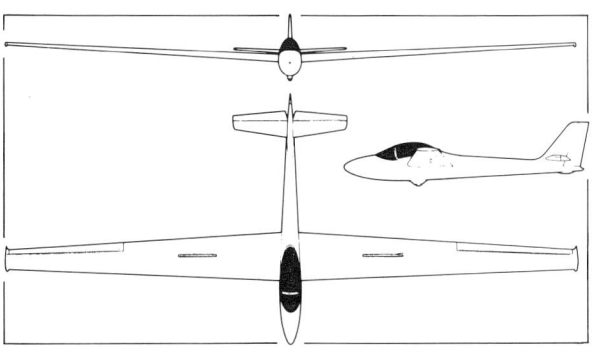

Die Sagitta (Arrow), das erste niederländische einsitzige Standardklassen-Segelflugzeug, wurde von Piet Alsema nach drei Jahren Planung und Entwicklung konstruiert und gebaut. Dieses gut aussehende Segelflugzeug hat einen schlanken Ganzholz-Rumpf mit ansteigender Leitfläche und Seitenruder mit langem spitzen Bug und verschiebbarer geblasener Kabinenhaube, welche eine ausgezeichnete Rundsicht gewährt. Die freitragende, hölzerne Höhenflosse kann zum Schleppen zusammengeklappt werden. Das Fahrwerk umfaßt ein festes Einzelrad mit Bremse.

Die zweiteiligen Mitteldeckerflügel sind Ganzholz-Einzelholm-Konstruktionen mit Sperrholz-Vorderkanten-Torsionskastenversteifung und einer 25%igen Stoffbespannung. Die Querruder sind glatt und aus Holz, und die Luftbremsen, die eine Spezialkonstruktion aufweisen, arbeiten sowohl an den Flügelober-, als auch an den Flügelunterseiten.

Der Prototyp Sagitta flog erstmals am 4. Juli 1960. Das erste Produktionsmodell, Sagitta 2 genannt, wurde am 24. November 1961 ausgerollt. Es wurden nur zwanzig Stück gebaut, einige davon wurden exportiert.

Die Super Sagitta, von der man erstmals im Frühjahr 1964 hörte, war ein Projekt zur Entwicklung einer 17-m-Version der Sagitta mit vergrößerten Flügel- und Heckflächenbereichen.

Typbezeichnung: Alsema Sagitta
Hersteller: Vliegtuigbouw
Erstflug: November 1961
Spannweite: 15 m
Rumpflänge: 6,47 m

Flügelfläche: 12 m²
Profil: NACA 63³618/4412
Streckung: 18,7
Leergewicht: 217 kg
Wasserballast: – kg

Max. Fluggewicht: 320 kg
Max. Flächenbelastung: 26,7 kg/m²
Max. Fluggeschwindigkeit: 270 km/h
Überziehgeschwindigkeit: 66 km/h

Min. Sinken bei 78 km/h: 0,64 m/sec.
Max. Manövergeschwindigkeit: 200 km/h
Beste Gleitzahl bei 97 km/h: 37

Samburo AVo 68 Alpla-Werke / Österreich

Der Samburo ist ein Tiefdecker-Motorsegler, der für Schulungs-, Überland- und Erholungsflüge ausgelegt ist. Er wurde von Werner Vogel unter Mitarbeit von Prof. Dr. Ernst Zeibig (Wien) konstruiert und in der kürzlich ins Leben gerufenen Motorseglerabteilung der Alpla-Werke gebaut. Er hat einen stoffbespannten Stahlrohrrumpf und ein herkömmliches Heck. Der hintere Teil der großen, zweiteiligen Kabinenhaube kann nach hinten verschoben werden, um einen Zugang über den Flügel zu ermöglichen. Die Flügel weisen eine Holz- und Stoffkonstruktion und Störklappen auf. Sie sind zur Unterbringung bis auf 10 m einklappbar. Die Sitze liegen nebeneinander, und doppelte Steuer sind vorgesehen. Das Fahrwerk hat ein festes Hauptrad, ein steuerbares Heckrad und kleine Hilfsräder für die Flügel auf Nylonstützen. Die Bremse für das Hauptrad kann auch als Parkbremse benutzt werden.

Der Limbach-Motor ist im Bug untergebracht und treibt eine zweiflügelige Luftschraube mit verstellbarer Steigung an. Der AVo 60 ist eine leichtere Ausführung, die von einem 60 PS Motor angetrieben wird, der eine Luftschraube mit fester

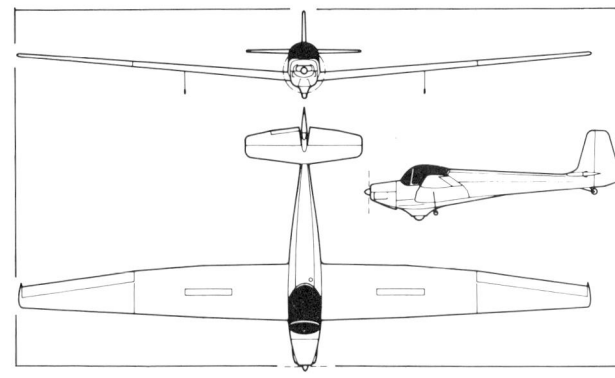

Steigung antreibt. Er braucht weniger Kraftstoff und hat einen kleineren Kraftstofftank. Die Leistung ist ähnlich derjenigen des AVo 68, mit Ausnahme einer langsameren Steigungsgeschwindigkeit. Die Produktion wurde 1979 wieder eingestellt.

Typbezeichnung: AVo 68
Hersteller: Alpla-Werke
Erstflug: 1971
Spannweite: 16,7 m
Rumpflänge: 7,9 m
Höhe: 1,82 m

Flügelfläche: 20,7 m²
Profil: Göttingen 549/NACA 642
Streckung: 13,6
Leergewicht: 470 kg
Wasserballast: – kg
Max. Fluggewicht: 685 kg

Max. Flächenbelastung:
  31,4 kg/m²
Max. Fluggeschwindigkeit:
  170 km/h
Überziehgeschwindigkeit:
  60 km/h

Min. Sinken bei 74 km/h:
  0,85 m/sec.
Beste Gleitzahl bei 80 km/h: 24
Motor: Limbach 60 PS
Startrollstrecke: 150–180 m
Steigleistung: 2,8 m/sec.

Brditschka HB-3 / Österreich

H. W. Brditschka aus Linz in Österreich stellt gegenwärtig zwei Motorsegler, die einsitzige HB-3 und die größere, zweisitzige HB-21 her.

Der Flügel der HB-3 basiert auf der Konstruktion von Ing. Fritz Raab für das Segelflugzeug Krähe und ist aus Rotkiefer, Fichten- und Birkensperrholz hergestellt. Sie ist besonders für Schulungsflüge und Flüge in bergigen Gebieten geeignet, da sie eine kurze Startstrecke und eine gute Steigungsgeschwindigkeit aufweist. Drei Prototypen wurden gebaut, der erste flog im Juni 1971.

Dieser ungewöhnliche Motorsegler weist einen freitragenden Ganzholz-Hochflügel, Ganzholz-Querruder und Oberseiten-Störklappen auf. Der Rumpf besteht aus einem GFK-Schalen-überzogenen Stahlrohrrahmen. Das Leitwerk ist mit zwei Stahlrohren am Rumpf befestigt, wobei das untere unter der Luftschraube zum Unterteil des Rumpfes läuft, und das obere durch die Mitte der Luftschraube geht. Die Konstruktion ist drahtverspannt. Der Rotax 642 Zweitakt-Motor treibt eine zweiflügelige Hoffmann-Luftschraube mit fester Steigung über einen Riemen an.

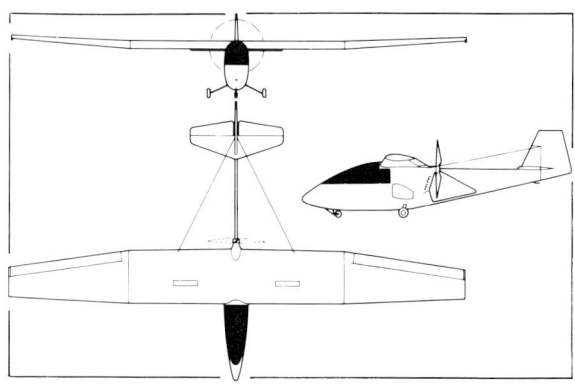

1973 wurde eine HB-3 das erste elektrisch angetriebene selbststartende Motorsegelflugzeug. Diese Aufführung, die als MB-E 1 bekannt ist, ist mit einem 8–10kW (13 PS) Bosch-Elektromotor ausgestattet.

Typbezeichnung: HB-3
Hersteller: Brditschka
Erstflug: Juni 1971
Spannweite: 12 m
Rumpflänge: 7 m
Höhe: 2,95 m

Flügelfläche: 14,22 m^2
Profil:Göttingen 758/Clark Y
Streckung: 11,1
Leergewicht: 255 kg
Wasserballast: – kg
Max. Fluggewicht: 372 kg

Max. Flächenbelastung: 26,2 kg/m^2
Max. Fluggeschwindigkeit: 175 km/h
Überziehgeschwindigkeit: 60 km/h
Min. Sinken: 1,15 m/sec.

Beste Gleitzahl bei 80 km/h: 21
Motor: Rotax 642 Zweitakt 30,6 kW (41 PS)
Startrollstrecke: 100 m
Steigleistung: 180 m/min.
Reichweite: 700 km

Die HB-21 ist eine zweisitzige Entwicklung des HB-3 Motorseglers und hat dieselbe Luftschrauben-Anordnung, wodurch der obere Leitwerkträger durch die Luftschrauben-Nabe hindurchgehen kann.

Die dreiteiligen Flügel sind aus Birkensperrholz mit Tragholmen aus Buchenschichtstoff und weisen Holz-Querruder und Störklappen an der Oberseite auf. Das Heck ist eine herkömmliche Holzkonstruktion mit stoffbespannten Steuerflächen. Der Rumpf ist ähnlich dem der HB-3, weist aber eine größere Länge auf. Er besteht aus einem Stahlrohrrahmen mit Glasfaserüberzug und weist ein geräumiges und geheiztes Cockpit mit zwei Sitzen in Tandem-Anordnung auf, abgeschlossen von einer hochgewölbten, dreiteiligen Kabinenhaube, welche nach der Seite aufklappbar ist.

Wie für die kleinere HB-3 steht eine Auswahl an Antriebsaggregaten zur Verfügung: die HB-21L wird von einem 48,5 kW (65 PS) VW-Westermayer 1600 G Vierzylinder-Boxermotor angetrieben, die HB-21R hat einen 30,6 kW (41 PS) Rotax-Motor, die beide eine zweiflügelige Hoffmann HO 14-175B

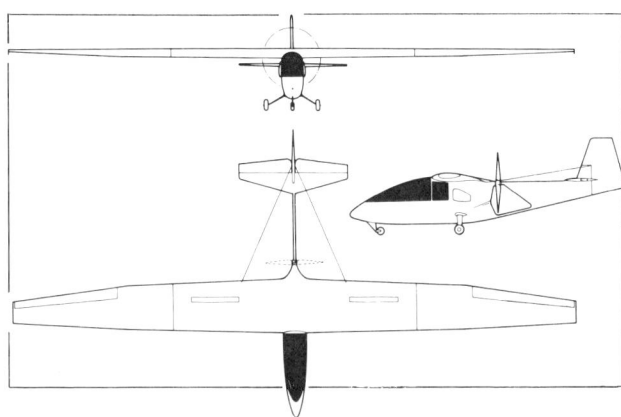

117 LD-Luftschraube mit fester Steigung ansteuern. Der 54-Liter Tank aus Aluminium befindet sich im Flügel.

Zwölf HB-21 wurden bis Anfang 1978 verkauft. Eine nahm 1976 am 6. Deutschen Motorsegler-Wettbewerb teil.

Typbezeichnung: HB-21 R	**Profil:** Wortmann	**Max. Flächenbelastung:**	**Beste Gleitzahl bei 100 km/h:** 28
Hersteller: Brditschka	FX-61-184/60-126	33,7 kg/m^2	**Motor:** Rotax 642 Zweitakt
Erstflug: 1973	**Streckung:** 13,9	**Max. Fluggeschwindigkeit:**	30,6 kW (41 PS)
Spannweite: 16,24 m	**Leergewicht:** 418 kg	260 km/h	**Startrollstrecke:** 170 m
Rumpflänge: 7,9 m	**Wasserballast:** – kg	**Überziehgeschwindigkeit:**	**Steigleistung:** 132 m/min.
Höhe: 2,6 m	**Maximales Fluggewicht:**	66 km/h	**Reichweite:** 650 km
Flügelfläche: 18,98 m^2	640 kg	**Min. Sinken bei 80 km/h:** 0,8 m/sec.	

![Foto der Brditschka HB-21 mit Kennzeichen OE 9081 vor Bergkulisse]

Oberlerchner Mg 19 / Österreich

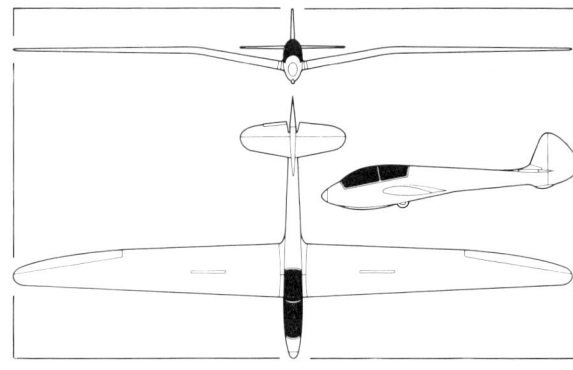

Nach dem Zweiten Weltkrieg förderte der österreichische Industrielle Joseph Oberlerchner die Wiederaufnahme der Segelflugzeugherstellung und war für die Produktion der Mg 19, einer Weiterentwicklung der Vorkriegs-Mg 9 verantwortlich.

Ing. Erwin Musger, der Konstrukteur der Mg-Serie, hatte den Ruf des Vorkriegs-Österreich als bedeutendem Hersteller von Segelflugzeugen begründet und aufrechterhalten. Seine erste Konstruktion, die Mg 2, erschien 1930 und war ein freitragender Schulterflügel-Segler mit Knickflügeln von 18 m Spannweite. 1931 folgte die Mg 4, der erste österreichische Hochleistungssegler, der Anlaß zu einer Serie von beachtlichen Streckenflügen gab. Eine spätere Entwicklung war die Mg 10.

1935 konstruierte Musger die zweisitzige Mg 9, mit der er 1936 den österreichischen Dauerflugrekord von 8,09 Std. aufstellte. Ebenfalls eine Mg 9 stellte am 10. September 1938 einen Welt-Dauerflugrekord von 40 Stunden und 51 Minuten auf. Die Mg 12, ein Schulungssegler, wurde kurz vor Kriegsausbruch hergestellt. Die Mg 19 selbst ist ein zweisitziges Tandem-Schulungsflugzeug mit einem tiefsitzenden Knickflügel in herkömmlicher Holz- und Stoffkonstruktion.

Der Prototyp flog erstmals im November 1951, und von diesem erfolgreichen und beliebten Schulungsflugzeug wurden viele gebaut und fliegen sogar noch heute.

Typbezeichnung: Mg 19
Hersteller: Josef Oberlerchner
Erstflug: November 1951
Spannweite: 17,6 m
Rumpflänge: 8,04 m
Höhe: 1,65 m

Flügelfläche: 21 m²
Profil: Göttingen 549/676
Streckung: 14,2
Leergewicht: 298 kg
Wasserballast: – kg
Max. Fluggewicht: 480 kg

Max. Flächenbelastung: 22,9 kg/m²
Max. Fluggeschwindigkeit: 180 km/h
Überziehgeschwindigkeit: 50 km/h

Min. Sinken bei 62 km/h: 0,65 m/sec.
Max. Manövergeschwindigkeit: 130 km/h
Beste Gleitzahl bei 67 km/h: 27,8

Oberlerchner Mg 23 / Österreich

Die mit der erfolgreichen Mg 19 (siehe dort) gewonnenen Erfahrungen machte sich Erwin Musger bei der Konstruktion der Hochleistungs-Mg 23, die erstmals im Juni 1955 flog, zunutze.

Die Mg 23 ist ein einsitziger Segler in konventioneller Sperrholzkonstruktion. Sie weist Einzelholm-Holzflügel auf, wobei der Holm geschickt hinter der Vorderkante und eine Sperrholzlagen-Verstärkung vor dem Holm angebracht ist. Dies und der enge Rippenabstand von 125 mm erleichtern die Herstellung von glatten, polierten Oberflächen. Die Flügel haben hölzerne Schempp-Hirth Luftbremsen.

Der Rumpf besteht aus einer Sperrholzschale mit verstärktem Bug und einer Plexiglas-Kabinenhaube.

Das Fahrwerk besteht aus einem Einzelrad mit Bremse, einer Bugkufe mit Gummi, um eine gewisse Stoßdämpfung zu gewährleisten, und einer bogenförmigen Heckkufe.

Der Mg 23 gelang der gleiche Erfolg wie der Mg 19, indem sie die Österreichische Staatsmeisterschaft gewann und eine ganze Anzahl nationaler Rekorde einstellte. Sie bedeutete insofern einen Markstein, als sie den Anfang des öster-

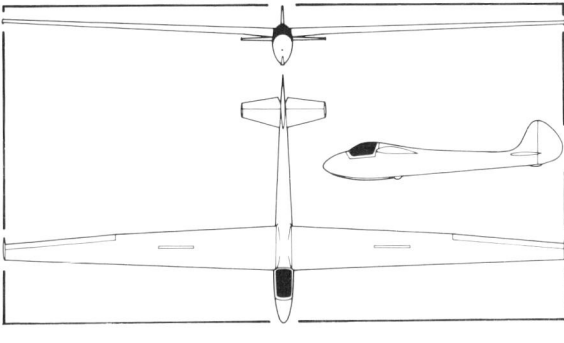

reichischen Nationalteams signalisierte und dazu verhalf, Österreich in die Reihe der Bewerber zu bringen, mit denen bei Weltmeisterschaften zu rechnen war.

Das letzte Segelflugzeug, das von Joseph Oberlerchner gebaut wurde, war die Mg 23 SL (siehe unten), die 1962 mit größerer Leitwerksfläche, längerem Kabinendach und einem auskurbelbaren Laufrad erschien.

Typbezeichnung: Mg 23 SL	Flügelfläche: 14,21 m^2	Max. Flächenbelastung: 25,3 kg/m^2	Min. Sinken bei 68 km/h: 0,66 m/sec.
Hersteller: Josef Oberlerchner	Profil: NACA 631315	Max. Fluggeschwindigkeit: 220 km/h	Max. Manövergeschwindigkeit: 130 km/h
Erstflug: April 1962	Streckung: 18,54	Überziehgeschwindigkeit: 60 km/h	Beste Gleitzahl bei 79 km/h: 32
Spannweite: 16,4 m	Leergewicht: 240 kg		
Rumpflänge: 7,11 m	Wasserballast: – kg		
	Max. Fluggewicht: 360 kg		

OE-0342

Standard Austria / Österreich

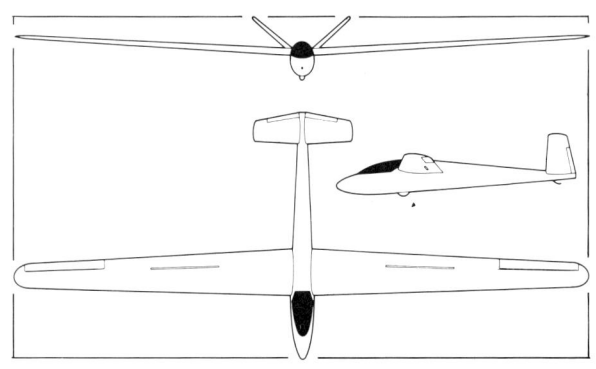

Die Standard Austria, die 1960 den OSTIV-Preis für das beste Standardklassen-Segelflugzeug erhielt, wurde vom Österreichischen Aero Club bestellt. Der Konstrukteur Rüdiger Kunz wollte ein Segelflugzeug mit relativ niedriger Flügelbelastung und einem hohen Auftrieb/Luftwiderstand konstruieren und mußte daher eine völlig neue Konstruktionsmethode wählen.

Die Standard Austria ist ganz aus Holz gebaut mit Ausnahme des Bugteils, des Pilotensitzes und des Heckkegels, die alle aus Glasfaser sind. Das große, fest angebrachte Laufrad mit seiner Scheibenbremse ist vor dem Schwerpunkt angebracht. Das holz- und stoffbespannte V-Heck ist voll beweglich und umfaßt verzahnte Klappen. Der Holz-Flügel weist eine Konstruktion mit tragender Außenhaut ohne Holme und eine Stoffbespannung von 65% Tiefe zur Hinterkante auf.

Die große Festigkeit dieses Hochleistungsseglers zusammen mit seinen guten Flugeigenschaften machen die Standard Austria besonders geeignet für Wolkenflug.

Die 1964er Version der Standard Austria, das Modell SH, wurde mit einem neuen Flügel, mit einem Epplerprofil 266 ausgestattet. Diese Modifikation verbessert die Leistung bei Geschwindigkeiten von 60 bis 100 km/h.

Typbezeichnung: Standard Austria
Hersteller: Österreichischer Aero Club
Erstflug: Juli 1959
Spannweite: 15 m

Rumpflänge: 6,2 m
Flügelfläche: 13,5 m²
Profil: NACA 652415
Streckung: 16,7
Leergewicht: 205 kg
Wasserballast: – kg

Max. Fluggewicht: 323 kg
Max. Flächenbelastung: 23,93 kg/m²
Max. Fluggeschwindigkeit: 250 km/h
Überziehgeschwindigkeit: 55 km/h

Min. Sinken bei 70 km/h: 0,7 m/sec.
Max. Manövergeschwindigkeit: 140 km/h
Beste Gleitzahl bei 105 km/h: 34

Polens Ruf als Hersteller einiger der besten Hochleistungs-Segelflugzeuge der Welt wurde vor dem Krieg begründet und 1951 mit der Jaskolka fortgesetzt. In den sechs Jahren vom Mai 1954 bis Mai 1960 hielt dieses Segelflugzeug nicht weniger als 15 Weltrekorde.

Zwei Prototypen der Jaskolka kamen 1951 heraus, – der erste im September, der zweite im Dezember. Darauf folgten drei Jahre Entwicklung, bevor die Jaskolka in Serie ging. Der Prototyp hatte eine Rumpflänge von 6,74 m, doch für die Serie wurde er auf 7,42 m vergrößert.

Die zweiteiligen, freitragenden Mitteldeckerflügel sind aus Holz mit Stoffbespannung und weisen Fowler-Klappen, die auf 12° oder 25° ausgefahren werden können, und Luftbremsen auf. Als die Jaskolka erstmals auftauchte, hatte sie einige Merkmale, die man vorher noch nicht gekannt hatte: die gepreßte, zweiteilige Plexiglas-Kabinenhaube, bei welcher der Rückteil nach hinten verschiebbar ist, der versenkte Griff, der im rückseitigen Rumpf für den Bodenbetrieb eingebaut war und das halb-einziehbare Laufrad. Als die Produktion 1961 eingestellt wurde, waren insgesamt

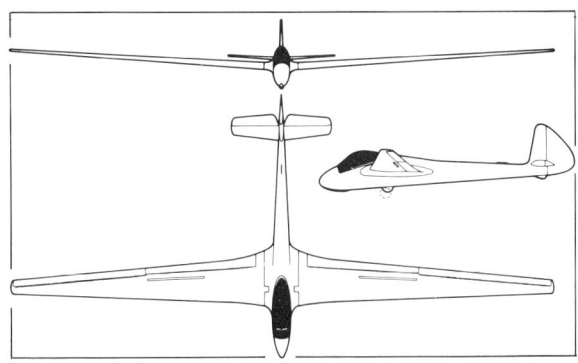

125 Jaskolkas gebaut worden. Viele davon wurden exportiert.

Typbezeichnung: Jaskolka-Z	Flügelfläche: 13,6 m^2	Max. Fluggewicht: 370 kg	Min. Sinken bei 74 km/h:
Hersteller: SZD	Profil: NACA 23012 A	Max. Flächenbelastung: 27,2 kg/m^2	0,75 m/sec.
Erstflug: 1955	Streckung: 18,8	Max. Fluggeschwindigkeit:	Max. Manövergeschwindigkeit:
Spannweite: 16 m	Leergewicht: 270 kg	250 km/h	120 km/h
Rumpflänge: 7,42 m	Wasserballast: 95 kg	Überziehgeschwindigkeit: 50 km/h	Beste Gleitzahl bei 83 km/h: 28,5

Mucha Standard SZD-22 / Polen

Das einsitzige Hochleistungs-Segelflugzeug Mucha Standard ist eine Entwicklung der berühmten IS-Mucha-Serie, die bis auf 1948 zurückdatiert und die in großer Zahl von polnischen Segelfluggruppen eingesetzt wurde und mehrere Diamant- und rekordbrechende Flüge durchführte. Die Mucha SZD-12 wurde 1957 entwickelt und war die Vorgängerin der Mucha Standard. Speziell von R. Grzywacz für die 1958 in Polen abgehaltenen Weltmeisterschaften konstruiert, wo sie, geflogen von Adam Witek, den ersten Platz in der Standard-Klasse einnahm. Die Mucha-Standard ist eine Ganzholz-Konstruktion. Die freitragenden Flügel haben einen einzigen Hauptholm und Quer-Hilfsholm und sind entweder sperrholzbeplankt (SZD-22B) oder stoffbespannt (SZD-22C). Die stoffbespannten Friese-Querruder weisen beide einen aerodynamischen- und Massenausgleich auf. Luftbremsen sind innen an den Querrudern eingebaut.
Der Rumpf mit ovalem Querschnitt ist sperrholzbeplankt. Das Cockpit wird von einer stromlinienförmigen Muschelschalen-Plexiglas-Kabinenhaube abgedeckt.
Das Fahrwerk besteht aus kurzen Vorder- und Hinterkufen, die mit Gummikissen abgefedert sind und einem Einzelrad.

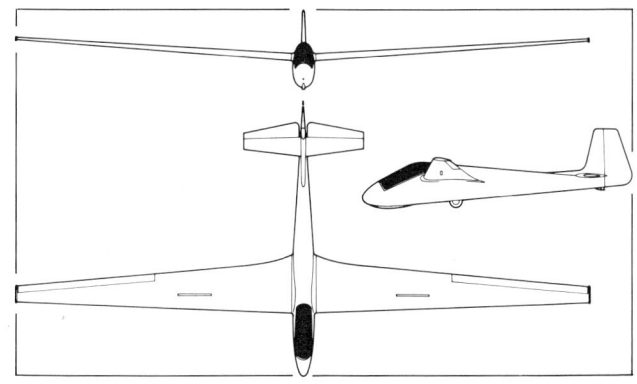

Mehr als 240 Flugzeuge dieses Typs wurden gebaut, wobei viele des Typs SZD-22C exportiert wurden.
Zwei weitere Modelle D und E wurden hergestellt, wobei der D-Typ eine modifizierte Kufe und Laufrad und der E-Typ einen neuen Flügel aufwies.

Typbezeichnung: Mucha Standard
Hersteller: SZD
Erstflug: Februar 1958
Spannweite: 14,98 m

Rumpflänge: 7 m
Flügelfläche: 12,75 m^2
Profil: Göttingen 549
Streckung: 17,6
Leergewicht: 240 kg

Wasserballast: – kg
Max. Fluggewicht: 350 kg
Max. Flächenbelastung: 25,6 kg/m^2
Max. Fluggeschwindigkeit: 250 km/h
Überziehgeschwindigkeit: 59 km/h

Min. Sinken bei 71 km/h: 0,73 m/sec.
Max. Manövergeschwindigkeit: 200 km/h
Beste Gleitzahl bei 75 km/h: 27,8

Eines der meistbekannten Schulungs-Segelflugzeuge ist der zweisitzige von SZD gebaute Bocian. Es ist eines der wenigen zweisitzigen Segelflugzeuge, das für Kunstflug einschließlich Rückenflug ausgelegt ist. Der Prototyp wurde erstmals am 11. Mai 1952 geflogen, das erste Serien-Flugzeug im März 1953. Mehrere Änderungen wurden am Heck und besonders am Seitenruder vorgenommen. Der Bocian C flog erstmals im Februar 1954, gefolgt von dem D im Jahre 1958 und schließlich dem E, der erstmals am 6. Dezember 1966 flog. Bis Ende 1976 sind insgesamt 593 Bocians SZD-9 gebaut worden.

Es handelt sich um eine Holz- und Stoffkonstruktion. Der Rumpf mit ovalem Querschnitt ist sperrholzbeplankt und weist zwei Sitze in Tandem-Anordnung unter einer langen, geblasenen Plexiglas-Kabinenhaube auf. Das Fahrwerk besteht aus einem nicht-einziehbaren Einzelrad mit Bremse und Vorderkufe. Die Mitteldecker-Flügel sind 1° 30' mit ein Viertel Tiefe vorwärts gepfeilt. Sie bestehen aus einer Zweiholm-Holzkonstruktion mit Sperrholz-D-Profil-Vorderkante und Stoffbespannung. SZD-Luftbremsen sind innerhalb der geschlitzten Querruder eingebaut. Von 1955 bis 1968 bra-

chen polnische Piloten viele Weltrekorde in verschiedenen Bocian-Modellen, u. a. Franciszek Kepka, der einen Weltrekord im Zielflug von 636,6 km im Jahre 1962 aufstellte. Der Bocian hält derzeit die Höhen-Weltrekorde für Zweisitzer.

Typbezeichnung: Bocian 1 E	Höhe: 1,2 m	Wasserballast: – kg	Min. Sinken bei 71 km/h:
Hersteller: SZD	Flügelfläche: 20 m²	Max. Fluggewicht: 540 kg	0,82 m/sec.
Erstflug: Dezember 1966	Profil: NACA 43018 A/43012 A	Max. Flächenbelastung: 27 kg/m²	Max. Manövergeschwindigkeit:
Spannweite: 17,8 m	Streckung: 15,85	Max. Fluggeschwindigkeit: 200 km/h	150 km/h
Rumpflänge: 8,21 m	Leergewicht: 342 kg	Überziehgeschwindigkeit: 60 km/h	Beste Gleitzahl bei 80 km/h: 26

SZD-19 Zefir 4 / Polen

Die Zefir 4 war die letzte aus der berühmten Zefir-Serie aus Holz und Stoffbespannung, die sich aus den Arbeiten unter der Leitung von Dipl.-Ing. B. Szuba in Polen in den Jahren 1957/58 ergab. Die Zefir SZD-19X der Offenen Klasse flog erstmals im Dezember 1958 und zog große Aufmerksamkeit bei den Weltmeisterschaften 1960 in Deutschland auf sich, wo sie zweite und dritte Plätze einnahm.

Von speziellem Interesse war der schlanke Rumpf, die Rückwärtslage des Piloten, geschlitzte Klappen, Heckfallschirm, einziehbare Rad/Schlepphaken-Gruppe und die elegante nach rückwärts gepfeilte Leitwerksfläche und Seitenruder. Die lange, schlanke Kabinenhaube öffnet sich durch ein Vorwärtsschieben von etwa 8 cm und dann durch ein Hochklappen von der Spitze des Bugkonus aus.

Die Zefir 2 wurde im Januar 1961 ausgerollt, und polnische Piloten, die diesen Typ flogen, wurden Erste und Zweite bei den Weltmeisterschaften 1963 in Argentinien. Bemühungen, die beste Gleitzahl zu erzielen, ergab die 19-m-Zefir 3 mit längerem Rumpf und Klappen über volle Flügel-Spannweite. Die Zefir 4, welche für die Weltmeisterschaften von 1968 entwickelt wurde, flog erstmals im Dezember 1967.

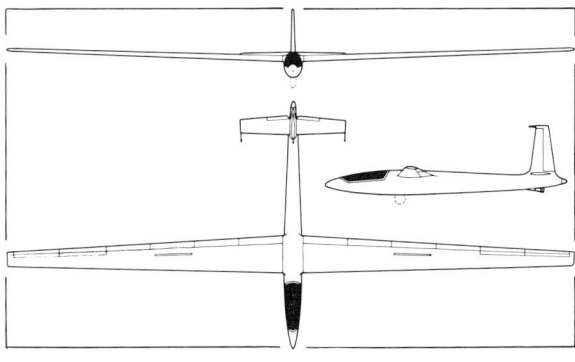

Das Leitwerk war vollständig neu konstruiert worden ohne die Rückwärtspfeilung der vorhergehenden Modelle. Die Flügel weisen Fowler-Klappen bei der vollen Spannweite auf, deren Außenteile als Querruder arbeiten.

Typbezeichnung: Zefir 4
Hersteller: SZD
Erstflug: Dezember 1967
Spannweite: 19 m
Rumpflänge: 8 m

Flügelfläche: 15,7 m^2
Profil: NACA 66-215-416
Streckung: 23
Leergewicht: 350 kg
Wasserballast: – kg

Max. Fluggewicht: 440 kg
Max. Flächenbelastung: 28 kg/m^2
Max. Fluggeschwindigkeit: 240 km/h
Überziehgeschwindigkeit: 67 km/h

Min. Sinken bei 92 km/h: 0,6 m/sec.
Max. Manövergeschwindigkeit: 200 km/h
Beste Gleitzahl bei 94 km/h: 42

Konstruiert von W. Okarmus, flog das Standard-Klassen-Hochleistungs-Segelflugzeug SZD-24 Foka erstmals am 2. Mai 1960. Sein erstes öffentliches Auftauchen bei den Weltmeisterschaften 1960, wo es den dritten Platz errang, erregte großes Interesse wegen seiner radikal neuen Konstruktionsmerkmale. Daraufhin wurde es in die Serienfertigung gegeben. Es wurden mehrere Versionen entwickelt: die SZD-24B Foka 2, die nur aus drei Vorserien-Modellen bestand und Anfang 1961 fertiggestellt wurde. Die SZD-24C Foka Standard war die erste Serien-Variante; sie flog erstmals im September 1961.

Der Rumpf besteht aus einer Holzkonstruktion in Schalenbauweise mit einem Vorderteil aus GFK. Die lange, transparente Kabinenhaube öffnet sich durch Vorwärtsschieben. Bei den Flügeln handelt es sich um eine Torsions-Kasten-Konstruktion ohne Holme mit einer dicken, tragenden Sperrholzhaut. SZD-Metall-Luftbremsen sind bei 60% Tiefe eingebaut. Das Fahrwerk weist eine lange Bug-Kufe und ein Rad auf, die entsprechend hinter dem Schwerpunkt liegen. Die SZD-32A Foka 5, welche erstmals am 28. November 1966 flog, gewann den OSTIV-Preis für die beste Standard-Klas-sen-Segelflugzeug-Konstruktion. Sie weist ein geräumigeres Cockpit auf. Die Höhenflosse war neu beim Oberteil der Leitfläche positioniert. Zu dem Zeitpunkt als die Produktion 1971 ihr Ende fand, waren insgesamt 330 Foka-Serien-Segelflugzeuge gebaut worden, einschließlich 200 für den Export in 17 Länder.

Typbezeichnung: Foka 4
Hersteller: SZD
Erstflug: Februar 1962
Spannweite: 15 m
Rumpflänge: 7 m

Flügelfläche: 12,2 m^2
Profil: NACA 63^{3}618/4415
Streckung: 18,5
Leergewicht: 245 kg
Wasserballast: – kg

Max. Fluggewicht: 386 kg
Max. Flächenbelastung: 31,64 kg/m^2
Max. Fluggeschwindigkeit: 260 km/h
Überziehgeschwindigkeit: 62 km/h

Min. Sinken bei 79 km/h: 0,7 m/sec.
Max. Manövergeschwindigkeit: 160 km/h
Beste Gleitzahl bei 95 km/h: 34

SZD – 30 Pirat C / Polen

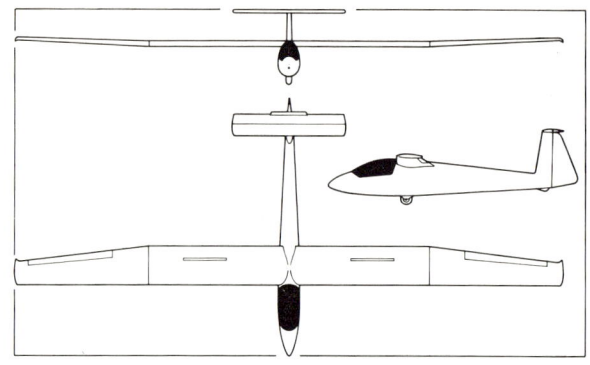

Der einsitzige Pirat wurde von Jerzy Smielkiewicz als Mehrzweck-Segelflugzeug konstruiert, das in der Lage war, die Anforderungen eines jeden Bereichs von der Schulung bis zum Wettbewerbsflug zu erfüllen, es ist für Wolkenflug und Grund-Kunstflug freigegeben. Der Prototyp flog erstmals am 19. Mai 1966, und die Fertigung begann im Jahre 1967. 1210 Flugzeuge waren bis Ende 1977 fertiggestellt worden. Der hochliegende Flügel weist drei Teile auf, einen sperrholzbeplankten Mehrfachholm-Mittelteil und sich verjüngende Außenpanels mit einer Einholm-Torsionskasten-Konstruktion. Die Querruder weisen einen Massenausgleich auf. Doppel-Platten-Luftbremsen sind beim Mittelteil vorgesehen. Sie arbeiten sowohl an den Ober- als auch an den Unterseiten. Der Rumpf besteht aus einer Sperrholzkonstruktion in Schalenbauweise mit einem GFK-Bugteil und Cockpit-Boden. Das Cockpit ist mit einer seitwärts aufklappbaren, geblasenen Kabinenhaube abgedeckt und weist eine einstellbare Rückenlehne und Seitenruder-Pedale auf.

Das Fahrwerk besteht aus einer Vorderkufe mit Stoßdämpfer und einem nicht einziehbaren Einzelrad. Das Ganzholz-

T-Leitwerk weist eine Klappe an der Hinterkante des Höhenruder auf.

Der Pirat C, der erstmals im Januar 1978 flog, weist ein geräumigeres Cockpit mit einer größeren Kabinenhaube auf. Das Laufrad wurde nach vorne versetzt, und die Bugkufe wurde weggelassen.

Typbezeichnung: Pirat C	Höhe: 0,96 m	Leergewicht: 255 kg	Überziehgeschwindigkeit: 60 km/h
Hersteller: SZD	Flügelfläche: 13,8 m²	Wasserballast: – kg	Min. Sinken bei 74 km/h: 0,7 m/sec.
Erstflug: Januar 1978	Profil: Wortmann	Max. Fluggewicht: 370 kg	Max. Manövergeschwindigkeit:
Spannweite: 15 m	FX-61-168/60-1261	Max. Flächenbelastung: 26,8 kg/m²	145 km/h
Rumpflänge: 6,92 m	Streckung: 16,3	Max. Fluggeschwindigkeit: 250 km/h	Beste Gleitzahl bei 84 km/h: 34

Die SZD – 36 Cobra 15 ist ein einsitziges Standard-Klassen-Hochleistungs-Segelflugzeug, das von Dipl.-Ing. Wladislaw Okarmus konstruiert wurde. Die Konstruktion begann im Oktober 1968, und der Cobra-15-Prototyp flog erstmals am 30. Dezember 1969. Im Jahre 1970, bei den Weltmeisterschaften in Marfa, Texas erzielten die polnischen Piloten Wroblewski und Kepka zweite und dritte Plätze in der Standard-Klasse mit Cobra 15-Flugzeugen. Eine Cobra 17 wurde Fünfte in der Offenen Klasse.

Die freitragenden Schulterdecker-Flügel weisen eine Einholm-Holzkonstruktion mit einer stark gepreßten, tragenden Sperrholz Außenhaut mit GFK-Überzug auf. Die glatten Querruder sind aus einer Sperrholz/Polystyren-Schaumstoff-Sandwich-Konstruktion und weisen einen Massenausgleich auf. SZD-Metall/Glasfaser-Luftbremsen sind über und unter jeder Flügelseite eingebaut. Die 17 Meter Cobra der Offenen Klasse hat die Möglichkeit, Wasserballast in den Flügeln mitzuführen.

Beim Rumpf handelt es sich um eine Ganzholz-Konstruktion in Halbschalenbauweise mit ovalem Querschnitt, sperrholzbeplankt auf der Rückseite und vorne mit GFK-

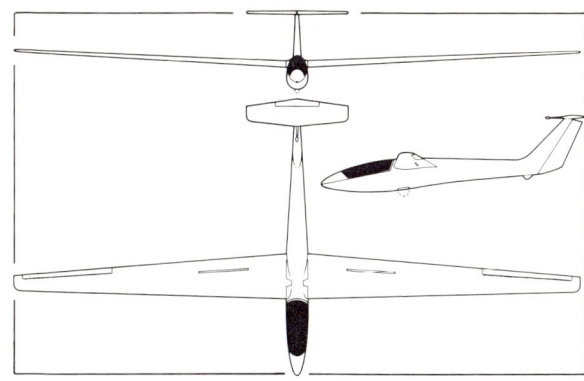

Überzug. Die einteilige, geblasene Kabinenhaube wird zum Öffnen nach vorne geschoben. Das Fahrwerk besteht aus einem manuell einziehbaren Einzelrad und einer Heckkufe. Das voll-bewegliche T-Leitwerk weist die rückwärts gepfeilte Leitflächen- und Seitenruder-Charakteristik der Serie und der späteren Modelle der Foka auf und ist mit einem Federtrimmer und einer Zahnrad-Klappe ausgerüstet.

Typbezeichnung: Cobra 15	Höhe: 1,59 m	Leergewicht: 257 kg	Überziehgeschwindigkeit: 67 km/h
Hersteller: SZD	Flügelfläche: 11,6 m²	Wasserballast: – kg	Min. Sinken bei 73 km/h: 0,6 m/sec.
Erstflug: Dezember 1969	Profil: Wortmann	Max. Fluggewicht: 385 kg	Max. Manövergeschwindigkeit:
Spannweite: 15 m	FX-61-168/60-1261	Max. Flächenbelastung: 33,2 kg/m²	170 km/h
Rumpflänge: 7,05 m	Streckung: 19,4	Max. Fluggeschwindigkeit: 250 km/h	Beste Gleitzahl bei 96 km/h: 38

SZD-40X Halny / Polen

Erstmals geflogen am 23. Dezember 1972 von Dipl.-Ing. Z. Bylock vom Erprobungs-Institut in Bielskobiala, wurde die zweisitzige Hochleistungs SZD-40X Halny von W. Okarmus konstruiert und als Forschungs-Segelflugzeug gebaut, um die Leistungsfähigkeit eines neuen Flügelprofils zu begründen. Hier handelt es sich um eine 20-Meter-Anpassung des Zefir 4-Flügels, der bei hohen Geschwindigkeiten eine ausgezeichnete Leistung aufwies, aber weniger effizient bei Thermikflügen und bei schwachem Auftrieb war.

Der freitragende Schulterdeckerflügel ist eine GFK/Holzkasten-Konstruktion ohne Holm mit einer Vorwärtspfeilung von 4° bei Viertel-Tiefe und Fittings aus rostfreiem Stahl. Er weist Klappen ohne Anlenkungen und Querruder ohne Schlitze auf, die von Gestängen betätigt werden. SZD-Doppel-Platten-Metall-Luftbremsen, die sich bei 60% Tiefe befinden, arbeiten sowohl oberhalb als auch unterhalb jeder Flügelseite. Der Rumpf weist einen Ganz-Kunststoff-Vorderteil in Schalenbauweise, einen Stahlrohr-Rahmen-Mittelteil und ein Metallrohr-Hinterteil in Schalenbauweise auf. Die beiden Sitze in Tandem-Anordnung werden durch eine einteilige Kabinenhaube abgedeckt, die Steuer und das In-

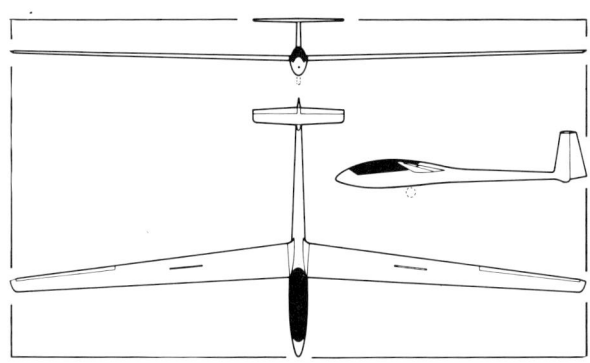

strumenten-Panel sind nur beim hinteren Cockpit eingebaut. Das T-Leitwerk ist aus GFK und weist Federtrimmung auf. Das Fahrwerk umfaßt ein einziehbares Einzelrad mit Backenbremse und ein festes Heckrad.

Typbezeichnung: Halny	Höhe: 1,8 m	Wasserballast: – kg	Überziehgeschwindigkeit:
Hersteller: SZD	Flügelfläche: 16,11 m²	Max. Fluggewicht: 596 kg	65 km/h
Erstflug: Dezember 1972	Profil: NN-11M	Max. Flächenbelastung:	Min. Sinken bei 75 km/h:
Spannweite: 20 m	Streckung: 24,66	36,9 kg/m²	0,55 m/sec.
Rumpflänge: 8,75 m	Leergewicht: 410 kg	Max. Fluggeschwindigkeit: 240 km/h	Beste Gleitzahl bei 100 km/h: 43

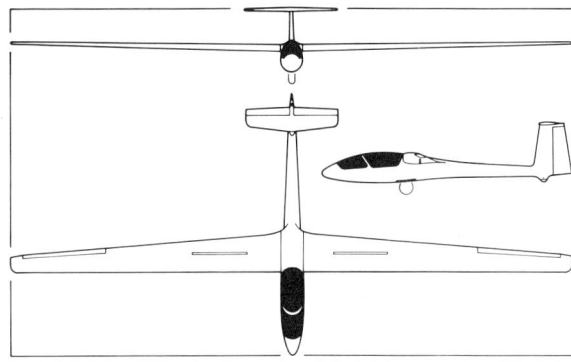

Konstruiert von Adam Kurbiel, war die Jantar-Serie die erste polnische Exkursion in das Gebiet der Voll-Glasfaser-Kunststoff-Segelflugzeuge. Der Jantar SZD-38 tauchte zum ersten Mal in der Öffentlichkeit bei den Weltmeisterschaften 1972 in Vrsac auf, wo er den zweiten Platz erzielte und den OSTIV-Cup für die beste 19-Meter-Konstruktion gewann. Im Jahre 1973 brach er sieben nationale polnische Rekorde. Ursprünglich gab es zwei Versionen des Jantar: den SZD-38A Jantar der Offenen Klasse und den SZD-41 Jantar-Standard. Diese wurden durch den SZD-42 bzw. SZD-48 ersetzt.

Die freitragenden Schulterdecker-Flügel weisen eine Einholm-Konstruktion ohne Spanten mit einer Schaumstoffgefüllten Glasfaser/Epoxyharz-Sandwich-Außenhaut auf. Die Flügel haben keine Klappen. Die DFS-Glasfaser-Luftbremsen sind oberhalb und unterhalb jedes Flügels eingebaut. Es sind Vorkehrungen für 150 kg Wasserballast bei der Vorderkante getroffen. Der Rumpf besteht aus einer voll GFK-Außenhaut-Konstruktion, der Mittelteil weist einen Stahlrohrrahmen auf, der die Flügel, den Rumpf und das Fahrwerk zusammenkoppelt. Der Pilot sitz in einem Sitz mit halb-verstellbarer Rückenlehne unter einer zweiteiligen Kabinenhaube, deren Vorderseite fest und deren Rückseite nach hinten aufklappbar ist. Das Fahrwerk besteht aus einem manuell-einziehbaren Einzelrad mit Scheibenbremse und einem festen Heckrad.

Typbez.: Standard Jantar 2	**Flügelfläche:** 10,66 m^2	**Max. Fluggewicht:** 520 kg	**Min. Sinken bei 73 km/h:**
Hersteller: SZD	**Profil:** NN-8	**Max. Flächenbelastung:** 41,27 kg/m^2	0,65 m/sec.
Erstflug: Dezember 1977	**Streckung:** 21,1	**Max. Fluggeschwindigkeit:**	**Max. Manövergeschwindigkeit:**
Spannweite: 15 m	**Leergewicht:** 247 kg	310 km/h	160 km/h
Rumpflänge: 6,71 m	**Wasserballast:** 150 kg	**Überziehgeschwindigkeit:** 72 km/h	**Beste Gleitzahl bei 130 km/h:** 40

SZD-42 Jantar 2B / Polen

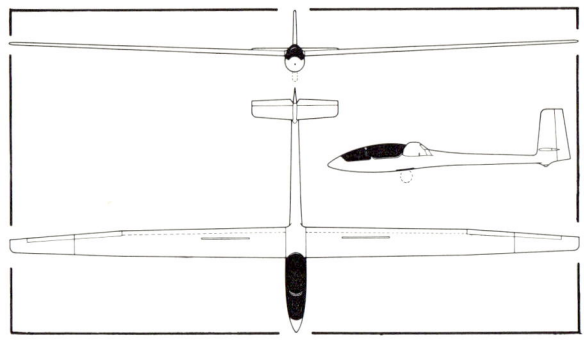

Dieses einsitzige Hochleistungs-Segelflugzeug der Offenen Klasse wurde von Dipl.-Ing. Kurbiel aus der SZD-3-A Jantar 1 entwickelt. Es flog erstmals am 2. Februar 1976. Die ersten zwei Modelle wurden von dem polnischen Team bei den Weltmeisterschaften 1976 geflogen, wo sie zweite und dritte Plätze in der Offenen Klasse belegten.

Beim Jantar 2 handelt es sich um eine Voll-GFK-Konstruktion mit Flügeln mit einer Spannweite von 20,5 m, die aus vier Teilen zwecks leichter Aufrüstung und Schleppen gebaut sind. Die Einholm-Flügel haben eine Konstruktion ohne Spanten mit einer schaumgefüllten Glasfaser/Epoxydharz-Sandwich-Außenhaut und weisen mehrfach anlenkbare Querruder und Hinterkanten-Klappen auf, die von den Oberseiten aus aufgehängt sind.

DFS-Metall-Luftbremsen arbeiten sowohl an den Flügel-Ober- als auch -Unterseiten.

Beim Rumpf handelt es sich um eine Voll-GFK-Außenhaut-Konstruktion, deren Mittelteil einen Stahlrohr-Rahmen aufweist, der die Flügel, den Rumpf und das Fahrwerk zusammenkoppelt.

Der bemerkenswerteste Unterschied zwischen dem Jantar 2 und den anderen Modellen der Jantar-Serie besteht im Leitwerk, das von einer T-Anordnung in eine herkömmliche Konfiguration abgeändert wurde, die aus einer Dämpfungsfläche und einem Höhenruder besteht. Die Anbringung ist die gleiche wie bei der Jantar Standard.

Typbezeichnung: Jantar 2B
Hersteller: SZD
Erstflug: Februar 1976
Spannweite: 20,15 m
Rumpflänge: 7,11 m

Höhe: 1,56 m
Flügelfläche: 14,25 m^2
Profil: Wortmann
  FX-67-K-170/150
Streckung: 29,2

Leergewicht: 355 kg
Wasserballast: 170 kg
Max. Fluggewicht: 645 kg
Max. Flächenbelastung: 45,3 kg/m^2
Max. Fluggeschwindigkeit: 280 km/h

Überziehgeschwindigkeit: 65 km/h
Min. Sinken bei 75 km/h: 0,45 m/sec.
Max. Manövergeschwindigkeit:
  200 km/h
Beste Gleitzahl bei 105 km/h: 48

Der SZD-45A Ogar (Windhund) ist ein zweisitziger Motorgleiter für fortgeschrittene Schulung und Überlandflüge. Konstruiert von Dipl.-Ing. Tadeusz Labuc, führte der Ogar seinen ersten Flug am 29. Mai 1973 durch.

Ein ungewöhnliches Aussehen weist dieses Segelflugzeug mit seinem Rumpfvorderteil und Leitwerksträger auf. Die Haupt-Flugzeugrumpf-Konstruktion weist eine GFK-Schale auf zwei starken Holzrahmen auf, welche die Flügel, die Motoraufhängung, den Treibstofftank und den röhrenförmigen Duraluminium-Leitwerkträger tragen, welcher als Träger für das freitragende T-Heck dient. Beim Flügel handelt es sich um eine Einholm-Holzkonstruktion mit einer gepreßten, tragenden Sperrholz-Außenhaut, die einen GFK-Überzug aufweist. Die schlitzlosen Querruder sind aus einer Glasfaser-Sandwich-Konstruktion und werden durch Gestänge angelenkt. Luftbremsen sind oberhalb und unterhalb jedes Flügels eingebaut. Das Fahrwerk besteht aus einem halbeinziehbaren Einzelrad mit Stoßdämpfer und Scheibenbremse und einem Voll-Fußrollen-Heckrad.

Die zwei Sitze sind nebeneinander angeordnet unter einer

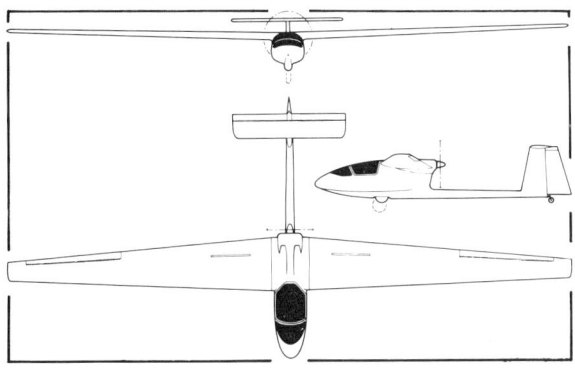

zweiteiligen Kabinenhaube, die nach oben aufklappbar ist. Doppelte Steuer sind als Standard-Ausrüstung eingebaut. Beim Triebwerk handelt es sich um einen 50,7 kW (68 PS) Limbach SL 1700 EC Vierzylinder-Motor, der hinter der Kabine eingebaut ist und eine zweiflügelige Hoffmann-Druckschraube ansteuert.

Typbezeichnung: Ogar	**Flügelfläche:** 19,1 m^2	**Max. Flächenbelastung:** 36,6 kg/m^2	**Beste Gleitzahl bei 100 km/h:** 27,5
Hersteller: SZD	**Profil:** Wortmann FX-61-168/1261		**Motor:** Limbach SL 1700 EC,
Erstflug: Mai 1973	**Streckung:** 16,2	**Max. Fluggeschwindigkeit:** 180 km/h	50,7 kW (68 PS)
Spannweite: 17,53 m	**Leergewicht:** 470 kg		**Startrollstrecke:** 200 m
Rumpflänge: 7,95 m	**Wasserballast:** – kg	**Überziehgeschwindigkeit:** 68 km/h	**Steigleistung:** 168 m/min.
Höhe: 1,72 m	**Max. Fluggewicht:** 700 Kg	**Min. Sinken bei 72 km/h:** 0,96 m/sec.	**Reichweite:** 550 km

SZD 50 Puchacz 2 / Polen

Auf Grund der Erfahrungen, die bei der Konstruktion der SZD-50 Dromader 1 gewonnen wurden, die 1976 flog, hat Dipl.-Ing. Adam Meus die Puchacz entwickelt, eine Nachfolgerin des wohlbekannten Bocian. Es handelt sich um ein zweisitziges Hochleistungs-Schulungs-Segelflugzeug, welches dazu dienen soll, den Piloten einen leichten Übergang zu modernen Segelflugzeugen zu ermöglichen.

Die Puchacz weist eine herkömmliche GFK-Konstruktion auf, bei der die Flügel und das Fahrwerk bei einem Mittel-Holzrahmen eingebaut sind. Die freitragenden Mitteldecker-Flügel mit Vorwärts-Pfeilung weisen Luftbremsen auf, die oberhalb und unterhalb jedes Flügels arbeiten. Das Leitwerk weist einen herkömmlichen Typ auf mit angelenktem Höhenruder und stoffbespanntem Seitenruder. Zwei Schlepphaken sind vorgesehen, einer am Bug für Flugzeugschleppstart und der andere beim Schwerpunkt für Windenstart. Das geräumige Cockpit weist zwei Sitze in Tandem-Anordnung unter einer einteiligen, seitwärts aufklappbaren Kabinenhaube auf. Doppelte Steuer und eine Vordersitz-Instrumentierung sind eingebaut. Die Instrumente sind vom hinteren Sitz aus leicht sichtbar, der nach

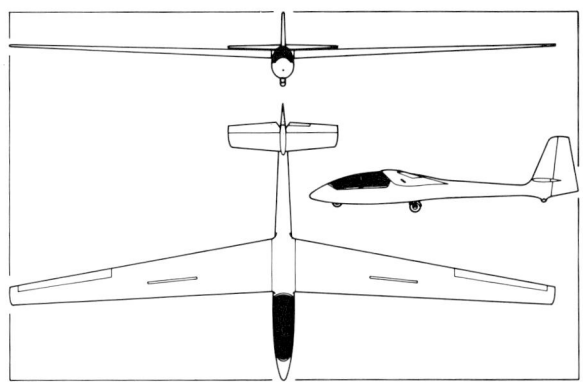

vorne und zurück bewegt werden kann. Die Seitenruder-Pedale sind während des Fluges einstellbar. Das Fahrwerk besteht aus einem nichteinziehbaren Hauptrad, das sich hinter dem Schwerpunkt befindet und mit einem Stoßdämpfer und einer Scheibenbremse ausgerüstet ist und einem kleinen, festen Bugrad. Eine Heck-Kufe ist eingebaut, kann aber durch ein Heckrad ersetzt werden.

Typbezeichnung: Puchacz 2	Höhe: 1,92 m	Wasserballast: – kg	Überziehgeschwindigkeit: 110 km/h
Hersteller: SZD	Flügelfläche: 18,16 m²	Max. Fluggewicht: 550 kg	Min. Sinken bei 75 km/h: 0,7 m/sec.
Erstflug: Dezember 1977	Profil: Wortmann	Max. Flächenbelastung: 30,3 kg/m²	Max. Manövergeschwindigkeit:
Spannweite: 16,67 m	Streckung: 15,3	Max. Fluggeschwindigkeit:	150 km/h
Rumpflänge: 8,38 m	Leergewicht: 331 kg	220 km/h	Beste Gleitzahl bei 96 km/h: 30

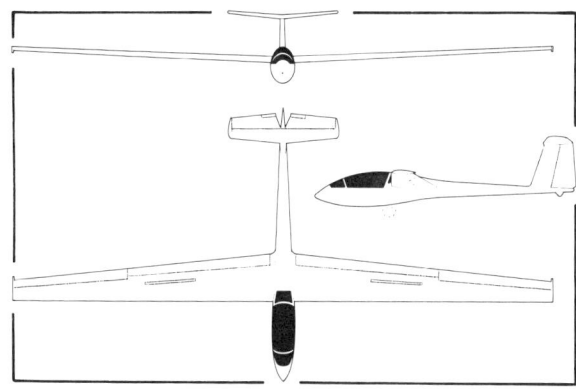

Die IS-28B2 ist eine verbesserte Version der 15-Meter-IS 28, des zweisitzigen Hochleistungs-Segelflugzeugs, das von Dipl.-Ing. Iosif Silimon und seinem Team konstruiert wurde und von dem sie sich hauptsächlich dadurch unterscheidet, daß sie Ganzmetallflügel mit 17 Metern Spannweite, einen längeren und schlankeren Rumpf und einen reduzierten Flügel- und Höhenflossen-Flächenwinkel aufweist. Die Original IS-28, welche erstmals im August 1970 flog, hatte eine Gleitzahl von 25 und eine Minimal-Sinkgeschwindigkeit von 0,85 m/sec.

Die derzeitige Serien-B2-Version hat eine Ganzmetall-Konstruktion. Die Mitteldecker-Flügel sind am Rumpf mit zwei einstellbaren Konusbolzen an der Vorderkante und zwei festen Konusbolzen an der Hinterkante befestigt. Schempp-Hirth-Metall-Luftbremsen sind oberhalb und unterhalb jeder Flügelseite eingebaut. Die Querruder und Wölbungsklappen, die von +15° bis −11° arbeiten, sind stoffbespannt mit Ausnahme der Vorderkanten. Der Rumpf ist eine Ganzmetall-Halbschalen-Konstruktion mit ovalem Querschnitt. Die Sitze für zwei Personen weisen eine Tandem-Anordnung unter einer einteiligen Plexiglas-Kabinenhaube auf,

die seitwärts aufklappbar ist.

Das zusammenklappbare freitragende T-Leitwerk ist ähnlich dem der IS-28, aber mit Einzelholm-Leitfläche. Das Fahrwerk besteht aus einem halb-einziehbaren Einzelrad mit Stoßdämpfer und Scheibenbremse und einer gefederten Heck-Kufe.

Typbezeichnung: IS 28 B2	**Höhe:** 1,8 m	**Leergewicht:** 330 kg	**Überziehgeschwindigkeit:** 72 km/h
Hersteller: ICA-Brasov	**Flügelfläche:** 18,24 m^2	**Wasserballast:** – kg	**Min. Sinken bei 72 km/h:** 0,69 m/sec.
Erstflug: April 1973	**Profil:** Wortmann	**Max. Fluggewicht:** 590 kg	**Max. Manövergeschwindigkeit:**
Spannweite: 17 m	FX-61-163/60-126	**Max. Flächenbelastung:** 32,34 kg/m^2	136 km/h
Rumpflänge: 8,17 m	**Streckung:** 15,8	**Max. Fluggeschwindigkeit:** 266 km/h	**Beste Gleitzahl bei 100 km/h:** 34

ICA-Brasov IS-28M2 / Rumänien

Konstruiert gemäß den rumänischen zivilen Lufttüchtigkeits-Vorschriften und in Übereinstimmung mit den OSTIV-Forderungen, ist die IS-28M2 sowohl für die Segelflieger- als auch die Motorflug-Vereine von Interesse. Es handelt sich um einen Ganzmetall-Motorsegler mit T-Leitwerk. Der Prototyp flog erstmals am 27. Juni 1976 und gab sein internationales, öffentliches Debüt bei der Internationalen Luftfahrtschau in Farnborough im September.

Die freitragenden, tiefliegenden Flügel weisen hauptsächlich eine Metallkonstruktion auf. Sie sind 2° 30' vorwärts bei Viertel-Tiefe gepfeilt. Die Klappen können in eine negative Position ausgefahren werden, um einen Hochgeschwindigkeitsflug zwischen der Thermik zu unterstützen. Ganzmetall-Hütter-Luftbremsen sind an den oberen Flügelseiten eingebaut. Beim Rumpf handelt es sich um eine herkömmliche Konstruktion, die in drei Teilen realisiert ist: Ein ovaler Vorderteil, aufgebaut auf zwei Längsholmen und Querrahmen, ein Aluminium-Legierungs-Mittelteil in Schalenbauweise und ein rückwärtiger Teil aus Aluminium-Rahmen und Außenhaut. Das breite Cockpit enthält nebeneinanderliegende Sitze und doppelte Steuer.

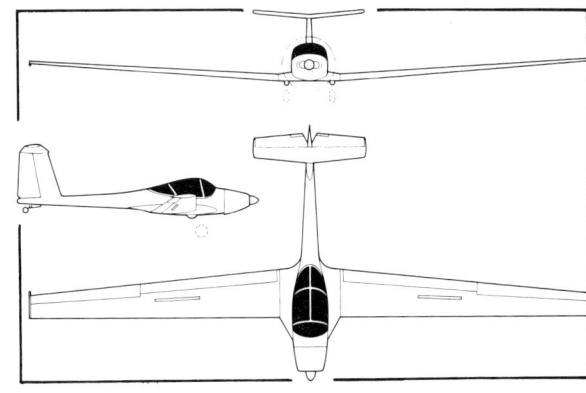

Das Fahrwerk besteht aus einem halb-einziehbaren Zweirad-Hauptfahrwerk, das an den Innenenden der Flügel eingebaut und integral mit dem Rumpf ist und einen Stoßdämpfer und Bremsen sowie ein steuerbares Heckrad aufweist. Das Triebwerk ist ein Limbach SL 1700 EI Motor, der eine zweiflügelige Hoffmann-Luftschraube mit voll-verstellbarer Steigung ansteuert.

Typbezeichnung: IS-28 M2
Hersteller: ICA-Brasov
Erstflug: Juni 1976
Spannweite: 17 m
Rumpflänge: 7,5 m
Höhe: 2,15 m

Flügelfläche: 18,24 m²
Profil: Wortmann
  FX-61-163/60-126
Streckung: 15,8
Leergewicht: 530 kg
Wasserballast: – kg

Max. Fluggewicht: 745 kg
Max. Flächenbelastung: 40,84 kg/m²
Max. Fluggeschwindigkeit:
  200 km/h
Überziehgeschwindigkeit: 65 km/h
Min. Sinken bei 80 km/h: 0,87 m/sec.

Beste Gleitzahl bei 100 km/h: 29
Motor: Limbach SL 1700 EI,
  50,7 kW (68 PS)
Startrollstrecke: 160 m
Steigleistung: 186 m
Reichweite: 450 km.

Die IS-29, konstruiert unter der Leitung von Dip.-Ing. Iosif Silimon, kann so angepaßt werden, daß sie einer Vielzahl von Forderungen und Wetterbedingungen entspricht. Alle Versionen haben einen gleichen Rumpf und Leitwerk. Es ist eine Auswahl von Flügeln verfügbar.

Die IS-29B Standard-Klassen-Version hat Ganzholz-Flügel von 15 Metern Spannweite. Sie wurde erstmals im April 1970 geflogen. Das IS-29D Standard-Klassen-Segelflugzeug hat Ganzmetall-Flügel. Es wurde erstmals im November 1970 geflogen. Das derzeitige Serienmodell ist die IS-29D2, die ein verbessertes Cockpit, Steuerung, Hütter-Luftbremsen, eine getrennte Höhenflosse und Höhenruder sowie ein verbessertes Aufrüstungs-System aufweist. Die IS-29D4, im Jahre 1977 eingeführt, hat eine Vorkehrung für Wasserballast, aber keine Luftbremsen.

Die IS-29E ist eine Hochleistungs-Version der Offenen Klasse mit Flügeln mit vergrößerter Spannweite, die Klappen und Schempp-Hirth-Luftbremsen und Integral-Wasserballast-Tanks aufweisen. Das derzeitige Serienmodell ist die IS-29E3, die Flügel mit 20 m Spannweite aufweist. Eine Version mit 19 m Spannweite, die IS-29E2, befand sich 1977 in der Entwicklung. Die IS-29G Club-Version mit Ganzmetall-Flügeln von 16,5 m Spannweite flog erstmals 1972.

Alle Versionen weisen eine Ganzmetall-Konstruktion auf, ausgenommen wo dies besonders erwähnt wurde, ein freitragendes T-Leitwerk, einziehbares Fahrwerk, einen einzigen, verstellbaren Sitz unter einer zweiteiligen Kabinenhaube.

Typbezeichnung: IS-29 D2
Hersteller: ICA-Brasov
Erstflug: November 1970
Spannweite: 15 m
Rumpflänge: 7,38 m

Höhe: 1,68 m
Flügelfläche: 10,4 m^2
Profil: Wortmann FX-61-165/124
Streckung: 21,5
Leergewicht: 235 kg

Wasserballast: – kg
Max. Fluggewicht: 360 kg
Max. Flächenbelastung:
  34,62 kg/m^2
Max. Fluggeschwindigkeit: 250 km/h

Überziehgeschwindigkeit:
  67 km/h
Min. Sinken bei 80 km/h:
  0,43 m/sec.
Beste Gleitzahl bei 93 km/h: 38

ICA-Brasov IS-32 / Rumänien

Zum ersten Mal öffentlich bei der Pariser Luftfahrtschau 1977 gezeigt, wurde das zweisitzige Tandem-Segelflugzeug der Offenen Klasse IS-28 aus der IS-28B2 entwickelt. Sie flog erstmals im Juni 1977.

Die IS-32 verwendet den Rumpf der IS-28B. Ein vollständig neuer Flügel mit 20 m Spannweite wurde entwickelt. Das Leitwerk ist ebenfalls neu konstruiert worden. Die untereinander verbundenen Klappen und Querruder, nunmehr «Differential-Querruder» genannt, arbeiten in Verbindung mit den und verbessern die Arbeit der Querruder in negativer Position für einen Hochgeschwindigkeits-Reiseflug, und in positiver Position für den Thermikflug. Sie werden aber für die Landung nicht benutzt. Die Flügel sind auch mit großen Schempp-Hirth Luftbremsen und Wasserballast-Tanks ausgerüstet.

Obgleich der Rumpf ähnlich demjenigen der 28B ist, wurde ein neues Fahrgestell eingebaut, welches ein voll-einziehbares Hauptrad umfaßt. Das T-Leitwerk wurde mit einer einteiligen Höhenflosse neu konstruiert, bei der ein neues, dünneres Profil verwendet wird, und eine Einstellung auf einen Anstellwinkel von 0° erfolgte.

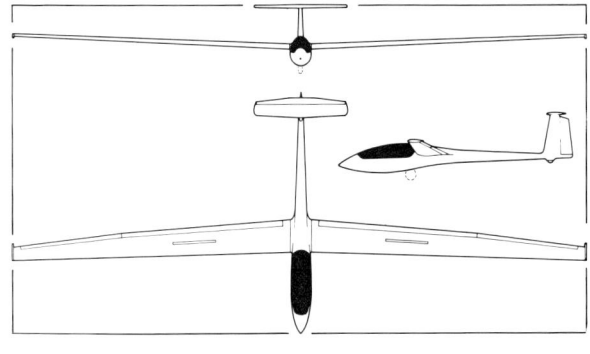

Typbezeichnung: IS-32
Hersteller: ICA-Brasov
Erstflug: Juni 1977
Spannweite: 20 m
Rumpflänge: 8,36 m

Flügelfläche: 14,68 m²
Streckung: 27,24
Leergewicht: 350 kg
Wasserballast: – kg
Max. Fluggewicht: 590 kg

Max. Flächenbelastung: 40,6 kg/m²
Max. Fluggeschwindigkeit: 232 km/h
Überziehgeschwindigkeit: 74 km/h

Min. Sinken bei 85 km/h: 0,53 m/sec.
Beste Gleitzahl bei 98 km/h: 46

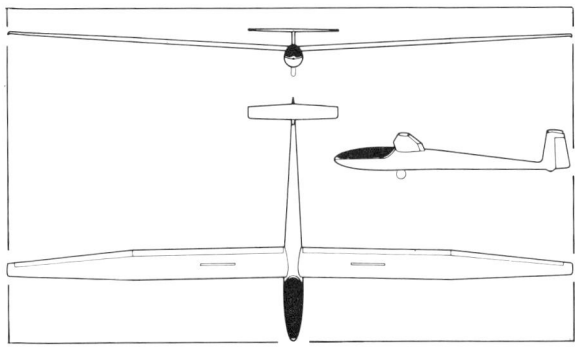

Der Diamant ist, wie man es von der Schweiz erwartet, ein schönes Stück Präzisionsarbeit. Es ist ein wirkliches Voll-GFK-Flugzeug insoweit, als jeder Teil aus diesem Material gefertigt ist (während die meisten «GFK»-Segelflugzeuge Sperrholz und Balsa bei ihrer Konstruktion verwenden). Nur das Steuerungssystem und die Anschlüsse sind aus anderem Material.

Der Rumpf und das Leitwerk wurden beim Schweizer Bundes-Institut für Technologie in Zürich unter der Leitung von Professor Rauscher entwickelt. Ein Prototyp-Rumpf wurde 1962 gebaut und flog mit Ka 6CR Flügeln unter der Bezeichnung Ka-Bi-Vo.

FFA übernahmen nach und nach die Entwicklung und Fertigung des Diamant. Man startete mit dem HBV-Diamant 15, der H301 Libelle-Flügel verwendete und erstmals am 5. September 1964 flog. Es wurden dreizehn Flugzeuge dieses Typs gebaut. Der Diamant 16,5 ist im allgemeinen gleich dem HBV-Diamant 15, weist aber Flügel mit vergrößerter Spannweite auf, die von FFA konstruiert und gebaut wurden. Als die Produktion ihr Ende fand, waren insgesamt 41 gebaut worden. Der Diamant 18 ist im allgemeinen ähnlich dem 16,5, hat aber Flügel von 18 m. Die Unterbringung erfolgt in einer halb-zurückgelehnten Position unter einer Kabinenhaube, die nach vorne verschiebbar ist. Die ersten Modelle wiesen einen Seiten-Knüppel auf, der an der rechten Seite montiert war, aber dieser wurde bei späteren Modellen in eine herkömmlichere Mittelposition versetzt.

Typbezeichnung: Diamant 18	**Rumpflänge:** 7,72 m	**Streckung:** 22,7	**Max. Fluggeschwindigkeit:** 240 km/h
Hersteller: Flug- und Fahrzeug-werke Altenrhein	**Höhe:** 1,35 m	**Leergewicht:** 280 kg	**Überziehgeschwindigkeit:** 60 km/h
Erstflug: Februar 1968	**Flügelfläche:** 14,28 m^2	**Wasserballast:** – kg	**Min. Sinken bei 72 km/h:** 0,52 m/sec.
Spannweite: 18 m	**Profil:** Wortmann FX 62-Z-153 modif.	**Max. Fluggewicht:** 440 kg	**Max. Manövergeschwindigkeit:** 200 km/h
		Max. Flächenbelastung: 30,8 kg/m^2	**Beste Gleitzahl bei 100 km/h:** 45

Hegetschweiler Moswey 3 / Schweiz

Konstruiert von Georg Müller, war die Moswey-Segelflugzeug-Serie eine der bedeutendsten in der Schweiz während der fünfundzwanzig Jahre nach 1930. Der Moswey 1, einem verstrebten Hochdecker-Schulungs-Gleitflugzeug mit 13,25 m Spannweite, folgte 1935 die Moswey 2 mit ihren freitragenden Mitteldecker-Knickflügeln mit 13,8 m Spannweite. Zwei Jahre später nahm dieses Segelflugzeug an den ersten Internationalen Meisterschaften in Deutschland teil. Die Moswey 2A ist eine Version, bei welcher die Flügelspannweite auf 15,5 m vergrößert wurde.

Eingeführt im Jahre 1943, erfüllte die Moswey 3 die Forderung nach einem kleinen Kunstflug-Segelflugzeug. Gleich der Moswey 2A, ist die Konstruktion aus herkömmlichem Sperrholz und Stoffbespannung, aber die Flügelspannweite ist auf 14,0 m reduziert. Im Jahre 1948 kam die Moswey 3 bei den Weltmeisterschaften auf den dritten Platz und im gleichen Jahr führte sie, geflogen von Siegbert Maurer, den ersten Süd-Nord-Überflug der Alpen durch. In den Nachkriegsjahren hielt die Moswey 3 beinahe alle Schweizer nationalen Rekorde und stellte den ersten Weltrekord für die 100-km-Dreiecks-Strecke auf. Es wurden vierzehn Moswey

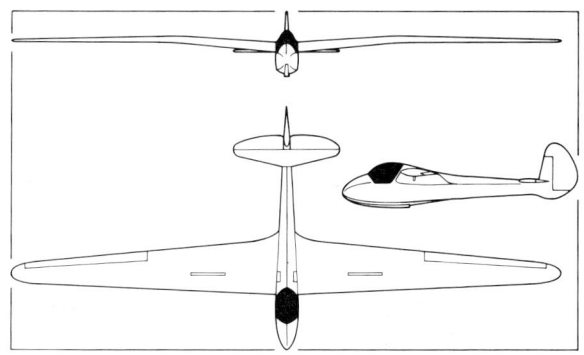

3-Flugzeuge gebaut, bis sie durch die Moswey 4 im Jahre 1950 ersetzt wurde.

Die Moswey 4, obgleich ähnlich in der Konstruktion, weist ein geräumigeres Cockpit, eine Flügelspannweite von 14,4 m und eine ungewöhnlich große Plexiglas-Kabinenhaube auf, die für den Piloten eine ausgezeichnete Sicht gewährleistet.

Typbezeichnung: Moswey 3
Hersteller: Hegetschweiler
Erstflug: Oktober 1943
Spannweite: 14 m
Rumpflänge: 6 m

Höhe: 1,4 m
Flügelfläche: 13,1 m^2
Profil: Göttingen 535
Streckung: 15
Leergewicht: 160 kg

Wasserballast: – kg
Max. Fluggewicht: 250 kg
Max. Flächenbelastung:
 19,1 kg/m^2
Max. Fluggeschwindigkeit: 210 km/h

Überziehgeschwindigkeit: 50 km/h
Min. Sinken bei 60 km/h: 0,65 m/sec.
Max. Manövergeschwindigkeit:
 125 km/h
Beste Gleitzahl bei 70 km/h: 27,5

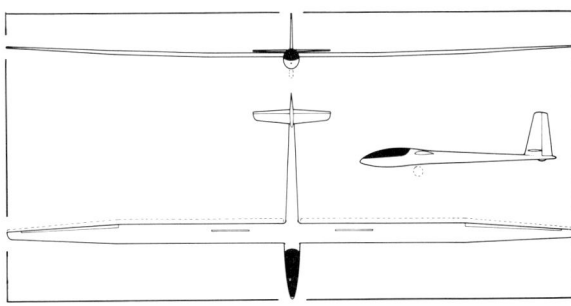

Dieser Ausflug in das Gebiet der Konstruktion von Flügeln mit variabler Geometrie war die Antwort von Albert Neukom auf eine Forderung, das beste Segelflugzeug der Welt zu bauen. Er konstruierte und baute es vollständig ohne fremde Hilfe, und baute einige ganz innovative technische Details ein, von denen das markanteste die Ketten-betätigten, einstellbaren Flügelklappen waren, die von einer Kurbel im Cockpit betätigt werden. Die dreiteiligen 23-m-Flügel sind aus genieteten Leichtlegierungs-Doppel-T-Holmen mit vakuumgepreßten Sperrholz-Sandwich-Außenhäuten konstruiert. Der Mittelteil weist eine Länge von 6,5 m auf, die zwei Außenpanels sind jeweils 8,25 m lang. Neukom's speziell konstruierte Klappen-Kombination kann den Flügelbereich um 20% bei vollem Ausfahren vergrößern, wobei gleichzeitig das Profil geändert wird, so daß entweder bei vollständigem Ausfahren oder bei vollständigem Einziehen (die einzigen zwei möglichen Positionen) ein kontinuierliches Eppler-Profil realisiert wird. Wasserballast wird im Flügel-Mittelteil mitgeführt.

Der Rumpf weist, wie derjenige der vorhergehenden An-66B, einen Vorderteil aus Glasfaser und einen rückwärtigen Teil aus Sperrholz- und Balsa-Sandwich auf. Das V-Leitwerk des vorhergehenden Flugzeugs der Serie hat bei der AN-66C einem herkömmlichen Leitwerk mit angelenktem Höhenruder Platz gemacht.

Im Jahre 1974 wurde eine zweite Maschine mit der Bezeichnung AN-66D mit einem vierteiligen Flügel von 21 m Spannweite produziert.

Typbezeichnung: AN-66 C
Hersteller: Neukom
Erstflug: September 1973
Spannweite: 23 m
Rumpflänge: 8,1 m

Höhe: 1,85 m
Flügelfläche: 16 m^2
Profil: Eppler 562/569
Streckung: 33
Leergewicht: 420 kg

Wasserballast: 60 kg
Max. Fluggewicht: 650 kg
Max. Flächenbelastung: 33,1 kg/m^2
Max. Fluggeschwindigkeit: 270 km/h

Überziehgeschwindigkeit: 60 km/h
Min. Sinken bei 75 km/h: 0,5 m/sec.
Beste Gleitzahl bei 90 km/h: 48

Neukom Standard Elfe S-3 / Schweiz

Kurz nach dem Zweiten Weltkrieg brachte Albert Neukom ein verkleinertes Segelflugzeug heraus, das passend Elfe 1 genannt wurde. Es hatte eine Flügelspannweite von nur 9 m und ein Leergewicht von 43 kg. Die Spannweite wurde später auf 11 m vergrößert. In den Jahren 1946–47 konstruierte Dr. W. Pfenninger die Elfe 2 mit Wölbklappen und einer Spannweite von 15,4 m. Die Sinkgeschwindigkeit betrug 0,5 m/sec., und die beste Gleitzahl war 37. Die Elfe PM3 von 1951, die Flügel mit 16 m Spannweite aufwies, war enttäuschend schwer und wurde von der Laminar-Flügel Elfe M ersetzt.

Der S-1 Prototyp der Standard-Elfe flog erstmals am 1. Mai 1964 und wies ein V-Leitwerk auf. Die Standard-Elfe 2 hatte ein herkömmliches Leitwerk, wobei sich die Höhenflosse unten an der Leitfläche befand. Der Serien-Typ S-3 flog erstmals im Mai 1966, bei ihm ist die Höhenflosse halb oberhalb an der Leitwerksfläche montiert.

Der Flügel, der aus drei Teilen besteht, weist eine Balsa-Sperrholz-Sandwich-Konstruktion auf und ist mit Hinterkanten-Luftbremsen ausgerüstet. Der Rumpf und das Heck sind aus einer Glasfaser-Sperrholz-Sandwich-Konstruk-

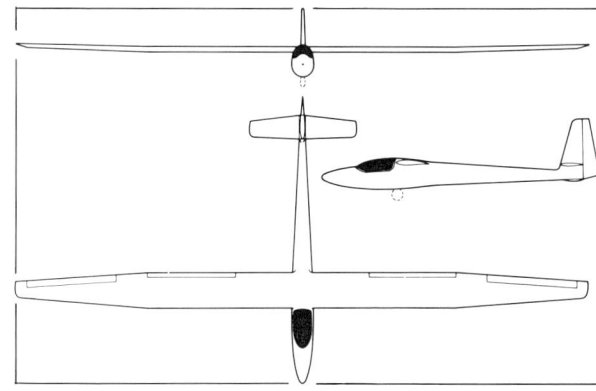

tion. Das Fahrwerk umfaßt ein gummigefedertes, einziehbares Einzelrad mit Bremse.

Geflogen von Markus Ritzi, belegte eine Standard-Elfe den zweiten Platz bei den Weltmeisterschaften 1965. Beim Standard-Klassen-Wettbewerb bei den Weltmeisterschaften 1968, wurde eine Elfe S-3, geflogen von Andrew Smith aus USA, Erste.

Typbezeichnung: Standard Elfe S-3	Rumpflänge: 7,3 m	Leergewicht: 208 kg	Max. Fluggeschwindigkeit: 240 km/h
Hersteller: Neukom	Höhe: 1,5 m	Wasserballast: – kg	Überziehgeschwindigkeit: 55 km/h
Erstflug: Mai 1966	Flügelfläche: 11,9 m^2	Max. Fluggewicht: 320 kg	Min. Sinken bei 74 km/h: 0,64 m/sec.
Spannweite: 15 m	Profil: Wortmann FX-Serie	Max. Flächenbelastung: 26,89 kg/m^2	Max. Manövergeschwindigkeit: 200 km/h
	Streckung: 19		Beste Gleitzahl bei 95 km/h: 37,5

Neukom S-4A Elfe 15 und Elfe 17 / Schweiz

Die S4A Elfe 15 ist eine Version, die aus der Standard-Klassen S-3 entwickelt wurde, von der sie sich hauptsächlich dadurch unterscheidet, daß sie einen neuen, zweiteiligen, verstärkten Flügel aufweist, der mit Schempp-Hirth-Luftbremsen ausgerüstet ist, sowie einen geräumigeren Ganz-Kunststoff Vorder-Rumpf mit verbesserter aerodynamischer Form. Der Prototyp flog erstmals im Jahre 1970.

Die Elfe 17 ist eine 17-m-Version der Offenen Klasse der S4A, bei welcher der gleiche Rumpf verwendet wird, die aber einen zweiteiligen Flügel mit vergrößerter Spannweite aufweist. Maximal 60 kg Wasserballast können in der Flügelvorderkante mitgeführt werden.

Die Flügel der beiden Versionen haben einen Hauptholm aus Aluminium-Legierung, der von einem Sperrholz- und Schaumstoff-Sandwich umgeben ist. Der Rumpf und das Leitwerk weisen eine GFK- und Sperrholz/Schaumstoff-Sandwich-Konstruktion auf. Das Fahrwerk besteht aus einem gummigefederten, einziehbaren Einzelrad mit Bremse. Beide Segelflugzeuge sind entweder als fertiges Flugzeug, zusammengebaut, aber ohne Anstrich und Finish oder als Bausatz (von Teilen) erhältlich.

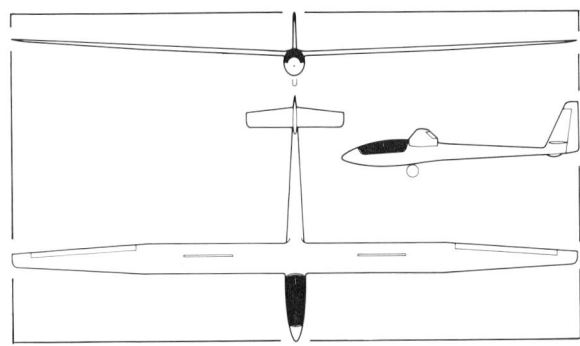

Typbezeichnung: Elfe 17
Hersteller: Neukom
Erstflug: 1970
Spannweite: 17 m
Rumpflänge: 7,1 m

Höhe: 1,5 m
Flügelfläche: 13,2 m^2
Profil: Wortmann
   FX-61-163/60-126
Streckung: 21,8

Leergewicht: 255 kg
Wasserballast: 60 kg
Max. Fluggewicht: 380 Kg
Max. Flächenbelastung: 28,8 kg/m^2
Max. Fluggeschwindigkeit: 210 km/h

Überziehgeschwindigkeit: 65 km/h
Min. Sinken bei 75 km/h: 0,56 m/sec.
Max. Manövergeschwindigkeit:
  210 km/h
Beste Gleitzahl bei 90 km/h: 39

Pilatus B4-PC11 / Schweiz

Die Pilatus B4 ist ein populäres einsitziges Ganzmetall Segelflugzeug der Standard-Klasse. Es ist sowohl für Piloten
geeignet, die bereits Alleinflüge durchgeführt haben, und
zwar wegen seiner einfachen Handhabungs-Charakteristiken, als auch für die erfahreneren, die seine gute Leistung
schätzen. Der Prototyp, die B-4, wurde von Ingo Herbot als
Privatunternehmung konstruiert und flog erstmals 1966. Pilatus übernahm und entwickelte diese Konstruktion. Der erste Flug der B4-PC11 erfolgte im Jahre 1972.

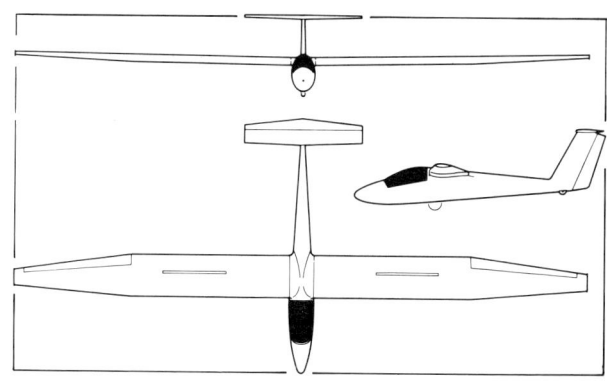

Die freitragenden Schulterflügel weisen zwei Teile auf und
sind auf einem Hauptholm aus Leichtlegierung in U-Form
aufgebaut, an dem große Außenhaut-Panels mit einer einzigen Reihe kegelig gesenkter Nieten befestigt sind. Beim
Rumpf handelt es sich um eine Konstruktion in Halbschalen-Bauweise aus Leichtmetallegierung mit bündiger Ver-
nietung. Das geräumige Cockpit enthält einen Sitz mit
halb-verstellbarer Rückenlehne und ist mit einer einteiligen
Kabinenhaube abgedeckt. Das Fahrwerk besteht aus einem
nicht einziehbaren Hauptrad (wahlweise einziehbar) und einem festen Heckrad in Tandem-Anordnung. Das Hauptrad
ist, wenn es eingezogen ist, durch Türen verkleidet. Das

freitragende T-Leitwerk ist aus einer Leichtmetallegierung
mit PVC-Spanten. Die Höhenruder-Trimmung erfolgt mittels einer Vorspannungs-Feder.
Im Jahre 1978 gingen die Herstellungs- und Verkaufsrechte
für die B-4 an Nippi, Japan über, welche die Albatros NP 100
bauen.

Typbezeichnung: B4-PC 11
Hersteller: Pilatus
Erstflug: 1972
Spannweite: 15 m
Rumpflänge: 6,57 m

Höhe: 1,57 m
Flügelfläche: 14,04 m^2
Profil: NACA 643618
Streckung: 16
Leergewicht: 230 kg

Wasserballast: – kg
Max. Fluggewicht: 350 kg
Max. Flächenbelastung: 24,93 kg/m^2
Max. Fluggeschwindigkeit: 240 km/h

Überziehgeschwindigkeit: 62 km/h
Min. Sinken bei 72 km/h: 0,64 m/sec.
Max. Manövergeschwindigkeit: 240 km/h
Beste Gleitzahl bei 85 km/h: 35

Die BJ-Serien-Segelflugzeuge sind insofern ungewöhnlich, als sie für ein besonderes Klima konstruiert sind. Auf Grund der Erfahrungen, die bei der erfolgreichen BJ-2 gewonnen wurden, baute Herr P. J. Beatty aus Johannesburg die BJ-3, die von Herrn W. A. T. Johl speziell konstruiert wurde, um von der starken südafrikanischen Thermik zu profitieren. Der erste Flug erfolgte 1965, und am 28. Dezember 1967 stellte die BJ-3 einen internationalen Geschwindigkeits-Rekord auf einer 500-km-Dreiecksstrecke mit 135,32 km/Std. auf.

Die Konstruktion besteht beinahe ganz aus Metall, nur der vordere Teil des Rumpfes ist aus GFK. Die Flügel sind aus Dural. Sie sind mit Rundkopfnieten an einem breiten Holm befestigt, diese Konstruktion wird sodann mit Polystyren-Schaumstoff und GFK überzogen, das auf der Oberseite aufgetragen wird, um eine glatte Oberfläche zu erzielen. Ebenso wie die BJ-2, verwendet dieses Flugzeug Fowler-Klappen, die, wenn sie ausgefahren sind, den Flügelbereich um 30% vergrößern, und die maximal bis auf 30° ausgefahren werden können. Vier Sets DFS-Doppel-Luftbremsen sind eingebaut. Das einziehbare Laufrad mit Bremse befindet sich hinter dem Schwerpunkt.

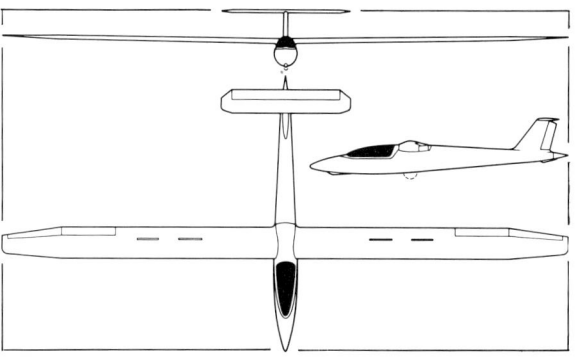

Die BJ-3A wurde aus der BJ-3 im Jahre 1968 entwickelt und schließlich die BJ-4, die einen neuen Rumpf und ein neues Leitwerk aufweist und die vorhandenen BJ-3 Flügel verwendet. Das ursprüngliche T-Leitwerk wurde durch eine große, senkrechte Leitwerksflosse mit einer ungedämpften Höhenflosse ersetzt, die sich am Rumpf hinter dem Seitenruder befindet. Es wurden zwei BJ-4-Flugzeuge für die Weltmeisterschaften 1970 gebaut.

Typbezeichnung: BJ-3
Hersteller: Beatty-Johl
Erstflug: 1965
Spannweite: 16,15 m
Rumpflänge: 7,5 m

Flügelfläche: 12,3 m²
Profil: NACA 661212/0009-64A-0,8
Streckung: 20
Wasserballast: – kg
Max. Fluggewicht: 522 kg

Max. Flächenbelastung:
 42,44 kg/m²
Max. Fluggeschwindigkeit:
 53 km/h
Min. Sinken bei 74 km/h: 0,67 m/sec.

Max. Manövergeschwindigkeit:
 222 km/h
Beste Gleitzahl bei 130 km/h:
 40

Blanik LET / Tschechoslowakei

Seitdem der erste Blanik L-13 im März 1956 herauskam, haben Tausende von Segelflugzeugpiloten in der ganzen Welt ihre Schulung in diesem Flugzeug mit Tandem-Sitzanordnung erhalten. Bis zum Sommer 1977 waren ungefähr 2500 Blaniks gebaut worden, wovon mehr als 2000 exportiert wurden. Die Produktion geht weiter.

Konstruiert von Karel Dlouhy, weist der Blanik Ganzmetall-Einzelholmflügel mit einem rückseitigen Hilfsholm, der die Scharniere und Führungsschienen mit DFS-Luftbremsen und Fowler-Klappen trägt, auf.

Der Rumpf in Halbschalenbauweise ist aus zwei Hälften konstruiert und in der Vertikalebene vernietet. Die einzigen Nichtmetallteile sind die Stoffbespannungen der Steuerflächen. Der Blanik ist voll für Kunstflug belastbar, und dieses Merkmal zusammen mit seiner einwandfreien Konstruktion, seinen hervorragenden Flugeigenschaften, seiner Beständigkeit und der leichten Instandhaltung haben zu seiner Popularität beigetragen.

Dieses Flugzeug ist nicht weniger als dreizehnmal in den FAI Weltrekordlisten aufgetaucht und hat viele nationale Rekorde aufgestellt. Im Jahr 1969 wurde dem chilenischen Pi-

loten Alijo Williamson die FAI Lilienthal-Medaille für seinen 5 Std. 51 Min.-Flug über die Anden in einem Blanik verliehen.

1969 wurde eine Motorversion in kleiner Anzahl gebaut, und zwar der L-13J, mit einem Avia M 150 Jawa 3-Zylinder-Motor mit 42 PS, aber diese Version wurde nicht in Serie gebaut.

Typbezeichnung: L-13 Blanik	**Höhe:** 2,09 m	**Wasserballast:** – kg	**Min. Sinken bei 83 km/h:**
Hersteller: LET	**Flügelfläche:** 19,15 m²	**Max. Fluggewicht:** 500 kg	0,84 m/sec.
Erstflug: März 1956	**Profil:** NACA 632 A615/612	**Max. Flächenbelastung:** 26,1 kg/m²	**Max. Manövergeschwindigkeit:**
Spannweite: 16,2 m	**Streckung:** 13,7	**Max. Fluggeschwindigkeit:** 240 km/h	145 km/h
Rumpflänge: 8,4 m	**Leergewicht:** 292 kg	**Überziehgeschwindigkeit:** 60 km/h	**Beste Gleitzahl bei 93 km/h:** 28,2

Die tschechoslowakische VSO 10 war der Gewinner des ersten Internationalen Club-Klassen-Wettbewerbs, der in Schweden im Sommer 1979 stattfand. Von 33 Wettbewerbern erzielte die VSO 10 erste und zweite Plätze und wurde von M. Brunecky bzw. J. Vavra geflogen. Die VSO 10 wurde als einsitziges Standard-Klassen-Segelflugzeug konstruiert. Um jedoch den Club-Klassenvorschriften zu entsprechen, wurde das einziehbare Laufrad heruntergestellt und mit einer großen Glasfaser-Verkleidung verkleidet. Diese Version (Foto) wies zusätzlich zu ihrer Bezeichnung das Suffix C auf.

Konstruiert von Jan Janovec und seinem Team im Jahre 1972 aufgrund der Erfahrungen, die bei der VSB 66S gewonnen wurden, dem V-Heck- 15 m Einsitzer, der 1970 flog, wurde besonderer Wert auf eine aerodynamisch klare Linienführung gelegt. Im Jahre 1975 wurden die Arbeiten bei drei Prototypen von Vyvojova Skupinan Orlica in Chocen begonnen, und der erste flog am 26. Oktober 1976.

Die VSO 10 weist eine Mischkonstruktion auf, die eine Glasfaser-Cockpit-Außenhaut und einen rückseitigen Rumpf aus Aluminium-Legierung mit einer Stahlrohr-Konstruktion umfaßt, welche die Flügel und die Fahrwerk-Zubehörteile umfaßt. Das Leitwerk besteht aus einem Metall T-Heck mit stoffbespanntem Höhen- und Seitenruder. Der freitragende Flügel in Schulteranordnung ist eine Einzelholm-Ganzholz-Konstruktion, der Holz-Schlitz-Querruder und Metall-DFS-Luftbremsen aufweist, die auf den Oberseiten arbeiten.

Typbezeichnung: VSO 10	Rumpflänge: 7 m	Streckung: 18,75	Max. Fluggeschwindigkeit: 260 km/h
Hersteller: Vyvojova Skupina Orlican	Höhe: 1,2 m	Leergewicht: 234,4 kg	Überziehgeschwindigkeit: 68 km/h
	Flügelfläche: 12 m^2	Wasserballast: – kg	Min. Sinken bei 72 km/h: 0,63 m/sec.
Erstflug: Oktober 1976	Profil: Wortmann FX 61-163/FX	Max. Fluggewicht: 380 kg	Max. Manövergeschwindigkeit: 163 km/h
Spannweite: 15 m	60-126	Max. Flächenbelastung: 31,67 kg/m^2	Beste Gleitzahl bei 94 km/h: 36,2

Antonov A–15 / UdSSR

Die A-15 ist ein einsitziges Segelflugzeug der Offenen Klasse, welches von dem sowjetischen Konstrukteur Oleg Antonov und seinem Team entwickelt wurde, welche für die A-11 und A-13 verantwortlich waren, und deren erfolgreichste Vorkriegsproduktion die «Rot Front» war, welche 38 Jahre lang den Frauen-Streckenrekord hielt. Die A-11 war ein einsitziges Segelflugzeug mit einer Flügelspannweite von 16,5 m. Unter Verwendung des Rumpfes und Hecks der A-11 und eines neuen Flügels von nur 12,1 m Spannweite entwickelten sie die A-13, die erstmals im Mai 1958 flog. Dieses Segelflugzeug war für Kunstflug ausgelegt. Etwa 350 dieser beiden Flugzeuge wurden gebaut.

Die A-15, welche erstmals im März 1960 flog, stellte einen beträchtlichen Fortschritt der sowjetischen Segelflugzeug-Konstruktion dar. Der Rumpf, der eine Halbschalen-Bauweise aufweist, ist eine Leicht-Aluminium-Legierung-Außenhaut mit Rahmen vestärkt. Das V-Leitwerk ist aus Leichtmetallegierung, und die Höhenruder sind eine Mischung aus Legierung und Holz mit Stoffbespannung. Der Aluminium-Haupt-Flügelholm weist ein Kasten-Profil auf. Die Fowler-Klappen und Querruder aus Leichtlegierung

sind mit Kunststoff-Schaum zwischen den Rippen gefüllt. Ein 50-Liter-Wasserballast-Tank ist im Flügel eingebaut. Anfang der sechziger Jahre stellte die A-15 mehrere Rekorde, u. a. den Welt-Ziel-Streckenflug im Juni 1960 von 714,023 km auf, der drei Jahre lang ungebrochen blieb.

Typbezeichnung: A-15
Hersteller: Antonov
Erstflug: März 1960
Spannweite: 17 m
Rumpflänge: 7,2 m

Flügelfläche: 12,3 m^2
Profil: NACA 643618/633616
Streckung: 24
Leergewicht: 300 kg
Wasserballast: 50 kg

Max. Fluggewicht: 380 kg
Max. Flächenbelastung: 30,89 kg/m^2
Max. Fluggeschwindigkeit: 250 km/h

Überziehgeschwindigkeit: 55 km/h
Min. Sinken bei 90 km/h: 0,63 m/sec.
Max. Manövergeschwindigkeit: 250 km/h
Beste Gleitzahl bei 100 km/h: 40

Es gibt zwei Versionen der KAI-14, des russischen Ganzmetall-Standard-Klassen-Segelflugzeugs. Die erste ist ein Wettbewerbs-Flugzeug mit freitragenden Schulterflügeln, die eingesetzte Querruder jeweils in zwei Abschnitten und kleine Hinterkanten-Luftbremsen aufweisen. Die Vorderkanten der Flügel sind 2° vorwärts gepfeilt und weisen einen Dihedralwinkel von 4° auf. Der Rumpf weist einen Vorderteil mit Leitwerkträger und eine Metall-Halbschalenkonstruktion auf mit einem Cockpit, in dem der Pilot zurückgelehnt unter einer langen, bündigen, transparenten Kabinenhaube sitzt. Das Fahrwerk umfaßt ein nicht-einziehbares Rad, dessen Verkleidung in den Unterteil des Rumpfes übergeht, mit einer Bremse, die mit den Luftbremsen verbunden ist und einer Heck-Kufe. Die Metallflächen sind alle zwecks Minimal-Luftwiderstand hochpoliert.

Die zweite Version der KAI-14, für die Serienfertigung vorgesehen, weist die gleiche Konstruktion auf, aber der Pilot sitzt aufrecht in einem Cockpit, das mit einer erhabenen Kabinenhaube abgedeckt ist, und die benetzten Flächen sind nicht poliert.

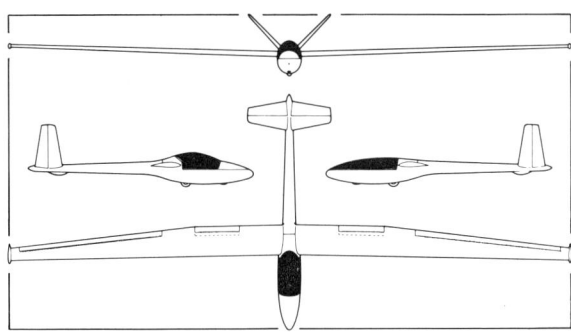

Zwei KAI-14 Flugzeuge wurden für die Weltmeisterschaften gemeldet, die 1965 in South Cerney, England abgehalten wurden.

Typbezeichnung: KAI-14	**Rumpflänge:** 5,82 m	**Max. Fluggewicht:** 260 kg	**Überziehgeschwindigkeit:**
Hersteller: Aviation Institute, Kazan	**Flügelfläche:** 10 m^2	**Max. Flächenbelastung:** 26 kg/m^2	80 km/h
Erstflug: ungefähr 1962	**Streckung:** 22,5	**Max. Fluggeschwindigkeit:**	**Min. Sinken bei 90 km/h:**
Spannweite: 15 m	**Wasserballast:** – kg	250 km/h	0,58 m/sec.

LAK-9 / UdSSR

Die Geschichte dieses einsitzigen Segelflugzeugs ist noch etwas dunkel. Man nimmt an, daß es ursprünglich von Balys Karvyalis konstruiert und erstmals unter der Bezeichnung BK-7 im Jahre 1972 geflogen wurde. Es wies ein Wortmann FX-67-K-170-Flügelprofil und ein einziehbares Einzelrad-Fahrgestell mit Heck-Kufe auf. Von der BK-7, die eine GFK-Konstruktion aufwies, wurde später berichtet, daß sie in die Serienfertigung gegangen wäre, und eine polnische Zeitschrift bezog sich später auf eine «BA-7A Lietuva» mit einer Flügelspannweite von 20 m, einer Länge von 7,27 m, einem Gewicht von 380 kg, einer Best-Gleitzahl von 46 und einer Maximal-Geschwindigkeit von 210 km/Std. Ein beinahe identisches Flugzeug wurde von O. Pasetnik in der Offenen Klasse bei den Weltmeisterschaften in Finnland im Juni 1976 geflogen, trat aber in den letzten zwei Tagen des Wettbewerbs wegen Querruderschaden zurück. Dieses Flugzeug wurde als die Lietuva-LAK-9 bezeichnet, und es wurde berichtet, daß die 3-LAK-9-Flugzeuge, die bis dahin gebaut waren, zu diesem Zeitpunkt ihre Flugerprobung nicht vollständig beendet hätten. Die LAK-9 ist das erste sowjetische Segelflugzeug, das an Weltmeisterschaften seit 1968 teilnimmt.

Typbezeichnung: LAK-9 Lietuva
Hersteller: LAK
Erstflug: 1972
Spannweite: 20,02 m
Rumpflänge: 7,27 m

Höhe: 1,53 m
Flügelfläche: 14,99 m^2
Profil: Wortmann FX-67-K-170
Streckung: 26,8
Leergewicht: 380 kg

Wasserballast: 100 Kg
Max. Fluggewicht: 580 kg
Max. Flächenbelastung: 36,69 kg/m^2
Max. Fluggeschwindigkeit: 225 km/h
Überziehgeschwindigkeit: 64 km/h

Min. Sinken bei 74 km/h:
0,51 m/sec.
Max. Manövergeschwindigkeit:
210 km/h
Beste Gleitzahl bei 103 km/h: 48

Der American Eaglet (Amerikanische Jungadler), ein einsitziges, selbststartendes Segelflugzeug mit einer ungewöhnlichen Konfiguration, wurde von Larry Haig hauptsächlich als Gleiter konstruiert, jedoch mit einem kleinen Einzylinder-Motor und genügend Kraftstoff-Kapazität für einen Einzelstart. Finanzielle und Gewichtseinsparungs-Erwägungen haben in höchstem Maße die Prioritäten-Liste gestaltet. Das Ergebnis ist ein vergleichsweise preiswertes, gutmütiges, leicht aufzurüstendes Segelflugzeug, das in Bausätzen geliefert wird. Die Konstruktion begann 1974, und der Prototyp flog erstmals am 19. November 1975. Über 200 Bausätze sind derzeit im Bau. Der Rumpf, welcher einen Vorderteil mit Leitwerkträger aufweist, umfaßt ein kompaktes Cockpit mit an der Seite angebrachtem Steuerknüppel und nach hinten klappbarer, einfach gebogener Kabinenhaube. Der Rumpf-Vorderteil besteht aus einer Aluminium-Röhrenkonstruktion, umgeben von einer GFK-Außenhaut, die auf den Leitwerksträger aus Aluminium mit 12,7 cm Durchmesser übergeht, der an den Rahmen angeschraubt ist. Im rückwärtigen Teil des Cockpits ist ein 12 PS (8,95 kW) McCulloch 101B-Motor untergebracht, der eine zweiflügelige Druckschraube mit 60,96 cm Durchmeser ansteuert. Die Nylon-Schrauben-Flügel klappen automatisch nach hinten zu-

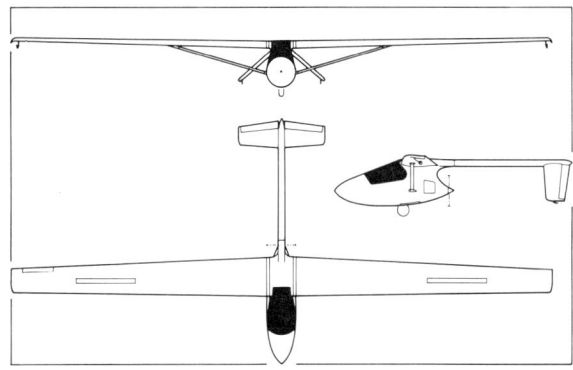

rück, wenn der Motor stoppt. Die verstrebten, hochliegenden 11-m-Flügel sind aus Fichtenholmen konstruiert und weisen eine Urethan-Schaumstoff-Kontur auf, an die gepreßte Glasfaser-Außenhäute angefügt sind. Das Leitwerk mit negativer V-Stellung weist eine ähnliche Konstruktion auf. Störklappen werden zum Bremsen und für die Quersteuerung verwendet. Das Fahrwerk besteht aus einem halb-einziehbaren Einzelrad und Heckrädern bei jeder halben Höhenflosse.

Typbezeichnung: American Eaglet	Höhe: 0,91 m	Wasserballast: – kg	Min. Sinken bei 65 km/h: 0,76 m/sec.
Hersteller: AmEagle	Flügelfläche: 6,69 m²	Max. Fluggewicht: 163 kg	Beste Gleitzahl bei 84 km/h: 27
Erstflug: November 1975	Profil: Wortmann FX-61-184	Max. Flächenbelastung: 24,41 kg/m²	Motor: McCulloch 101 B, 8,95 kW (12 PS)
Spannweite: 10,97 m	Streckung: 18	Max. Fluggeschwindigkeit: 185 km/h	Steigleistung: 122 m/min.
Rumpflänge: 4,88 m	Leergewicht: 72,5 kg	Überziehgeschwindigkeit: 61 km/h	Tankinhalt: 2 Liter

Applebay Zuni / U.S.A.

Die Zuni, nach einem amerikanischen Indianerstamm benannt, ist die dritte Konstruktion von George Applebay und folgt seinem 21-m-Mescalero, der 1975 flog. Die Zuni ist ein einsitziges 15-m-Klassen-Segelflugzeug und weist eine Glasfaser/Schaumstoff-Sandwich-Konstruktion auf. Der Prototyp flog erstmals in Neu-Mexico am 18. November 1976, und die Fertigungsmaschine erschien 1977 und hat sich seitdem als gutes Wettbewerbs-Segelflugzeug erwiesen.

Der Rumpf mit gepfeiltem T-Leitwerk ist ähnlich demjenigen des Mescalero, aber kürzer und weist ein geräumiges Cockpit mit halb-rückstellbarem Sitz und Seitenruder-Pedalen auf, die während des Fluges eingestellt werden können, das Ganze befindet sich unter einer großen Kabinenhaube. Der Hebel für die Klappen und das Fahrwerk sind an der linken Seite des Cockpits eingebaut, während sich ein seitenmontierter Steuerknüppel auf der rechten Seite befindet. Die Trimmung für eine voll-bewegliche Höhenflosse ist durch eine Drucktaste beim Steuerknüppel vorgesehen.

Die zweiteiligen, hochliegenden Flügel weisen Anschlüsse auf, die sich automatisch einkoppeln, wenn das Segelflug-

zeug aufgerüstet wird. Die untereinander verbundenen Klappen und Querruder erstrecken sich über die volle Spannweite der Flügel. Die Klappen können auf +90° zur Landung oder zum Einsatz als Luftbremsen ausgefahren werden. Das Fahrwerk besteht aus einem großen von Hand betätigten, einziehbaren Einzelrad, welches so ausgelegt ist, daß es eine Landung mit Maximalgewicht einschließlich Wasserballast aushält, sowie aus einem Heckrad.

Typbezeichnung: Zuni
Hersteller: Applebay
Erstflug: 18. November 1976
Spannweite: 15 m
Rumpflänge: 6,71 m

Höhe: 1,3 m
Flügelfläche: 10,13 m²
Profil: Wortmann
    FX-67-K-170/150
Streckung: 22,2

Leergewicht: 249 kg
Wasserballast: 181 kg
Max. Fluggewicht: 544 kg
Max. Flächenbelastung:
    53,7 kg/m²

Max. Fluggeschwindigkeit:
    334 km/h
Überziehgeschwindigkeit: 63 km/h
Min. Sinken bei 80 km/h:
    0,52 m/sec.

Die BD-5S ist eine Segelflugzeug-Version des BD-5 Micro-Leichtflugzeugs, von dem es sich hauptsächlich dadurch unterscheidet, daß es Flügel aufweist, deren Spannweite um 3,17 m vergrößert wurde, sowie ein modifiziertes Fahrwerk und ein revidiertes Cockpit-Layout. Ein Prototyp wurde 1975 geflogen, und wie andere Modelle der BD-5-Familie ist es für einen Verkauf in Plan- und Bausatzform für den Bau durch Amateure vorgesehen.

Die niedrigliegenden Flügel werden am Rumpf durch Heranschieben des röhrenförmigen Holms an den Ansatzteilen befestigt und werden mit zwei Bolzen auf jeder Seite gesichert. Die Flügel weisen herkömmliche Querruder und Vier-Positions-Klappen auf, die sich beinahe auf die volle Spannweite der Hinterkanten ausdehnen und bis 60° abgesenkt werden können. Das Fahrwerk besteht aus nebeneinanderliegenden Doppel-Haupträdern und einer Bugkufe, alle voll in den Rumpf einziehbar. Die Haupt-Fahrwerktür, die sich nach vorne öffnet, dient auch als Luftbremse.

Für die Unterbringung ist ein Einzelsitz unter einer abnehmbaren, mit Rahmen versehenen Kabinenhaube vorgesehen.

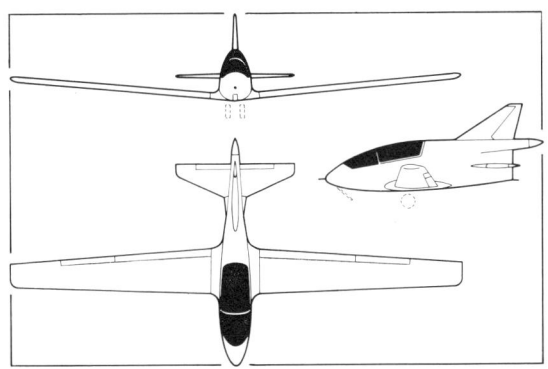

Ein ungewöhnliches Merkmal ist der an der Seite eingebaute Steuerknüppel.

Typbezeichnung: BD-5 S
Hersteller: Bede Aircraft
Erstflug: 1975
Spannweite: 8,48 m
Rumpflänge: 4,13 m

Flügelfläche: 5,57 m²
Profil: NACA 641212
Streckung: 12,88 m
Leergewicht: 102 kg
Wasserballast: – kg

Max. Fluggewicht: 193 kg
Max. Flächenbelastung: 34,65 kg/m²
Max. Fluggeschwindigkeit: 322 km/h

Überziehgeschwindigkeit: 63 km/h
Min. Sinken bei 80 km/h: 0,95 m/sec.
Beste Gleitzahl: 23

Briegleb BG 12BD / U.S.A.

William C. Briegleb baute und flog sein erstes Gleitflugzeug im Jahre 1928, und kurz vor dem Zweiten Weltkrieg konstruierte er die BG 6 und BG 7 mit verstrebtem Hochflügel. Die BG 6 erhielt zuerst ihre Typengenehmigung im Jahre 1941 und wurde sowohl von Zivilisten als auch vom US-Army Air Corps verwendet.
Bei der BG-12-Serie handelt es sich um einsitzige Hochleistungs-Segelflugzeuge, deren Prototyp erstmals 1956 flog. Obwohl die Vorkriegs BG-Modelle einen stoffbespannten Stahlrumpf aufwiesen, hat die BG-12-Serie eine herkömmliche Holzkonstruktion mit Sperrholzbeplankung. Die Flügel-Spanten und Rumpf-Querspanten sind aus Sperrholz geschnitten und die Konstruktion ist ähnlich derjenigen eines Modellflugzeugs mit Fichten-Längsholmen, die mit 1/8 Zoll Sperrholz beplankt sind. Die Hinterkanten-Klappen und Querruder sind Konstruktionen mit 1/16 Zoll Sperrholzbeplankung. Das herkömmliche Leitwerk weist eine Holzkonstruktion mit am Boden einstellbarem Höhenflossen-Anstellwinkel auf. Das Fahrwerk besteht aus einem festen Rad mit Briegleb-Peripheriebremse und Bugkufe.

Eine der vier produzierten Versionen weist als Modell A eine Bausatzform mit einem dreiteiligen Flügel mit 15% Dickentiefe auf, das Modell B hat einen zweiteiligen Flügel mit 18% Querschnitt und wurde 1963 entwickelt. Das Modell C ist eine Standard-Klassen-Version mit Luftbremsen, und das Modell BD ist die derzeitige Version.

Typbezeichnung: BG 12 BD
Hersteller: Sailplane Corporation of America
Erstflug: Juli 1973
Spannweite: 15 m
Rumpflänge: 6,68 m

Höhe: 1,22 m
Flügelfläche: 13,1 m²
Profil: NACA 4415/4406 R
Streckung: 17,9
Leergewicht: 227 kg
Wasserballast: – kg

Max. Fluggewicht: 340 kg
Max. Flächenbelastung: 29,95 kg/m²
Max. Fluggeschwindigkeit: 225 km/h
Überziehgeschwindigkeit: 61 km/h

Min. Sinken bei 76 km/h: 0,69 m/sec.
Max. Manövergeschwindigkeit: 210 km/h
Beste Gleitzahl bei 84 km/h: 33

In den sechziger Jahren entwickelte William Briegleb die einsitzige BG 12BR, die von Ross Briegleb geflogen den siebten Platz bei den Nationalen Meisterschaften 1964 errang. Später, als der Rumpf bei einem Landeunfall beschädigt wurde, wurde er durch einen Rumpf ersetzt, der für eine projektierte, neue Konstruktion, die BG 16 gebaut worden war. Die BG 12–16 ist leicht durch ihr ungewöhnliches, nach vorne gepfeiltes Leitwerk zu erkennen. Sie weist einen Rumpf mit geringem Profil auf, schlanker als derjenige der BG 12 mit einem Vorderteil aus Glasfaser, längeren Klappen und einer Allflug-Höhenflosse mit zwei Gegen-Ausgleich-Servo-Klappen. Die Höhenflosse weist eine Metallkonstruktion mit GFK-Überzug auf und ist in zwei Hälften gebaut. Die Konstruktion der Flügel ist ähnlich derjenigen der BG 12. Die Klappen, Querruder und das Seitenruder sind aus sperrholzbeplanktem Holz, bei Verwendung von Fichte und Douglas-Tanne. Für die Unterbringung ist ein halb-rückstellbarer Einzelsitz unter einer zweiteiligen Kabinenhaube vorgesehen, deren rückseitiger Teil abnehmbar ist. Das Fahrwerk besteht aus einem großen, nicht einziehbaren,

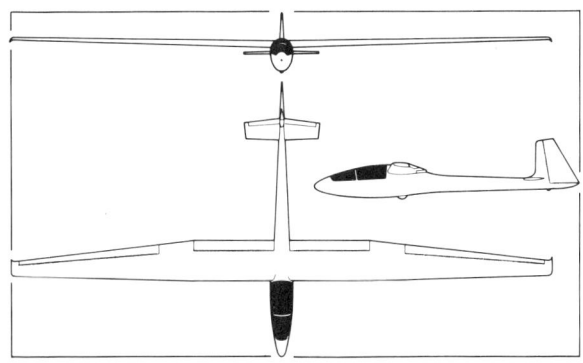

ungefederten Einzelrad, einer stoßgedämpften Bugkufe und einem gefederten Heckrad oder Heck-Kufe.
Der erste Flug erfolgte im Juni 1969, und seit diesem Zeitpunkt wurden viele Bausätze in den Vereinigten Staaten verkauft.

Typbezeichnung: BG 12–16
Hersteller: Sailplane Corporation of America
Erstflug: Juni 1969
Spannweite: 15,24 m
Rumpflänge: 7,32 m

Höhe: 1,27 m
Flügelfläche: 13,2 m²
Profil: NACA 4415R/4406 R
Streckung: 17,9
Leergewicht: 238 kg
Wasserballast: – kg

Max. Fluggewicht: 385 kg
Max. Flächenbelastung: 29,17 kg/m²
Max. Fluggeschwindigkeit: 225 km/h
Überziehgeschwindigkeit: 55 km/h

Min. Sinken bei 77 km/h: 0,68 m/sec.
Max. Manövergeschwindigkeit: 210 km/h
Beste Gleitzahl bei 90 km/h: 34

Bryan HP-15 / U.S.A.

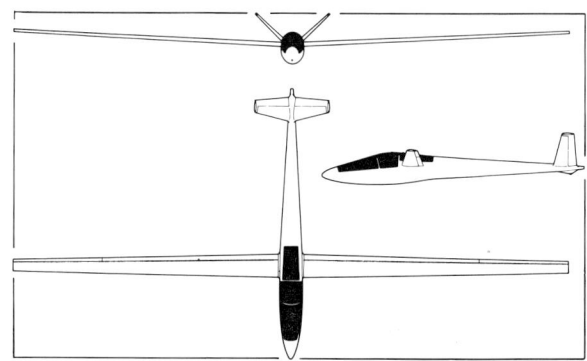

Als angekündigt wurde, daß die Weltmeisterschaften 1970 in Marfa stattfinden würden, war Richard Schreder einer der vielen Konstrukteure, der ein neues Segelflugzeug zu planen begann, um von dem texanischen Klima zu profitieren. Einige der anderen Segelflugzeuge, die dann konstruiert wurden, waren die BJ 3, Glasflügel 604, Nimbus 1 und Sigma. Anders wie diese, wurde die HP-15 konstruiert, um den Standard-Klassen-Vorschriften zu entsprechen, die 1969 in Kraft getreten waren und ein einziehbares Fahrwerk und feste Anlenkungsklappen bei 15-m-Segelflugzeugen erlaubten.

Bei der HP-15 handelt es sich um ein Ganzmetall-Flugzeug, das eine außerordentliche Flügelstreckung von 33 und eine hohe Flügelbelastung aufweist, um eine Hochgeschwindigkeits-Leistung zu erbringen. Die Zweiholm-Flügel enthalten jeweils drei Spanten, wobei der dazwischenliegende Raum mit Kunststoff-Schaumstoff, umgeben von Kontur-gerollten Metall-Außenhäuten, mit Kunststoff-Vorderkanten umgeben ist. Metall-Klappen und herunterhängende Querruder werden für Thermikflüge und die Landung verwendet. Der Rumpf ist aus Ganzmetall und weist ein V-Leitwerk, charak-

teristisch für den HP-Bereich auf. Das einziehbare Fahrwerk ist mit hydraulischen, stoßgedämpften Verstrebungen ausgerüstet, und das Heckrad ist steuerbar.

Wie viele Flugzeuge, die ihrer Zeit zu sehr voraus sind, wurde es als während des Fluges zu schwierig zu steuern angesehen. Es nahm nicht an den Weltmeisterschaften teil, und ging auch nicht in die Fertigung.

Typbezeichnung: HP-15	**Rumpflänge:** 7,07 m	**Wasserballast:** – kg	**Min. Sinken bei 72 km/h:** 0,49 m/sec.
Hersteller: Bryan Aircraft Corporation	**Flügelfläche:** 6,97 m²	**Max. Fluggewicht:** 272 kg	**Max. Manövergeschwindigkeit:** 183 km/h
Erstflug: Sommer 1969	**Profil:** Schreder 69-180	**Max. Flächenbelastung:** 39 kg/m²	
Spannweite: 15 m	**Streckung:** 33	**Max. Fluggeschwindigkeit:** 241 km/h	**Beste Gleitzahl bei 88 km/h:** 45
	Leergewicht: 150 kg	**Überziehgeschwindigkeit:** 56 km/h	

Der erfolgreiche Konstrukteur und Pilot Richard E. Schreder, der die HP-8 konstruierte, baute und flog und damit die nationalen US-Meisterschaften von 1958 und 1960 gewann, war verantwortlich für die innovative HP-10, die HP-11, welche Dritte bei den Weltmeisterschaften 1962 wurde, und die wohlbekannte HP-14 (gebaut im Vereinigten Königreich als HP-14C), produziert derzeit die Standard-Klassen HP-18 und die HP-18A.

Wie viele amerikanische Segelflugzeuge wird sie in Bausatzform für den Eigen- oder Club-Zusammenbau verkauft. Es handelt sich um ein Ganzmetallflugzeug mit bearbeiteten Aluminium-Holmen und vorgeschnittenen, harten Schaumstoff-Spanten, die in 10-cm-Zwischenräumen angebracht sind. Eine ähnliche Spanten-Konstruktionstechnik wird bei der HP-18A angewandt, aber die Holme sind aus Kohlefaser. Der Rumpf wird als vorgeformtes Kevlar-Rumpfvorderteil, Aluminium-Körper und V-Leitwerk geliefert. Eine zweiteilige, bündige Kabinenhaube deckt das Cockpit ab.

Die freitragenden Schulterdecker-Flügel weisen Wölbklappen und Querruder auf, die auf der ganzen Länge der Hinterkante verlaufen. Ein einziehbares Laufrad mit Bremse und ein steuerbares Heckrad bilden das Fahrwerk.

Typbezeichnung: HP 18 A
Hersteller: Bryan Aircraft Corporation
Erstflug: 1975
Spannweite: 15 m
Rumpflänge: 7,16 m

Höhe: 1,22 m
Flügelfläche: 10,66 m^2
Profil: Wortmann FX-67-150
Streckung: 21,1
Leergewicht: 191 kg
Wasserballast: 90 kg

Max. Fluggewicht: 417 kg
Max. Flächenbelastung: 39,12 kg/m^2
Max. Fluggeschwindigkeit: 241 km/h
Überziehgeschwindigkeit: 58 km/h

Min. Sinken bei 73 km/h: 0,52 m/sec.
Max. Manövergeschwindigkeit: 193 km/h
Beste Gleitzahl: 40

Bryan RS-15 / U.S.A.

Dieses 15-Meter-Segelflugzeug wurde von R. Schreder konstruiert, um den derzeitigen OSTIV-Standard-Klassen-Spezifikationen zu entsprechen. Es ist für einen einfachen, schnellen Zusammenbau durch Amateure ausgelegt und ist in der Amateur-Bau-Versuchs-Kategorie lizenziert. Es sind keine Vorrichtungen erforderlich, und die meisten Haupt-Komponenten sind vorfabriziert, um die Montagezeit auf annähernd 500 Mann/Stunden für einen Amateur mit durchschnittlichen mechanischen Fähigkeiten zu verringern.

Die freitragenden Schulterdecker-Flügel weisen eine Ganzmetall-Konstruktion auf, mit Ausnahme der Polyure-than-Schaumstoff-Spanten, die bei 102 mm Mittelpunkten verteilt sind. Die Hauptflügel-Holmklappen sind aus massivem, dicken Aluminiumblech gearbeitet. Wasserballast wird innerhalb der Flügel-Kastenholme mitgeführt. Die Hinter-kanten-Klappen/Luftbremsen sind aus Aluminiumblech und an Schaumstoff-Spanten angefügt. Die flachen Quer-ruder können gegebenenfalls an die Klappen angekoppelt werden. Der Rumpf in Schalenbauweise weist einen Vorder-teil aus GFK auf, vervollständigt mit Querspanten und einem

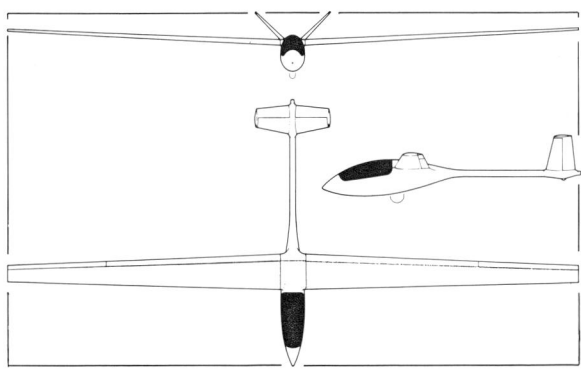

gepreßten Sitz und einem Leitwerksträger aus Aluminium-rohr mit 152 mm Durchmesser mit V-Leitwerk. Für die Un-terbringung ist ein Einzelsitz unter einer einteiligen Plexi-glas-Kabinenhaube vorgesehen. Das Fahrwerk ist ein von Hand einziehbares Einzelrad und ein nicht-einziehbares Heckrad. Hydraulische Stoßdämpfer sind sowohl beim Hauptrad als auch beim Heckrad eingebaut und beim Hauptrad ist eine hydraulische Bremse eingebaut.

Typbezeichnung: RS-15
Hersteller: Bryan Aircraft Corpo-
 ration
Erstflug: 1973
Spannweite: 15 m

Rumpflänge: 6,71 m
Höhe: 1,17 m
Flügelfläche: 10,5 m²
Profil: Wortmann FX-67-K-150
Streckung: 21,4

Leergewicht: 200 kg
Wasserballast: 91 kg
Max. Fluggewicht: 426 kg
Max. Flächenbelastung: 40,57 kg/m²
Max. Fluggeschwindigkeit: 241 km/h

Überziehgeschwindigkeit: 60 km/h
Min. Sinken bei 80 km/h: 0,64 m/sec.
Max. Manövergeschwindigkeit:
 193 km/h
Beste Gleitzahl: 38

Obwohl es seit langem ersichtlich war, daß es Segelflug-zeughersteller in den Vereinigten Staaten vorziehen, ihre Flugzeuge aus Metall zu bauen, wäre es tatsächlich überra-schend, wenn sie niemals Glasfaser benutzt hätten. Tat-sächlich produzierten im Jahre 1970 Arthur Zimmermann und Wolfgang Schaer das erste amerikanische Voll-GFK-Segelflugzeug, die Concept 70. Es handelt sich um ein ein-sitziges Standard-Klassen-Segelflugzeug, dessen Produk-tion 1973 begann. Bis zum Frühjahr 1974 waren etwa sech-zehn gebaut worden.

Die freitragenden Schulterdecker-Flügel bestehen aus einer Glasfaser/PVC-Schaumstoff-Sandwich-Konstruktion mit einem Konstant-Tiefen Mittelteil und verjüngten Außenpa-nels. Aluminium-Klappen bei jeder Hinterkante werden auf 90° ausgefahren. Der GFK-Rumpf in Schalenbauweise ist mit einem Stahlrohrrahmen verstärkt, der das Fahrwerk und die Flügel-Anschlüsse verbindet und in den Cockpit-Be-reich übergeht, um die Festigkeit und Stabilität zu erhöhen. Das Cockpit selbst ist geräumig und ist mit einem einzigen halbbrückstellbaren Sitz ausgerüstet, der für einen Fall-

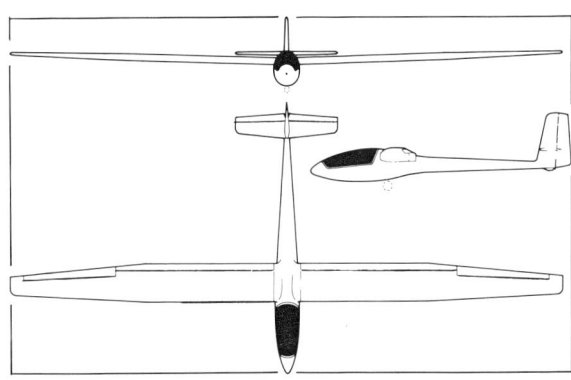

schirm des amerikanischen Typs ausgespart ist. Die einteili-ge, bündige Plexiglas-Kabinenhaube ist klapp- und abwerf-bar. Das von Hand einziehbare Tost-Einzelrad ist mit einer einfachen Trommelbremse ausgerüstet.

Typbezeichnung: Concept 70	**Höhe:** 1,83 m	**Max. Fluggewicht:** 396 kg	**Min. Sinken bei 81 km/h:**
Hersteller: Berkshire Manufactu-ring Corporation	**Flügelfläche:** 11,52 m²	**Max. Flächenbelastung:** 34,38 kg/m²	0,62 m/sec.
Erstflug: 1970	**Profil:** Eppler/Wortmann	**Max. Fluggeschwindigkeit:**	**Max. Manövergeschwindigkeit:** 195 km/h
Spannweite: 15 m	**Streckung:** 20	195 km/h	**Beste Gleitzahl bei 96,5 km/h:**
Rumpflänge: 7,31 m	**Leergewicht:** 226 kg	**Überziehgeschwindigkeit:** 58 km/h	40
	Wasserballast: 91 kg		

DSK BJ -1 Duster / U.S.A.

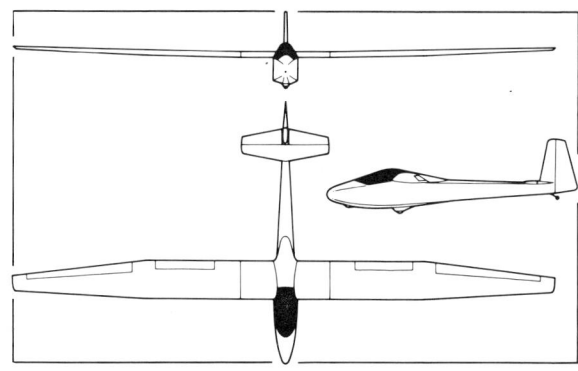

Von der BJ-1 Duster kann gesagt werden, daß sie eher der Inbegriff eines Hobbys als der eines Wettbewerbs-Sports ist. Sie wurde speziell für den Bau durch Amateure konstruiert und kein Bauteil ist länger als 5,5 m, so daß sie zu Hause gebaut und in der Garage gelagert werden kann. Sie wurde von Ben Jansson konstruiert, einem Aerodynamiker, der die schwedischen Teams bei den Weltmeisterschaften in Lezno und Marfa anführte, und von H. Einar Thor, einem amerikanischen Luftfahrt-Ingenieur. Der Prototyp BJ-1 flog erstmals im August 1966 nach zweieinhalb Jahren Entwicklung.

Es handelt sich um ein kleines Ganzholz-Flugzeug mit dreiteiligen Flügeln, die einen Fichten-Hauptholm und Hinterkanten-Luftbremsen aufweisen. Die Tannen-Sperrholz-Rumpf-Außenhaut weist einen sechseckigen Querschnitt vorn und einen dreieckigen Querschnitt hinter dem Flügel auf. Das Fahrwerk besteht aus einem Hauptrad, Heckrad und einer Bugkufe.

Die BJ-1B ist eine modifizierte Version, bei welcher das Gewicht verringert, die Flügelspannweite leicht vergrößert, und die Plexiglas-Kabinenhaube in der Höhe verringert wurde, um es dem Piloten zu ermöglichen, in einer halb zurückgelehnten Position zu sitzen. Seit ihrer Einführung hat die Firma DSK Aviation mehr als 200 Duster-Bausätze nach USA und in die ganze Welt geliefert.

Typbezeichnung: BJ-1 Duster	**Flügelfläche:** 9,6 m²	**Max. Flächenbelastung:** 27,4 kg/m²	**Min. Sinken bei 124 km/h:** 1,8 m/sec.
Hersteller: DSK Aviation Corporation	**Profil:** NACA 4415	**Max. Fluggeschwindigkeit:** 206 km/h	**Max. Manövergeschwindigkeit:** 148 km/h
Erstflug: August 1966	**Streckung:** 17,7	**Überziehgeschwindigkeit:** 64 km/h	**Beste Gleitzahl bei 87 km/h:** 29
Spannweite: 13 m	**Leergewicht:** 159 kg		
Rumpflänge: 6,1 m	**Wasserballast:** – kg		
	Max. Fluggewicht: 263 kg		

Die Konstruktion und Realisierung des LP-15 Nugget Proto-typen begann im Februar 1971 durch Jack Laister und seinen Sohn Bill, einem Aerodynamiker. Der erste Flug erfolgte im Juni 1971 mit Zulassung Mitte 1975. Obwohl die Konstruktionsarbeiten 1970 begonnen hatten, warteten die Hersteller auf die CIVV-Konferenz bezüglich der Standard-Klassen-Anforderungen, bevor sie mit der Realisierung begannen, wodurch nur zweieinhalb Monate für die Fertigstellung blieben. Somit war der Jungfernflug auch ein Wettbewerbsflug.

Die freitragenden Schulterdecker-Flügel sind aus einer Chem - Weld - Verbund - Aluminiumlegierungs - Konstruktion und weisen Hinterkanten-Klappen über eine große Spannweite mit negativer Auslenkung (UP) für Hochgeschwindigkeitsflug, 8° positive Auslenkung (DOWN) für Thermikflug und 85° positiv zur Landung oder Einsatz als Luftbremsen auf. Die oben-angelenkten, flachen Querruder weisen eine ähnliche Konstruktion auf. Beim Rumpf handelt es sich um eine Konstruktion in Halbschalen-Bauweise mit einem Vorderteil aus gepreßter Glasfaser und einem rückwärtigen Teil aus Verbund-Aluminium-Legierung, die ein freitragendes

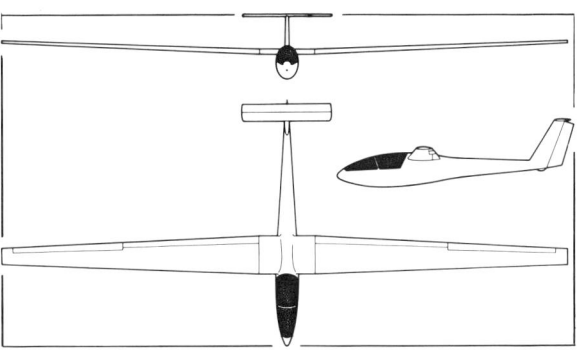

T-Leitwerk mit leicht gepfeilter/m Leitwerkfläche und Seitenruder aufweist.

Für die Unterbringung ist ein einzelner, halb-rückstellbarer Sitz unter einer vollständig transparenten, zweiteiligen Kabinenhaube mit einem abnehmbaren Teil und einem verschiebbaren Lüftungs-Panel vorgesehen.

Typbezeichnung: LP-15 Nugget
Hersteller: Laister
Erstflug: Juni 1971
Spannweite: 15 m
Rumpflänge: 6,1 m

Höhe: 1,27 m
Flügelfläche: 10,13 m^2
Profil: Wortmann
Streckung: 22,1
Leergewicht: 210 kg

Wasserballast: 84 kg
Max. Fluggewicht: 408 kg
Max. Flächenbelastung: 40,28 kg/m^2
Max. Fluggeschwindigkeit: 233 km/h

Überziehgeschwindigkeit: 63 km/h
Max. Manövergeschwindigkeit: 233 km/h
Beste Gleitzahl bei 89 km/h: 36

Laister LP-49 / U.S.A.

Jack Laister konstruierte und baute das erste kunstflugtaugliche Knickflügel-Segelflugzeug im Jahre 1938. Während des Zweiten Weltkrieges arbeitete er für das Militär-Gleiter-Programm und entwickelte mit Herrn Kauffmann die LK, die in Serie für das Militär unter der Bezeichnung TG4A produziert wurde. Am 4. Juli 1966 wurde ein neues, einsitziges Hochflügel-Segelflugzeug, die LP-46 ausgerollt. Es war der Prototyp der populären LP-49, die den Amerikanern als «Forty-Niner» vertraut ist. Es handelt sich um ein hübsches, einsitziges Standard-Klassen Segelflugzeug mit Metall-Laminarströmungs-Flügeln, und es ist ausgelegt, um in Baukastenform verkauft zu werden. Die Hauptholm-Leitwerkträger aus stranggepreßtem Aluminium sind in Richtung der Längsachse gebogen, um dem Tragflächen-Profil zu folgen, während die Aluminiumblech-Außenhaut mit Rollkontur stumpf aneinandergefügt und bündig mit blinden Schußnieten vernietet ist.

Beim Rumpf handelt es sich um eine Halbschalen-Konstruktion, die aus zwei vorgepreßten Glasfaserhälften besteht, die mit Aluminium-Spanten und Anschlüssen verstärkt sind. Das Leitwerk ist eine freitragende Aluminium-

Konstruktion mit rückwärtsgepfeilter/m Leitfläche und Seitenruder.

Das Fahrwerk besteht aus einem einziehbaren Hauptrad mit Bremse, einer Glasfaser-Bugkufe mit Stahlschuh und mit einem nicht-einziehbaren, ummantelten Heckrad, welches das einziehbare Rad früherer Modelle ersetzt.

Mehr als 50 Bausätze waren bis Anfang 1976 verkauft worden und etwa 35 davon wurden fertiggestellt und geflogen.

Typbezeichnung: LP-49	Flügelfläche: 13,28 m^2	Max. Fluggewicht: 408 kg	Überziehgeschwindigkeit: 56 km/h
Hersteller: Laister Sailplanes Inc.	Profil: NACA 643618	Max. Flächenbelastung: 30,72 kg/m^2	Min. Sinken bei 80 km/h: 0,63 m/sec.
Erstflug: Juli 1966	Streckung: 17	Max. Fluggeschwindigkeit: 217 km/h	Max. Manövergeschwindigkeit: 217 km/h
Spannweite: 15 m	Leergewicht: 208 kg		Beste Gleitzahl bei 92,5 km/h: 36,5
Rumpflänge: 6,28 m	Wasserballast: – kg		

Die Woodstock ist ein kleines, einfaches, preiswertes, einsitziges Segelflugzeug aus Holz und Stoff(bespannung) für den Eigenbauer, der nur ein begrenztes Budget hat und ein eigenes Segelflugzeug bauen möchte. Sie wurde von Jim Maupin mit Beratung von Irv Culver konstruiert, der mehrere Segelflugzeuge konstruiert hat.

Der schlanke Rumpf mit geringem Gewicht aus sperrholzbeplanktem Holz weist einen sechseckigen Querschnitt vor den Flügeln und einen dreieckigen dahinter auf.

Im Cockpit ist der Pilot in halb-zurückgelehnter Stellung unter einer einfach-gebogenen Plexiglas-Kabinenhaube untergebracht. Die freitragenden Schulterdecker-Flügel sind mit zwei Stahlstiften mit Durchmesser 13 mm montiert und am Rumpf mit drei Schnellauslösungs-Stiften befestigt. Die Konstruktion besteht aus einem Sperrholz-Vorderkanten-D-Holm mit Stoffbespannung nach dem Holm. Glatte Ganzholm-Querruder sind eingebaut mit Holz-Störklappen an der Oberseite zur Landungs-Kontrolle. Eine Radbremsung erfolgt durch Beaufschlagung des Reifens mit dem direkten Druck eines Aluminium-Bandes, das durch einen Hebel beim Steuerknüppel betätigt wird. Das Leitwerk ist her-

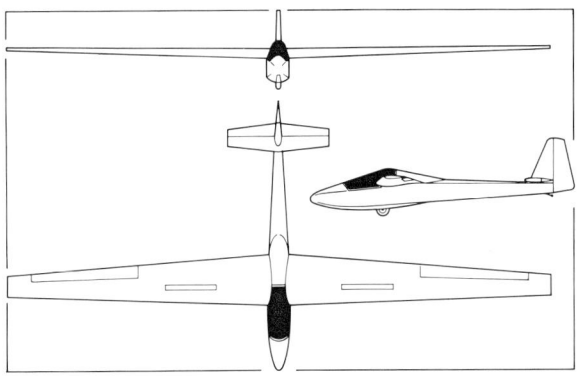

kömmlich, wobei die Leitwerkfläche und die Höhenflosse sperrholzbeplankt und die Steuerflächen stoffbespannt sind. Das ganze Segelflugzeug kann auf einem einfachen Gerüst von 5,5 m Länge gebaut werden, und es sind keine besonderen Vorrichtungen und Einspannvorrichtungen erforderlich.

Typbezeichnung: Woodstock One	Rumpflänge: 5,43 m	Streckung: 14,5	Max. Flächenbelastung:
Hersteller: Jim Maupin	Höhe: 1,22 m	Leergewicht: 106,5 kg	20,9 kg/m^2
Erstflug: Frühjahr 1978	Flügelfläche: 9,73 m^2	Wasserballast: – kg	Min. Sinken: 0,79 m/sec.
Spannweite: 11,89 m	Profil: Irv Culver	Max. Fluggewicht: 204 kg	Beste Gleitzahl: 24

Miller Tern 2 / U.S.A.

Die Tern ist ein einsitziges Segelflugzeug mit einer guten Leistung und einer vereinfachten Konstruktion, realisiert von Terry Miller für Amateure. In USA sind viele im Bau, und es sind Pläne für dieses Flugzeug in der ganzen Welt verkauft worden. Die Tern 2 ist eine verbesserte Version der Tern 1 mit vergrößerter Flügelspannweite und einem Bremsfallschirm, der am Unterteil des Seitenruders eingebaut ist. Der Tern-Prototyp flog erstmals im September 1965, und die Tern 2 absolvierte ihren ersten Flug drei Jahre später im August 1968.

Die freitragenden Schulter-Einbau-Flügel weisen eine Zwei-Teile-Zweiholm-Konstruktion auf und sind voll-sperrholzbeplankt. Glatte Ganzholz-Querruder sind eingebaut und Unterseiten-Holz-Störklappen dienen zur Landungs-kontrolle. Beim Rumpf handelt es sich um eine Halbschalen-Konstruktion aus Holz mit Glasfaser-Bug und Sperrholz-Außenhaut hinter dem Cockpit. Für die Unterbringung ist ein einzelner, halbrückstellbarer Sitz unter einer dreiteiligen Kabinenhaube vorgesehen, deren Mittelteil seitwärts aufklappbar ist. Das nicht-einziehbare Laufrad befindet sich vor dem Schwerpunkt, und unter dem Bug befindet sich eine Kufe. Die Radbremsung erfolgt durch Beaufschlagung des Reifens mit einem direkten Druck. Beim Leitwerk handelt es sich um eine freitragende, herkömmliche Ganz-holz-Konstruktion mit einer Spezial-Anlenkungslinie, um den Luftwiderstand zu verringern und die Steuerungs-Effektivität bei großen Auslenkungen zu erhöhen.

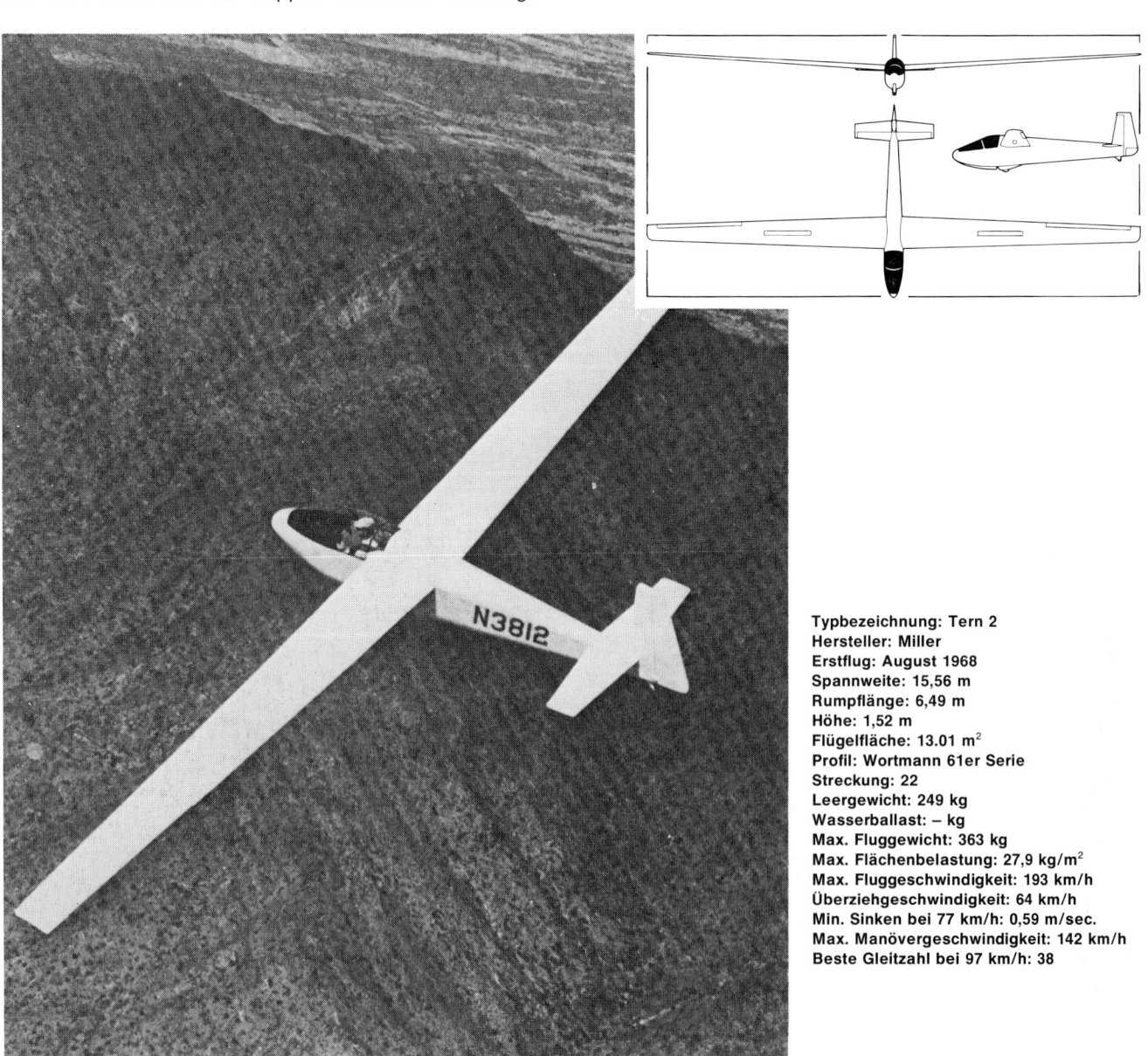

Typbezeichnung: Tern 2
Hersteller: Miller
Erstflug: August 1968
Spannweite: 15,56 m
Rumpflänge: 6,49 m
Höhe: 1,52 m
Flügelfläche: 13.01 m^2
Profil: Wortmann 61er Serie
Streckung: 22
Leergewicht: 249 kg
Wasserballast: – kg
Max. Fluggewicht: 363 kg
Max. Flächenbelastung: 27,9 kg/m^2
Max. Fluggeschwindigkeit: 193 km/h
Überziehgeschwindigkeit: 64 km/h
Min. Sinken bei 77 km/h: 0,59 m/sec.
Max. Manövergeschwindigkeit: 142 km/h
Beste Gleitzahl bei 97 km/h: 38

Die Monerai ist eines der kleinen, leichten Segelflugzeuge einer neuen Generation, das in Bausatzform erhältlich ist und bei dem neue Konstruktionsmethoden angewandt werden. Konstruiert und gebaut von John Monnett aus Illinois, flog der Prototyp erstmals im Februar 1978 mit Mr. Monnett selbst am Steuer.

Der Rumpf weist einen Vorderteil mit Leitwerkträger auf, während das Cockpit eine geschweißte Chrom-Molybdän-Stahlrohr-Konstruktion ist, die von einem stromlinienförmigen GFK-Vorderteil umgeben ist, an dem ein röhrenförmiger Aluminium-Leitwerksträger angeschraubt ist. Für den Piloten ist ein rückstellbarer Schiebesitz mit einstellbarer Kopfstütze und einstellbaren Seitenruder-Pedalen vorgesehen. Der Steuerknüppel ist an der rechten Seite des Cockpits eingebaut. Links betätigt ein Hebel die Hinterkanten-Klappen mit einer Auslenkung von –8° bis +90°. Das Fahrwerk besteht aus einem nicht-einziehbaren Einzelrad und einer Heck-Kufe.

Der Flügel mit konstanter Tiefe ist so konstruiert, daß Aluminium-Außenhäute an einen bearbeiteten Aluminium-Holm und gepreßte Spanten angefügt werden. Jedes Flügel-Panel

wiegt nur 23,6 kg, wodurch das Aufrüsten leicht ist. Wie beim Flügel, werden beim V-Leitwerk gepreßte Aluminium-Spanten verwendet. Es handelt sich um eine voll-bewegliche Höhenflosse, wobei das Backbord-Panel etwas vor dem Steuerbord-Panel liegt. Beide sind identisch und austauschbar. Bei der Grundkonstruktion ist die Möglichkeit eines Triebwerks für einen Selbststart vorgesehen.

Typbezeichnung: Monerai S
Hersteller: Monnett
Erstflug: Februar 1978
Spannweite: 11 m
Rumpflänge: 6 m

Höhe: 0,89 m
Flügelfläche: 7,25 m²
Profil: WortmannFX-61192 modif.
Streckung: 16,6
Leergewicht: 99,8 kg

Wasserballast: – kg
Max. Fluggewicht: 204,12 kg
Max. Flächenbelastung: 28,12 kg/m²
Max. Fluggeschwindigkeit: 193 km/h
Überziehgeschwindigkeit: 61 km/h

Min. Sinken bei 89 km/h:
 0,85 m/sec.
Max. Manövergeschwindigkeit:
 145 km/h
Beste Gleitzahl bei 97 km/h: 28

Ryson ST-100 Cloudster / U.S.A.

In der Annahme, daß es sich um den ersten amerikanischen Motorsegler handle, der für eine Produktion konstruiert ist, weist die ST-100 die traditionelle Zug-Schrauben-Konfiguration der meisten populären europäischen Motor-Segelflugzeuge auf. Ihre Konstruktion begann im März 1974, sie weist viele Grund-Verbesserungen für diese Flugzeugklasse auf, z. B. Ganzmetall-Konstruktion, voll-zusammenklappbare Flügel, kraftbetätigte Klappen und verbundene Querruder. Die Konstruktion des Prototyps begann im Juli 1974, und das Flugzeug flog erstmals am 21. Dezember 1976.

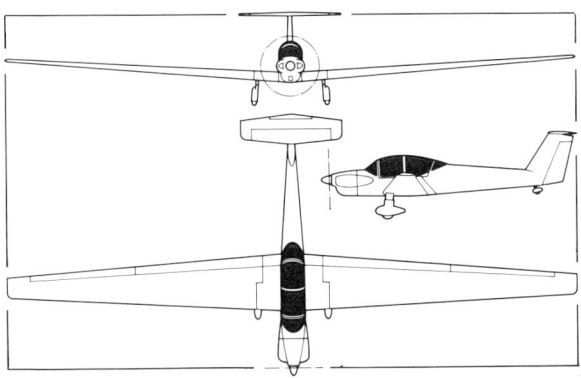

Die freitragenden, niedrigliegenden Flügel weisen eine Ganzmetall-Konstruktion auf und sind mit elektrisch betätigten Hinterkanten-Klappen ausgerüstet, die mit den Querrudern verbunden sind und zusammen von −12° bis +8° arbeiten, wonach die Klappen eine Auslenkung auf +72° zum Bremsen aufweisen. Beim Rumpf handelt es sich um eine herkömmliche Ganzmetall-Konstruktion in Halbschalen-Bauweise. Er weist ein freitragendes T-Leitwerk mit rückwärtsgepfeilter Leitfläche und Seitenruder und nicht-gefeilte horizontale Flächen auf. Das zweirädrige Hauptfahrwerk und das steuerbare Heckrad sind beide nicht einzieh-bar. Für die Unterbringung sind Sitze für zwei Personen in Tandemanordnung unter einer vollkommen transparenten, einteiligen Kabinenhaube mit Rahmen vorgesehen, die seitlich geöffnet werden kann.

Die Cloudster wird von einem 74,5 kW (100 PS) Continental 0-200 Zweizylinder-Boxermotor angetrieben, der eine Hoffmann-Dreipositions-Luftschraube ansteuert.

Typbezeichnung: ST-100 Cloudster
Hersteller: Ryson Aviation Corporation
Erstflug: Dezember 1976
Spannweite: 17,58 m
Rumpflänge: 7,78 m
Höhe: 1,78 m
Flügelfläche: 19,79 m²
Profil: Wortmann FX-67-170/17
Streckung: 15,61
Leergewicht: 550 kg
Wasserballast: – kg
Max. Fluggewicht: 748 kg
Max. Flächenbelastung: 37,8 kg/m²
Max. Fluggeschwindigkeit: 241 km/h
Überziehgeschwindigkeit: 69 km/h
Min. Sinken: 0,89 m/sec.
Beste Gleitzahl: 28
Motor: Continental 0-200, 74,5 kW (100 PS)
Startrollstrecke: 174 m
Steigleistung: 273 m/min.
Reichweite: 1103 km

Anfang der dreißiger Jahre bauten die Brüder Schweizer, Ernie, Paul und Bill ihren ersten Gleiter, den Einsitzer SGU 1-1. Im Jahre 1935 gründeten sie die Schweizer Aircraft Corporation für die Herstellung von Segelflugzeugen. Während des Krieges produzierten sie militärische Schulungsgleiter und diversifizierten ihre Aktivitäten durch die Hinzunahme von Flugzeug-Bauteilen. Nachkriegs-Realisierungen umfassen die 1–19 im Jahre 1944, die wohlbekannte 2-22 im Jahre 1945, die 1-21 1947 und die 1-23 im Jahre 1948, die zahlreiche nationale Meisterschaften gewannen. Amerikanische Segelflugzeuge haben sich von stoffbespannten Stahlrohrrahmen-Konstruktionen zu Ganzmetall-Konstruktionen entwickelt, die einen Aluminium-Rumpf in Schalenbauweise und Aluminium-Flügel mit tragender Außenhaut aufwiesen. Die 1–23 war eine der ersten dieses letzteren Typs.

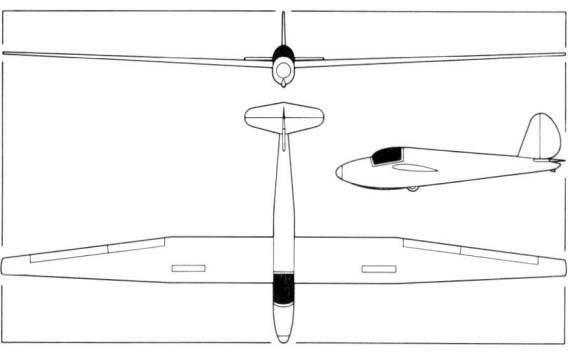

Insgesamt 69 Flugzeuge SGS 1–23 aller Versionen wurden hergestellt. Das Standard-Flugzeug hat eine Flügel-Spannweite von 13,36 m. Bei der B, C und D wurde die Spannweite auf 15,24 m vergrößert. Die 1–23 E, welche 1954 eingeführt wurde, und die eine Flügelspannweite von 16,09 m aufweist, hat eine dickere Flügel-Außenhaut, und Stumpfverbindungen ersetzen die überlappten Verbindungen bei Typ F. Die Modelle G und H wurden mit einem größeren Seitenleitwerk fabriziert, und die H-15 weist abnehmbare Flügelspitzen auf, um die Standard-Klassen-Forderungen zu erfüllen.

Im Jahre 1961 stellte eine 1–23 E, geflogen von Paul Bikle, den derzeitigen Welt-Höhenrekord von 14 102 m auf.

Typbezeichnung: SGS 1–23 D	Höhe: 1,52 m	Wasserballast: – kg	Überziehgeschwindigkeit:
Hersteller: Schweizer	Flügelfläche: 14,9 m²	Max. Fluggewicht: 340 kg	52 km/h
Erstflug: 1952	Profil: NACA 43012A/23009	Max. Flächenbelastung:	Min. Sinken bei 55 km/h:
Spannweite: 15,24 m	Streckung: 15,6	22,8 kg/m²	0,61 m/sec.
Rumpflänge: 6,25 m	Leergewicht: 190 kg	Max. Fluggeschwindigkeit: 212 km/h	Beste Gleitzahl bei 77 km/h: 30

Schweizer 1–26E / U.S.A.

Dieses relativ kleine Segelflugzeug wurde für Ein-Konstruktions-Klassen Aktivitäten konstruiert. Es wurde konstruiert, um sowohl als vollständiges Segelflugzeug als auch in Bausatzform für Eigenbauer produziert zu werden. Der Prototyp 1–26 wurde erstmals im Januar 1954 geflogen, und mit der Erteilung des FAA Type Certificate (Typenzulassung durch die Federal Aviation Agency), begann die Produktion sowohl der kompletten Segelflugzeuge als auch der Bausätze im November jenes Jahres. Der Prototyp 1–26 wies einen stoffbespannten Rumpf und Flügel auf. Die 1–26B mit einem Ganzmetall-überzogenen Flügel flog erstmals im Juni 1956. Bei der 1–26C handelte es sich um die Bausatz-Version der 1–26B, und sie wies die gleiche, auffallende elliptische Leitfläche auf. Die 1–26D, welche erstmals im Juni 1968 flog, wies einen Metall-Bugteil, eine neukonstruierte Kabinenhaube und eine neue Leitfläche auf. Der Bug wurde abgesenkt, um eine bessere Sicht für den Piloten zu gewährleisten, und der Sitz wurde leicht zurückgestellt.

Die derzeitige Serien-Version, die 1–26E, weist einen Ganzmetall-Rumpf in Halbschalenbauweise auf. Der freitragende Mitteldecker-Flügel ist eine Ganzmetall-Konstruktion mit stoffbespannten Querrudern, ausbalancierte Luftbremsen sind direkt hinter dem Holm bei jedem Flügel eingebaut. Das Fahrwerk besteht aus einem nicht-einziehbaren, ungefederten Einzelrad mit Schweizer-Bremse, hinter einer gummigefederten Bugkufe und einem kleinen, soliden Gummi-Heckrad.

Mehr als 700 Segelflugzeuge 1–26 sind bis Januar 1980 produziert worden, von denen annähernd 200 Bausatzform aufwiesen.

Typbezeichnung: SGS 1–26E	**Höhe:** 2,21 m
Hersteller: Schweizer	**Flügelfläche:** 14,87 m²
Erstflug: März 1971	**Profil:** NACA 430/2A
Spannweite: 12,19 m	**Streckung:** 10
Rumpflänge: 6,57 m	**Leergewicht:** 202 kg

Wasserballast: – kg
Max. Fluggewicht: 318 kg
Max. Flächenbelastung: 21,39 kg/m²
Max. Fluggeschwindigkeit: 183 km/h
Überziehgeschwindigkeit: 53 km/h

Min. Sinken bei 64 km/h: 0,88 m/sec.
Max. Manövergeschwindigkeit: 183 km/h
Beste Gleitzahl bei 85 km/h: 23

Das Hochleistungs-Segelflugzeug SGS 2–32 weist eine ungewöhnlich große Kabine auf, wodurch ein sehr großer oder zwei Passagiere mit Durchschnittsgröße zusätzlich zu dem Piloten mitfliegen können. Der Prototyp flog erstmals am 3. Juli 1962. Die FAA-(Federal Aviation Agency)Typengenehmigung ging im Juni 1964 ein, und die Produktion begann sofort. Mehr als 88 sind bis Januar 1977 gebaut worden. Eine Anzahl Welt- und nationaler Segelflug-Rekorde wurden von Piloten aufgestellt, die dieses Segelflugzeug flogen. Die 2–32 wurde ebenfalls ausgewählt, die Grundzelle des geräuschlosen Lockheed YO-3A Beobachtungs-Flugzeugs und des E-Systems L450F zu bilden.

Die freitragenden Mitteldecker-Flügel weisen eine Ganzmetall-Einholm-Konstruktion mit Metallüberzug auf, die Metall-Querruder sind stoffbespannt. Geschwindigkeitsbegrenzende Störklappen-artige Luftbremsen sind sowohl an den Flügel-Ober- als auch -Unterseiten vorgesehen. Das Leitwerk ist eine freitragende Metallkonstruktion mit vollbeweglicher Höhenflosse und einstellbarer Trimmklappe, die Steuerflächen sind stoffbespannt. Das Fahrwerk besteht aus einem großen, nicht-einziehbaren ungefederten Einzel-

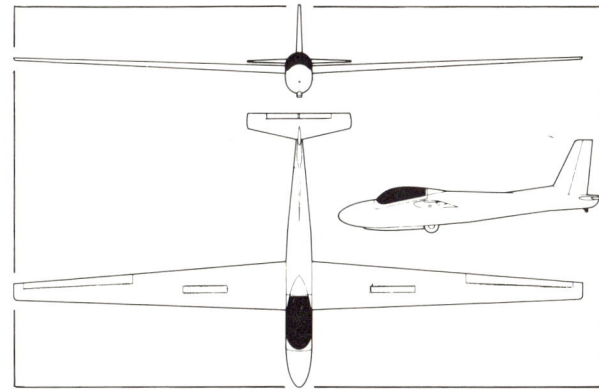

rad mit Hyraulik-Bremse, einer Heck-Kufe und gefederten Flügelspitzen-Rädern.

Die Unterbringung ist unter einer geblasenen Kabinenhaube vorgesehen, die sich seitwärts öffnet. Der rückwärtige Steuerknüppel kann im Interesse eines Passagier-Komforts entfernt werden.

Typbezeichnung: SGS 2–32
Hersteller: Schweizer
Erstflug: Juli 1962
Spannweite: 17,4 m
Rumpflänge: 8,15 m

Flügelfläche: 16,7 m²
Profil: NACA 633618/43012A
Streckung: 18,05
Leergewicht: 385 kg
Wasserballast: – kg

Max. Fluggewicht: 649 kg
Max. Flächenbelastung: 38,8 kg/m²
Max. Fluggeschwindigkeit: 225 km/h

Überziehgeschwindigkeit: 81 km/h
Min. Sinken bei 80 km/h: 0,72 m/sec.
Beste Gleitzahl bei 95 km/h: 34

Schweizer 2–33A / U.S.A.

Die SGS2–33 wurde ursprünglich aus der 2–22 entwickelt, mit vergrößerter Flügelspannweite und höherer Leistung. Die 2–22 mit ihren B-, C-, D- und E-Entwicklungs-Modellen war das populärste zweisitzige Schulungs-Segelflugzeug in Amerika nach seiner Einführung im Jahre 1948: es wurden 258 Flugzeuge gebaut. Der Prototyp 2–33 wurde erstmals im Herbst 1966 geflogen und erhielt die FAA-Typengenehmigung im Februar 1967. Die Produktion begann im Januar 1967, und mehr als 560 Flugzeuge 2–33 sind bis Januar 1980 gebaut worden. Dieser Typ ist auch in Bausatzform erhältlich.

Die verstrebten, hochliegenden Flügel weisen eine Aluminium-Legierung-Konstruktion mit Metall-Außenhaut und Ganzmetall-Querrudern auf, Störklappen sind sowohl an den Ober- als auch an den Flügel-Unterseiten angebracht. Beim Rumpf handelt es sich um eine geschweißte Chrom-Molybdän-Stahlrohr-Konstruktion, wobei der Bug mit Glasfaser überzogen und der Rest stoffbespannt ist. Das Fahrwerk ist ein nicht-einziehbares Cleveland-Einzelrad, direkt hinter der Bugkufe. Flügelspitzen-Räder sind ebenfalls vorgesehen.

Die zwei Sitze sind in Tandem-Anordnung unter einer einteiligen Kabinenhaube vorgesehen, die nach links aufklappbar ist. Der hintere Pilot hat feste, klare Panels an den Seiten und oben, sowie eine Türe an der rechten Seite.

Die 2–33A wurde das Standard-Schulungs-Segelflugzeug auf dem nordamerikanischen Kontinent und wird auch in andere Länder exportiert.

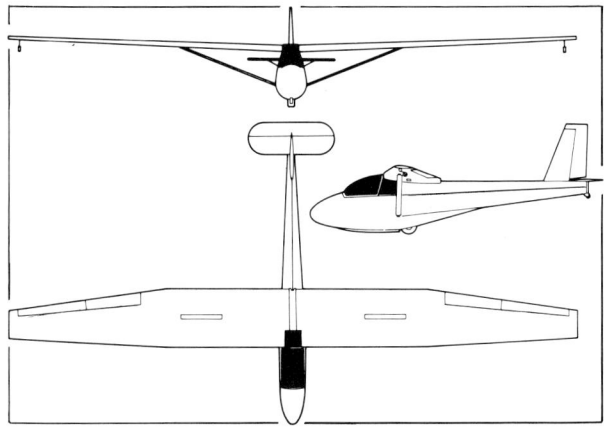

Typbezeichnung: SGS 2–33A
Hersteller: Schweizer
Erstflug: 1966
Spannweite: 15,54 m
Rumpflänge: 7,85

Höhe: 2,83 m
Flügelfläche: 20,39 m
Profil: NACA 633618
Streckung: 11,85
Leergewicht: 272 kg

Wasserballast: – kg
Max. Fluggewicht: 472 kg
Max. Flächenbelastung: 23,14 kg/m^2
Max. Fluggeschwindigkeit: 158 km/h

Überziehgeschwindigkeit: 57 km/h
Min. Sinken bei 61 km/h: 0,91 m/sec.
Beste Gleitzahl bei 84 km/h: 23

Die Konstruktion dieses einsitzigen Hochleistungs-Stan-dard-Klassen-Segelflugzeugs, das die 1–23-Serie ersetzen sollte, begann 1967, und die Realisierung des Prototyps begann im folgenden Jahr. Dieser flog erstmals im Frühjahr 1969, während die FAA-Typenzulassung im September jenes Jahres erfolgte. Mehr als 100 Produktions-Modelle waren bis Januar 1980 fertiggestellt worden.

Die freitragenden Schulterdecker-Flügel weisen eine Ganzmetall-Aluminium-Legierung-Konstruktion mit glatten Ganzmetall-Differential-Querrudern und Geschwindig-keits-begrenzenden Störklappen-artigen Luftbremsen auf, die oberhalb und unterhalb jedes Flügels eingebaut sind. Beim Rumpf handelt es sich um eine Ganzmetall Alumini-um-Legierung-Konstruktion in Halbschalen-Bauweise, die eine freitragende Ganzmetall Heckgruppe aufweist. Das Fahrwerk besteht aus einem nicht-einziehbaren Einzelrad mit Vorderkufe und Hilfs-Heckrad. Ein einziehbares Einzel-rad ist als wahlfreies Extra erhältlich.

Für die Unterbringung ist ein Einzelsitz mit einstellbarer Rückenlehne unter einer großen, einteiligen Kabinenhaube vorgesehen.

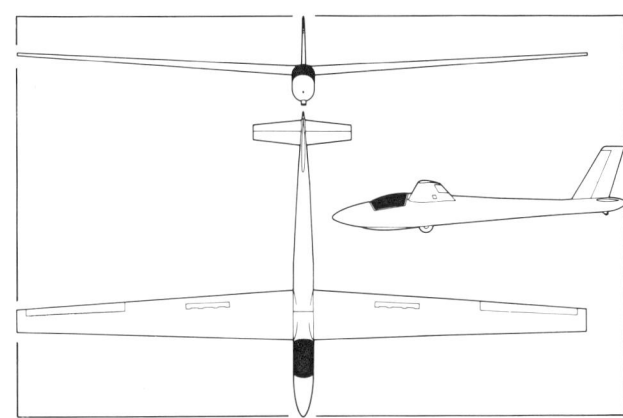

Typbezeichnung: SGS 1–34B
Hersteller: Schweizer
Erstflug: April 1969
Spannweite: 15 m
Rumpflänge: 7,85 m

Höhe: 2,29 m
Flügelfläche: 14,03 m^2
Profil: Wortmann
    FX-61-163/60-126
Streckung: 16

Leergewicht: 250 kg
Wasserballast: – kg
Max. Fluggewicht: 363 kg
Max. Flächenbelastung:
    25,88 kg/m^2

Max. Fluggeschwindigkeit:
    217 km/h
Min. Sinken bei 76 km/h:
    0,64 m/sec.
Beste Gleitzahl bei 84 km/h: 34

Schweizer 1–35 / U.S.A.

Die SGS 1–35 ist ein einsitziges Ganzmetall Hochleistungs-15-m-Klassen-Segelflugzeug, das erstmals im April 1973 geflogen wurde. Das FAA-Zulassungs-Programm war im Frühjahr 1974 erledigt. Zwei Versionen des Flugzeugs sind erhältlich: die unbeschränkte Version 1–35A mit dem einziehbaren Einzelrad vor dem Schwerpunkt und einem großen Heckrad, miteinander verbundenen Klappen und Querrudern, die als Standard-Ausrüstung eingebaut sind. Die zweite Version ist die 1–35C (Club-35), die eine vereinfachte, preiswertere Version für einen Club- oder Verbands-Einsatz ist, mit festem, ungefedertem Einzelrad unter dem Schwerpunkt, Bugkufe und ohne Vorkehrung für Wasserballast.
Die freitragenden Schulterdecker-Flügel sind aus einer tragenden Aluminium-Außenhaut- und Stringer-Konstruktion. Die unten angelenkten Hinterkanten-Klappen und oben-angelenkten Querruder weisen eine tiefgezogene Aluminium-Konstruktion auf. Der Rumpf ist eine Ganzaluminium-Konstruktion in Schalenbauweise und weist ein freitragendes T-Leitwerk mit einer Höhenflosse mit festem Anstellwinkel und ein stoffbespanntes Höhenruder auf. Spätere

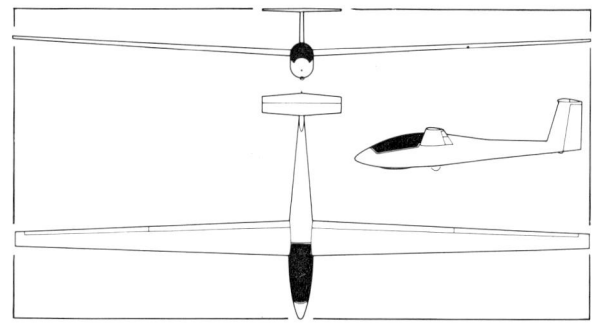

Versionen der 1–35A weisen einen spitzeren Bug und verbesserte Flügelansatz-Verkleidungen auf.
Für die Unterbringung ist ein halb-rückstellbarer Einzelsitz unter einer einteiligen, abnehmbaren Kabinenhaube vorgesehen. Insgesamt 100 Flugzeuge SGS 1–35 wurden bis Januar 1980 produziert.

Typbezeichnung: SGS 1–35A
Hersteller: Schweizer
Erstflug: April 1973
Spannweite: 15 m
Rumpflänge: 5,84 m
Höhe: 1,35 m

Flügelfläche: 9,64 m^2
Profil: Wortmann
FX-67-K-170/150
Streckung: 23,29
Leergewicht: 199 kg
Wasserballast: 147 kg

Max. Fluggewicht: 422 kg
Max. Flächenbelastung:
43,78 kg/m^2
Max. Fluggeschwindigkeit:
223 km/h
Überziehgeschwindigkeit: 66 km/h

Min. Sinken bei 74 km/h:
0,54 m/sec.
Max. Manövergeschwindigkeit:
223 km/h
Beste Gleitzahl bei 105 km/h:
39

Die Sisu 1A ist eines der interessantesten und erfolgreichsten amerikanischen Hochleistungs-Segelflugzeuge. Es ist das Ergebnis sechsjähriger Berechnungs-Konstruktions- und Realisierungsarbeiten des Convair-Ingenieurs Leonard Niemi, der nur eine Garage als Werkstatt benutzte. Der kleine, elegante Prototyp mit schöner Oberflächenbeschaffenheit (Finish) flog erstmals am 20. Dezember 1958. Die Sisu ist ein freitragendes Schulterflügel-Metall-Segelflugzeug, das eine Flügelkonstruktion in Voll-Schalenbauweise mit Glasfaser/Schaumstoff-Versteifung bei der Vorderkante und Wölbungsklappen aufweist. Das Serien-Modell, die Sisu 1A, hat Abzugs-Luftbremsen und geschlitzte Klappen. Der schlanke Rumpf endet mit einem V-Leitwerk, und die zweiteilige Kabinenhaube gewährleistet eine ausgezeichnete Rundsicht. Das Fahrwerk besteht aus einem einziehbaren Einzelrad und einem festen Heckrad.

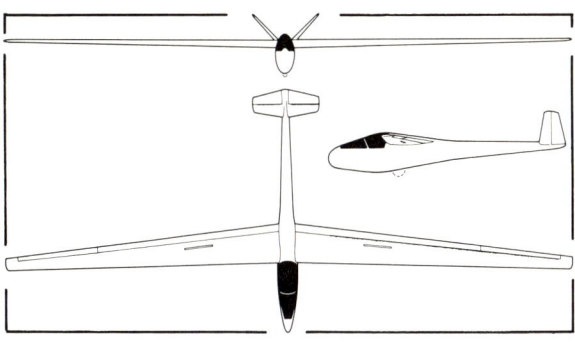

Die Sisu hat sich als bewährte Konstruktion durch den Gewinn der nationalen US-Segelflugmeisterschaften mit drei verschiedenen Piloten in den Jahren 1962, 1965 und 1967 erwiesen. Alvon Parker stellte mit der Sisu drei Weltrekorde auf, u. a. unternahm er einen Flug von 1041,5 km im Jahre 1964. Einmal benutzte A. J. Smith, Sieger im US-National-Wettbewerb 1967, Flügelspitzen-Erweiterungen, um die Spannweite seiner Sisu zu vergrößern. Die derzeitige Sisu, welche den Strecken-Weltrekord aufstellt, befindet sich jetzt im Smithsonian Institut.

Typbezeichnung: Sisu-1A
Hersteller: Astro Corporation
Erstflug: Dezember 1958
Spannweite: 15,24 m
Rumpflänge: 6,46 m

Flügelfläche: 10,03 m^2
Profil: NACA 653418
Streckung: 23,1
Leergewicht: 209 kg
Wasserballast: – kg

Max. Fluggewicht: 318 kg
Max. Flächenbelastung: 31,7 kg/m^2
Max. Fluggeschwindigkeit: 260 km/h
Überziehgeschwindigkeit: 68 km/h

Min. Sinken bei 88 km/h: 0,63 m/sec.
Max. Manövergeschwindigkeit: 130 km/h
Beste Gleitzahl bei 100 km/h: 41,4

Internationale Motorsegler-Rekorde

ZIELFLUG

D–2M
Günther Jacobs/Götz Huttel
SF 25 E
28. 4. 1976   646,42 km

ZIELFLUG MIT RÜCKKEHR

D–1M
Karl Abhau
auf Nimbus M
Bitterwasser, S. A.
26. 11. 1979   893,51 km

D–2M
Willibald Collée/Karl Pummer
Janus M
Kenilworth
10. 12. 1979   551 km

HÖHENGEWINN

D–1M
Günter Cichon
auf Nimbus M
27. 5. 1979   8923 m

D–2M
F. Jung/G. Marzinzik
ASK 16
26. 3. 1978   4523 m

ABSOLUTE HÖHE

D–1M
Günter Cichon
auf Nimbus M
27. 5. 1979   10 408 m

GESCHWINDIGKEIT ÜBER 100 KM DREIECKSTRECKE

D–1M
Fritz Rueb
Nimbus 2 M
29. 12. 1977   152,16 km/h

D–2M
Willibald Collée/E. Dörr
Janus M
15. 1. 1980   128 km/h

GESCHWINDIGKEIT ÜBER 300 KM DREIECKSTRECKE

D–1M
Fritz Rueb
Nimbus 2 M
27. 12. 1977   131,75 km/h

D–2M
Willibald Collée/Karl Pummer
Janus M
16. 12. 1979   115,1 km/h

GESCHWINDIGKEIT ÜBER 500 KM DREIECKSTRECKE

D–1M
Fritz Rueb
Nimbus II M
Kenilworth
8. 1. 1980   125,6 km/h

D–2M
Willibald Collée/Karl Pummer
Janus M
20. 12. 1979   106,7 km/h

GESCHWINDIGKEIT ÜBER 750 KM DREIECKSTRECKE

D–1M
Fritz Rueb
auf Nimbus 2 M
Kenilworth
29. 12. 1978   120,21 km/h

D–2M
Willibald Collée/Karl Pummer
Janus M
31. 12. 1979   98,97 km/h

GESCHWINDIGKEIT ÜBER 1000 KM DREIECKSTRECKE

D–1M
Fritz Rueb
Nimbus II M
Kenilworth
31. 12. 1979   109,94 km/h

GRÖSSTE DREIECKSTRECKE

D–1M
Fritz Rueb
Nimbus II M
Kenilworth
31. 12. 1979   1013,21 km

D–2M
Willibald Collée/Karl Pummer
Janus M
Blomfontein
31. 12. 1979   756 km

Männer	Frauen	Männer	Frauen

STRECKE IN GERADER LINIE

D–1*
BRD
H. W. Grosse
auf ASW 12/Lübeck-Biarritz
am 25. 4. 1972   1460,8 km

G.B.
Dr. Karla Karel
auf LS–3.Tocumwal-Tabaringa
am 20. 1. 1980   949,7 km

D–2**
Australien
Ingo Renner/Hilmar Geissler
auf Caproni A 21
am 27. 1. 1975   970,4 km

UdSSR
Pavlova/Filomachkina
auf Blanik
am 3. 6. 1967   864,862 km

ZIELFLUG

D–1
S. H. Georgeson, B. L. Drake
D. N. Spoight
Neu-Seeland, Nimbus 2
Gruppe v. 3 Maschinen
am 14. 1. 1978   1254,26 km

UdSSR
T. Zaiganova
auf A 15
am 29. 7. 1966   731,595 km

D–2
UdSSR
I. Gorokhova/Z. Koslova
auf Blanik
am 3. 6. 1967   864,862 km

ZIELFLUG MIT RÜCKKEHR ZUM STARTORT

D–1
USA
Karl H. Striedieck
auf ASW 17
am 9. 5. 1977   1634,7 km

USA
Cornelia Yoder
auf ASW 19
am 5. 4. 1980   1025,023 km

D–2
Deutschland
H. W. Grosse/H. H. Kohlmeier
auf SB 10
am 7. 1. 1980   970,95 km

Italien
Adele Orsi/Mina Monti
Stinson L 5
Calcinate del Pesce
am 18. 6. 1978   593 km

ABSOLUTE HÖHE

D–1
USA
Paul Bikle
auf Schweizer SGS–123–E
am 25. 2. 1961   14 102,0 m

USA
Sabrina Jackintell
auf Grob Astir CS
am 14. 2. 1979   12 637 m

D–2
USA
L. E. Edgar/H. E. Klieforth
auf Pratt-Read PRGI
am 19. 3. 1952   13 489,0 m

USA
Babs Nott/H. Duncan
auf Schweizer SGS 232
am 5. 3. 1975   10 809 m

HÖHENGEWINN

D–1
USA
Paul Brikle
auf Schweizer SGS–123–E
am 25. 2. 1961   12 894,0 m

England
A. Burns
auf Skylark 3
am 13. 1. 1961   9110,0 m

D–2
Polen
S. Jozefczak/J. Tarczon
auf Bocian
am 5. 11. 1966   11 680,0 m

Polen
Dankowska/Matelska
auf Bocian
am 17. 10. 1967   8430,0 m

GESCHWINDIGKEIT ÜBER 100 KM DREIECKSTRECKE

D–1
USA
Keneth B. Briegleb
auf Kestrel 17
am 18. 7. 1974   165,348 km/h

Australien
Susan Martin
auf Planeur LS–3
am 2. 2. 1979   139,45 km/h

D–2
Südafrika
E. Mouat Biggs
auf Janus, SX
am 21. 11. 1977   147,19 km/h

Polen
Adeld Dankowska/E. Grzelak
auf Halny
am 1. 8. 1978   126,286 km/h

GESCHWINDIGKEIT ÜBER 300 KM DREIECKSTRECKE

D–1
BRD
W. Neubert
auf Glasflügel 604
Nakuru–Baringosee–Hulmes–
Bridge–Nakuru
am 3. 3. 1972   153,430 km/h

Großbritannien
Dr. Karla Elizabeth Karel
LS 3, Horsham
am 12. 2. 1980   125,87 km/h

D–2
Deutschland
Erwin Müller/Otto Schäffner
auf Janus
am 30. 11. 1979   140,48 km/h

Italien
Adele Orsi/Franca Bellingeri
auf Calif A–21
Rieti–Gola di Popoli–
Quareggian–Rieti
am 18. 8. 1974   97,741 km/h

GESCHWINDIGKEIT ÜBER 500 KM DREIECKSTRECKE

D–1
BRD
Georg Eckle
auf ASW 17
am 10. 12. 1979   151,28 km/h

Australien
Susan Martin
auf LS–3
am 29. 1. 1979   133,14 km/h

D–2
Südafrika
E. Mouat Biggs/S. Murray
auf Janus SX
am 17. 11. 1977   140,068 km/h

UdSSR
T. Zaiganova/Lobanova
auf Blanik
29. 5. 1968   69,598 km/h

Männer	*Frauen*	*Männer*	*Frauen*

GESCHWINDIGKEIT ÜBER 750 KM DREIECKSTRECKE

D–1

Deutschland
Georg Eckle
auf Nimbus 2
Kenilworth/SA
am 7. 1.1978   141,13 km/h

Großbritannien
Dr. Karla Elizabeth Karel
LS 3, Tocumwal/Australien
am 24. 1. 1979   95,42 km/h

D–2

Deutschland
H. W. Grosse/H. H. Kohlmeier
auf SB 10
am 14. 1. 1980   131,84 km/h

GESCHWINDIGKEIT ÜBER 1000 KM DREIECKSTRECKE

D–1

Deutschland
Hans Werner Grosse
auf ASW 17
Alice Springs
am 3. 1. 1979   145,328 km/h

D–2

Deutschland
H. W. Grosse/H. H. Kohlmeier
auf SB 10
am 21. 12. 1979   129,54 km/h

GRÖSSTE IM DREIECKFLUG ZURÜCKGELEGTE STRECKE

D–1

Deutschland
Hans Werner Grosse
auf ASW 17
Alice Springs
am 4. 1. 1979   1229,256 km

Großbritannien
Dr. Karla Karel
auf LS–3
Tocumwal
am 9. 1. 1980   814,01 km

D–2

Deutschland
H. W. Grosse/H. H. Kohlmeier
auf SB 10
am 28. 12. 1979   1112,620 km

D–1*)   einsitzige Segelflugzeuge
D–2**) doppelsitzige Segelflugzeuge

Sämtliche Meisterschaften sind als internationale Meisterschaften ausgegeben.

1937 Wasserkuppe/Deutschland (31 Piloten)

1	Heini Dittmar	Sao Paulo	Deutschland
2	Ludwig Hofmann	Moazagotl	Deutschland
3	Wolfgang Späte	Minimoa	Deutschland

1948 Samedan/Schweiz (28 Piloten)

1	Per Axel Persson	Weihe	Schweden
2	Max Schachenmann	Air 100	Schweiz
3	Alwin Kuhn	Moswey 3	Schweiz

1950 Örebro/Schweden (629 Piloten)

1	Bill Nilson	Weihe	Schweden
2	Paul McCready	Weihe	USA
3	Maks Borisek	Orao II	Jugoslawien

1952 Madrid/Spanien 6 (39 Piloten aus 17 Ländern)

Einsitzer

1	Philip Wills	Sky	Großbritannien
2	Gerard Pierre	Castel-Mauboussin	Frankreich
3	Robért Forbes	Sky	Großbritannien

Doppelsitzer

1	Luis Vicente Juez	Kranich 2	Spanien
2	Ernst Frowein	Kranich 3	Deutschland
3	Hanna Reitsch	Kranich 3	Deutschland

1954 Camphill/Großbritannien (34 Piloten aus 19 Ländern)

Einsitzer

1	Gerard Pierre	Breguet 901	Frankreich
2	Philip Wills	Sky	Großbritannien
3	August Wiethücher	Weihe 50	Deutschland

Doppelsitzer

1	Rain/Komac	Kosava	Jugoslawien
2	Mantelli/Braghini	Canguro	Italien
3	Smith/Kidder	Schweizer 2–25	USA

1956 St. Yan/Frankreich (45 Piloten aus 26 Ländern)

1	Paul McCready	Breguet 901	USA
2	Luis Vicente Juez	Sky	Spanien
3	Gorzelak	Jaskolka	Jugoslawien

Doppelsitzer

1	Goodhart/Forster	Eagle	Großbritannien
2	Rain/Stepanovic	Kosava	Jugoslawien
3	Sadoux/Bazet	Condor	Argentinien

1958 Leszno/Polen

Offene Klasse (37 Piloten aus 18 Ländern)

1	Ernst-Günter Haase	HKS–3	Deutschland
2	Nicholas Goodhart	Skylark 3	Großbritannien
3	Rudolf Mestan	Demant	Tschechoslowakei

Standard Klasse (24 Piloten aus 15 Ländern)

1	Adam Witek	Mucha Standard	Polen
2	Per-Axel Persson	Zugvogel 4	Schweden
3	Heinz Huth	Ka 6	Deutschland

1960 Köln-Butzweilerhof/Deutschland

Offene Klasse (20 Piloten aus 15 Ländern)

1	Rudolfo Hossinger	Skylark 3	Argentinien
2	Edwald Makula	Zefir	Polen
3	Jerzy Popiel	Zefir	Polen

Standard Klasse (35 Piloten aus 22 Ländern)

1	Heinz Huth	Ka 6	Deutschland
2	Georg Munch	Ka 6	Brasilien
3	Adam Witek	Foka	Polen

1963 Junin/Argentinien

Offene Klasse (25 Piloten aus 18 Ländern)

1	Edward Makula	Zefir	Polen
2	Jerzy Popiel	Zefir	Polen
3	Richard Schreder	HP 11	USA

Standard Klasse (38 Piloten aus 23 Ländern)

1	Heinz Huth	Ka 6	Deutschland
2	Jacky Lacheny	Edelweiß	Frankreich
3	Juhani Horma	PIK 16	Finnland

1965 South Cerney/Großbritannien

Offene Klasse (41 Piloten aus 27 Ländern)

1	Jan Wroblewsky	Foka 4	Polen
2	Rolf Spänig	D–36	Deutschland
3	Rolf Kuntz	SHK	Deutschland

Standard Klasse (45 Piloten aus 25 Ländern)

1	François Henry	Edelweiß	Frankreich
2	Markus Ritzi	Std. Elfe	Schweiz
3	Franciscek Kepka	Foka 4	Polen

1968 Leszno/Polen

Offene Klasse (48 Piloten aus 27 Ländern)

1	Harro Wödl	Cirrus	Österreich
2	Göran Ax	Phöbus C	Schweden
3	Ruedi Seiler	Diamant	Schweiz

Standard Klasse (57 Piloten aus 24 Ländern)

1	Andrew Smith	Elfe S3	USA
2	Per-Axel Persson	Std. Libelle	Schweden
3	Rudolf Lindner	Phöbus	Deutschland

1970 Marfa/USA

Offene Klasse (41 Piloten aus 25 Ländern)

1	George Moffat	Nimbus	USA
2	Hans Werner Grosse	ASW 12	Deutschland
3	Michael Mercier	ASW 12	France

Standard Klasse (44 Piloten aus 24 Ländern)

1	Helmut Reichmann	LS1	Deutschland
2	Jan Wroblewsky	Cobra 15	Polen
3	Franciszek Kepka	Cobra 15	Polen

1972 Vrsac/Jugoslawien

Offene Klasse (38 Piloten aus 21 Ländern)

1	Göran Ax	Nimbus 2	Schweden
2	Mathias Wiitanen	ASW 17	Finnland
3	Stanislav Kluk	Jantar	Polen

Standard Klasse (51 Piloten aus 27 Ländern)

1	Jan Wroblewsky	Orion	Polen
2	Eugene Rudensky	ASW 15	UdSSR
3	Franciszek Kepka	Orion	Polen

1974 Waikerie/Australien

Offene Klasse (28 Piloten aus 16 Ländern)

1	George Moffat	Nimbus 2	USA
2	Bert Zegels	604	Belgien
3	Hans Werner Grosse	ASW 17	Deutschland

Standard Klasse (38 Piloten aus 21 Ländern)
1	Helmut Reichmann	LS2	Deutschland
2	Ingo Renner	Std. Cirrus	Australien
3	Franciszek Kepka	Std. Jantar	Polen

1976 Räyskälä/Finnland

Offene Klasse (39 Piloten aus 22 Ländern)
1	George Lee	ASW 17	Großbritannien
2	J. Ziobro	Jantar 2	Polen
3	H. Muszcynsky	Jantar 2	Polen

Standard Klasse (46 Piloten aus 25 Ländern)
1	Ingo Renner	PIK–20B	Australien
2	Karlsson	PIK–20B	Schweden
3	George Burton	PIK–20B	Großbritannien

1978 Chateauroux/Frankreich

Offene Klasse (24 Piloten aus 14 Ländern)
1	George Lee	ASW 17	Großbritannien
2	Bruno Gantenbrink	Nimbus 2	Deutschland
3	François Henry	Nimbus 2	Frankreich

Standard Klasse (23 Piloten aus 17 Ländern)
1	Baer Salen	ASW 19	Holland
2	Louis Briliadori	Std. Cirrus	Italien
3	Michel Recule	Cirrus 78L	Frankreich

15 Meter Rennklasse (632 Piloten aus 20 Ländern)
1	Helmut Reichmann	SB11	Deutschland
2	Karl Striedeck	ASW 20	USA
3	Göran Ax	ASW 20	Schweden

FLUG REVUE
flugwelt international

*Die FLUG REVUE ist Europas größte
deutschsprachige Zeitschrift für
Luft- und Raumfahrttechnik.*

*Diese Tatsache ist Verpflichtung und
Ansporn zugleich, den vielen
begeisterten Lesern der FLUG REVUE
gleichbleibend höchste Qualität in
Wort und Bild zu bieten.
Ausgabe für Ausgabe. Monat für Monat.*

*Ob Militärluftfahrt, Zivilluftfahrt,
Fragen und Themen der Flug-
sicherung, General Aviation, Flugsport,
Raumfahrt, Technik, Tests, Trends –
in packenden Reportagen und in brillanten
Farbfotos birgt die FLUG REVUE
Faszination für jeden, der sich –
beruflich oder hobbymäßig – mit der
Fliegerei verbunden fühlt.*

*Überzeugen Sie sich. Ihr Zeitschriften-
händler hält die FLUG REVUE gerne für
Sie bereit.*